APRENDE IMPRESIÓN 3D DESDE 0
AUNQUE PIENSES QUE UNA BOBINA ES UNA VACA LECHERA

APRENDE IMPRESIÓN 3D DESDE 0
AUNQUE PIENSES QUE UNA BOBINA ES UNA VACA LECHERA

Jorge Lorenzo Núñez

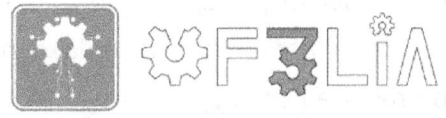

© 2020 https://of3lia.com

© Jorge Lorenzo Núñez

ISBN papel: 979-86-73-44025-4

Impreso en España

Derechos reservados 2020.

Cualquier forma de reproducción, distribución, comunicación pública o distribución de esta obra solo puede ser realizada con la autorización de los titulares, salvo excepción prevista por Ley

ÍNDICE DE CONTENIDOS

CAPÍTULO -1: HOLA CARACOLA..15

ANTES DE EMPEZAR, TENGO UN REGALO PARA TÍ.................................19

CAPÍTULO 1: BREVE REPASO DE LAS TECNOLOGÍAS DE IMPRESIÓN 3D. 25

   1.1- Los principales tipos de impresoras 3d que existen según su tecnología 25

      1.1-1. Tecnología de impresión FDM: La más extendida de todas.........26

      1.1-2. Tecnología de impresión SLA: Perfecta para tus Warhammer o figuritas. 27

      1.1-3. Tecnología de impresión SLS: Industrial y sin soportes. 28

      1.1-4. Resumiendo, las tecnologías de impresión más populares 29

   1.2- Distintas cinemáticas de impresión 3d y por qué son muy interesantes 30

      1.2-1. Cinemática Cartesiana.. 31

      1.2-2. Cinemática Polar...32

      1.2-3. Cinemática Delta...33

      1.2-4. Cinemática Core XY 33

      1.2-5. Cinemática Markforged 34

      1.2-6. Cinemática brazo 3D 35

      1.2-7. Cinemática Doble extrusor 36

   1.3- ¿Qué impresora 3D me debería comprar entonces? 37

CAPÍTULO 2: QUÉ ES Y CÓMO FUNCIONA UNA IMPRESORA 3D FDM. 41

   2.1- Definición de impresora 3D y para qué sirven.................................41

2.2- Partes de una impresora 3D y su funcionamiento 43
   2.2-1. ESTRUCTURA: El esqueleto y soporte de la impresora 3D 43
   2.2-2. MECÁNICA: Lo que dará movimiento a nuestra impresora 3D 48
   2.2-3. ELECTRÓNICA: Lo que da energía e inteligencia a la impresora 3D 52
2.3- El proceso de impresión 59
   2.3-1. El Arranque 60
   2.3-2. La Preparación 60
   2.3-3. La Impresión 60
2.4- Impresora 3D comercial vs Casera 61

CAPÍTULO 3: FILAMENTOS 3D Y LOS MATERIALES QUE TE RECOMIENDO. ... 63

3.1- Qué es un filamento de impresora 3D y por qué es importante. 63
3.2- PLA: barato, fácil de imprimir y de muchos colores 64
   3.2-1. Propiedades del PLA 65
   3.2-2. Cómo imprimir el PLA 66
   3.2-3. Propiedades y usos del plástico PLA 67
   3.2-4. ¿El material PLA se puede usar con niños? 68
3.3- ABS y ASA: un filamento 3D económico para proyectos exigentes .. 68
   3.3-1. Propiedades del ABS 70
   3.3-2. Cómo imprimir el ABS 71
   3.3-3. Propiedades y usos del plástico ABS 73
   3.3-4. ¿Pero el ABS se pule bien con Acetona? ¿Y el ASA? 73
   3.3-5. ¿El material ABS se puede usar con niños? 76
3.4- PETG: El cristal blindado de los filamentos 3D 76
   3.4-1. Propiedades del PETG 77
   3.4-2. Cómo imprimir PETG 78

- 3.4-3. Propiedades y usos del plástico PETG 79
- 3.4-4. ¿El material PETG se puede usar con niños? 81
- 3.5- Resumen PLA vs ABS vs PETG 81
  - 3.5-1. PLA vs ABS: Igual de baratos, pero muy diferentes 82
  - 3.5-2. PLA vs PETG: Caramelo vs chicle con caramelo 82
  - 3.5-3. PETG vs ABS: La facilidad de impresión al poder..................... 82
  - 3.5-4. Tabla Resumen 84
- 3.6- Filamentos flexibles y trucos para imprimirlos bien 85
- 3.7- Algunos filamentos más..87
  - 3.7-1. Filamento de madera 87
  - 3.7-2. Filamento ASA 88
  - 3.7-3. Filamento HIPS y PVA 89
- 3.8- Dónde te recomiendo comprar filamentos y cuáles me gustan 89

CAPÍTULO 4: EL PROCESO DE IMPRESIÓN 3D. PROGRAMAS Y USOS. 93

- 4.1- El flujo de impresión de una pieza en 3D 93
- 4.2- Lo primero, obtención del modelo en 3D 94
  - 4.2-1. Creación de modelos en 3D 94
  - 4.2-2. Descargando el modelo de internet 99
  - 4.2-3. Escaneándolo en 3D 100
- 4.3- Lo segundo, lamina el modelo 101
- 4.4- Lo tercero, exporta el modelo 109
  - 4.4-1. Algunos apuntes más sobre el GCODE 110
- 4.5- El cuarto paso, primera parte, preparamos la impresión e imprimimos la pieza 111
- 4.6- El cuarto paso, segunda parte, quita todos los soportes 113

CAPÍTULO 5: DÓNDE CONSEGUIR TUS MODELOS 3D. 117

- 5.1- Thingiverse, el mejor banco de piezas gratuito 117
  - 5.1-1. Explorando y descargando los modelos en Thingiverse 119
  - 5.1-2. Seguimos explorando: Diseñadores, Grupos y Modificables 124
- 5.2- GrabCAD y los modelos de impresión 3D profesionales 135
  - 5.2-1. Los softwares de GrabCAD: El Workbench y el GrabCAD Print .. 136
  - 5.2-2. La comunidad de GrabCAD 140
- 5.3- Myminifactory y la comunidad de diseñadores y artistas 146
  - 5.3-1. Descargando nuestros modelos de Myminifactory................. 147
  - 5.3-2. Como contribuir en Myminifactory 151
  - 5.3-3. Competiciones y el "Customizer" 153
- 5.4- Sketchfab y Free3D: Modelos 3D artísticos 157
- 5.5- Más bibliotecas de modelos 3D 161
  - 5.5-1. Cults 3D 162
  - 5.5-2. YouImagine 162
  - 5.5-3. Pinshape 163
  - 5.5-4. STLFinder.. 164
  - 5.5-5. Yeggi3D... 165
  - 5.5-6. 3DWarehouse 166

CAPÍTULO 6: INTRODUCCIÓN AL DISEÑO 3D 169

- 6.1- Desarrollando tu visión espacial con el 2D 169
  - 6.1-1. 1er Ejercicio: del 2D al 3D 171
  - 6.1-2. 2º Ejercicio: del 3D al 2D 171
  - 6.1-3. 3er Ejercicio: Vamos a intentar alguna curva 172
  - 6.1-4. Soluciones ejercicios 1, 2 y 3 173

6.2-	Piezas lowpoly y operaciones booleanas	175
6.2-1.	4º Ejercicio: Un toroide por aquí, un cubo por allá y voilá!	178
6.2-2.	Solución al ejercicio 4	179
6.3-	Diseño 3D mediante croquizados y extrusiones	179
6.4-	Mas croquizados y extrusiones: acotación y restricciones	185
6.4-1.	5º Ejercicio: ¿Te atreves con los croquis?	190
6.4-2.	Solución ejercicio 5	191
6.5-	Programas de diseño 3D avanzado, seguimos ampliando.	192

CAPÍTULO 7: PARTIENDO NUESTRAS FIGURAS EN CAPAS 195

7.1-	Descargamos e instalamos Ultimaker Cura	195
7.2-	La interfaz de trabajo de Cura Ultimaker	197
7.3-	El menú de navegación y sus posibilidades.	200
7.3-1.	Cura y las copias de seguridad	201
7.3-2.	Los plugins de modificación del G-Code	203
7.3-3.	El Chequeo de actualizaciones de Cura.	204
7.3-4.	La configuración de preferencias	205
7.4-	Las zonas de trabajo	206
7.4-1.	Los tipos de visión del archivo	208
7.4-2.	Las configuraciones de color	212
7.5-	Transformando tus modelos 3D	217
7.6-	La misma pieza desde diferentes perspectivas	221
7.7-	El volumen de impresión	224
7.8-	Nuestras impresoras 3D	227
7.9-	Nuestros materiales de impresión	229
7.10-	Los parámetros de laminación	233

7.10-1.	La calidad de la impresión.	237
7.10-2.	La parte exterior de la pieza	239
7.10-3.	El relleno de la pieza	242
7.10-4.	El material que utilizamos	244
7.10-5.	La velocidad de impresión	245
7.10-6.	Los viajes sin extrusión	245
7.10-7.	La refrigeración de capa	246
7.10-8.	Los soportes	247
7.10-9.	La adhesión del modelo a la cama	248
7.10-10.	La extrusión doble	250
7.11-	Las medidas generales de la pieza	251
7.12-	El menú de navegación y sus posibilidades.	252
7.13-	La exportación de los STL a G-CODE	253
7.14-	Tres ejemplos de laminación básica	254
7.14-1.	Primer ejemplo: Pieza básica en PLA	254
7.14-2.	Segundo ejemplo: Pieza media en ABS	257
7.14-3.	Tercer ejemplo: Pieza compleja en PETG	259

CAPÍTULO 8: PREPARANDO LA IMPRESORA 3D PARA IMPRIMIR: BUENAS PRÁCTICAS. 265

8.1-	Trucos de montaje de la impresora 3D	265
8.2-	Guía de mantenimiento preventivo	270
8.2-1.	Limpieza y Medidas	270
8.2-2.	Lubricación	272
8.2-3.	Tensión	274
8.3-	Preparando nuestra impresión	275

8.4-	Problemas que pueden surgir durante la impresión	278
8.4-1.	El Warping o el Cracking	278
8.4-2.	El stringing	280
8.5-	Finalizando nuestra impresión	282

CAPÍTULO 9: MEJORANDO TU IMPRESORA 3D: EL EXTRUSOR Y EL HOTEND. 285

9.1-	Qué es el hotend y el extrusor y en qué se diferencian	285
9.1-1.	¿Cómo funcionan juntos?	288
9.2-	Tipos de extrusores que existen y cual elegir	289
9.2-1.	¿Cuál es la diferencia entre un Titán y un Titán Aero?	290
9.3-	Tipos de hotends que existen y cuál elegir	291
9.3-1.	El Hotend Mosquito	293
9.3-2.	Las clases de boquillas	294
9.4-	Multiextrusión	295
9.5-	¿Cuál es mi combinación favorita de extrusor + hotend?	299
9.6-	Qué extrusor elegir para cuando tenemos filamento flexible	301

CAPÍTULO 10: ¿Y DESPUÉS DE ESTO QUÉ? 305

10.1-	Algunas fuentes informativas fiables	305
10.2-	Prueba muchos filamentos por muy poco precio	311
10.2-2.	Mi experiencia con esta membresía tras 3 meses usándola	314
10.2-3.	Tips Antienredo para muestras pequeñas con este tipo de membresías	318
10.2-4.	Los tipos de filamentos	321
10.2-5.	Haciendo números de si compensa la membresía	322

10.2-6.	Conclusiones y descuentos	324
10.3-	Médicos de la impresión 3D	325
10.4-	Si quieres seguir aprendiendo conmigo	327

BONUS: CÓMO CAMBIAR DE FILAMENTO SIN MORIR EN EL INTENTO 331

CAPÍTULO -1: HOLA CARACOLA

Ey ey ey ey, espera.

Antes de nada, quiero que me respondas a tres preguntas.

- ¿Te gustaría tener una impresora 3D?
- ¿Tienes impresora 3D?
- ¿Te has comprado este libro por que tenías que hacer un trabajo sobre impresoras 3D y te la fiflan las impresoras 3D?

En cualquiera de los 3 casos, bienvenido/a/e/i/o/u.

Está claro que cómo mejor vas a aprovechar este libro, es si la segunda pregunta es afirmativa, ya que va a ser un libro puñeteramente práctico.

Ya sé que todos los autores de libros aburridos te habrán dicho lo mismo (concho, hay que venderlos), pero este te aseguro que lo es, aunque ¿por qué deberías creerme?

No deberías, léetelo.

Aun así, y justificando la respuesta, mi trayectoria en la impresión 3D que tiene mucho que ver con lo que te contaré en el libro, ha sido siempre muy práctica, te explico:

Yo nunca pensé en dedicarme a esto, yo tenía una próspera carrera de ingeniero en una fábrica de automoción dónde iba a tener un sueldo normal y una vida "feliz", pero la vida, da muchas vueltas.

Allí, tenía un compañero de departamento llamado Guillermo, que se encargaba de diseñar los utillajes para las máquinas. Él los diseñaba y los mandaba a un taller de mecanizado a hacerlos, el problema es que ya la había cagado diseñando un par de ellos.

Liarla con un utillaje no es moco de pavo, cuesta un dineral hacerlos y si te equivocas, es muy difícil que la pieza se pueda recuperar, y aunque se pueda, la empresa te va a cobrar otros billetes por la modificación. El caso, es que el jefe estaba un poco hasta las narices de él, (de hecho, le acabaron echando y yo me quedé de encargado de departamento).

Guillermo, no se podía permitir fallar ni una sola vez, y se compró una máquina que replicaba sus utillajes diseñados en 3D, una máquina que yo no había visto en la vida que me fascinó, me enamoró y despertó en mi un S.A.V. (Síndrome del Ansia Viva) que estaba latente en mi interior, algo que no había experimentado nunca.

Tenía que montarme una como fuera. Y me puse a ello.

Lo primero de todo era conseguir la financiación: 400 pavos. Te en cuenta que los kits chinos no existían, era un mercado muy reducido; todo lo que te montaras por tu cuenta te iba a costar eso o más.

Ese era el precio reducido por tener la inconsciencia de buscar las piezas por ti mismo para montarte una impresora 3D, sin tener ni puñetera idea de nada.

Como te imaginarás las tuve de todos los colores: proveedores de corte láser que no me contestaban (llegué a contactar a 9 empresas), incompatibilidades en las piezas o piezas rotas, agenciarme unas piezas impresas en 3D, horas en el ordenador imaginándome si mis modelos 3D tenían fallos de encaje… una locura.

Al final lo conseguí e hice mi primera pieza, un robot de Ultimaker:

Robot de Ultimaker, la primera pieza que salió de Of3lia (ABS Rojo)

Pero ¿por qué te estoy contando todo esto? No soy tu abuelo (perdóname si tú eres abuelo), y no tienes por qué comerte la historia de mi vida.

Pero tiene un sentido: este libro contiene mucha parte de ese aprendizaje, de ese conocimiento necesario de la máquina para poder llegar a usarla como es debido, para detectar los fallos y corregírselos, desde 0 hasta un nivel que a muchos ya les gustaría tener.

Me he pasado muchísimas horas resolviendo los fallos de mis impresoras 3D, Of3lia y Loal, las he llegado a amar y odiar al mismo tiempo y ahora quiero que tú también sepas utilizar tus impresoras 3D como se debe y disfrutes de este hobbie como yo estoy disfrutando día a día.

La impresión 3D te permite literalmente materializar tus ideas, pasar de algo en tu cabeza a tenerlo físicamente en la mano, algo que hasta hace unos pocos años solo tenían capacidad de hacerlo las empresas grandes.

Es perfecta para hacer figuras decorativas, funcionales y para tus proyectos de robótica. Te asombrarías de la cantidad de cosas que se pueden hacer con ellas (incluidas prótesis en 3D, pero de eso ya hablaremos en el Capítulo 10).

Espero disfrutes de este libro tanto cómo yo escribiéndolo, y que puedas exprimir y sacar el máximo partido a tu actual o futura impresora 3D (o a tu trabajo de investigación para la universidad jajaj).

Un grandísimo abrazo.

Jorge Lorenzo Núñez de Of3lia

ANTES DE EMPEZAR, TENGO UN REGALO PARA TÍ

Mi idea es que este libro llegue a la mayor cantidad de personas posible, de ahí el precio que tiene para ser un libro técnico, realmente yo no tengo pensado vivir de él, para nada, yo tengo ya mis formaciones que son a lo que dedico el 100% de mi tiempo.

Entonces, ¿por qué escribir un libro?

Para difundir la impresión 3D, que más gente la conozca y sepa usar mejor su impresora 3D, o que los que la tengan no acaben cayendo en "parálisis por fallos de impresión", pasa muchísimo.

¿Cómo puedes ayudar tú a esta idea?

Poniendo una reseña en Amazon.

Pero, quiero que sea una reseña verdadera, no te voy a recompensar si pones más estrellas o menos, eso me da igual. No quiero opiniones embotadas y aburridas, quiero TU opinión del libro.

Como sé que hay que ponerse a ello y dedicar parte de tu tiempo, te quería recompensar con una Masterclass, solo que te diré que es de mucho valor y es sobre cómo poner fácilmente soportes personalizados en tus piezas para imprimir más rápido y mejor.

El proceso es el siguiente:

1. Léete el libro tranquilamente (tranquilo/a, la masterclass no va a caducar)
2. Métete en Amazon y escribe una opinión del producto.
3. Haz un pantallazo de la opinión y me la mandas a libro@of3lia.com
4. Yo la revisaré, (veré si eres un bot o no). Paciencia, a veces tardo unos días.
5. Te mando los datos de acceso a la Masterclass a través del email desde el que mandaste el pantallazo.

Y eso es todo, así de fácil 😊

CAPÍTULO 0: CÓMO DEBERÍAS LEER ESTE LIBRO

Este libro, está pensado para que:

1. Lo leas de forma ordenada (Capítulo 1, Capítulo 2...)
2. No te lo leas del tirón.

Es un libro muy práctico, por eso no deberías leértelo del tirón, te explico por qué.

Cuando leemos un contenido del tirón, vas a aprender muchas cosas en muy poco tiempo, pero no vas a retener ni el 20%, te lo tendrás que volver a leer para coger detalles que te perdiste y vuelta a empezar.

Si te lees un capítulo y vas practicando cada uno de los puntos, ya es otra cosa.

Ahí, la práctica hará que retengas hasta el 80% de los contenidos, y te aseguro que todo lo que puedas llegar a aprender aquí lo necesitarás en un futuro para tus proyectos y es un rollo tener que recurrir una y otra vez al libro.

Dicho esto, te voy a enseñar cómo se integran los capítulos dentro del proceso de impresión 3D. Dicho proceso tiene 4 partes:

1. Conseguir el modelo 3D.
2. Laminarlo.
3. Exportarlo a G-Code.
4. Imprimirlo.

Todos los capítulos del libro encajan de alguna forma en este proceso, mira:

COMO DEBERÍAS LEER ESTE LIBRO

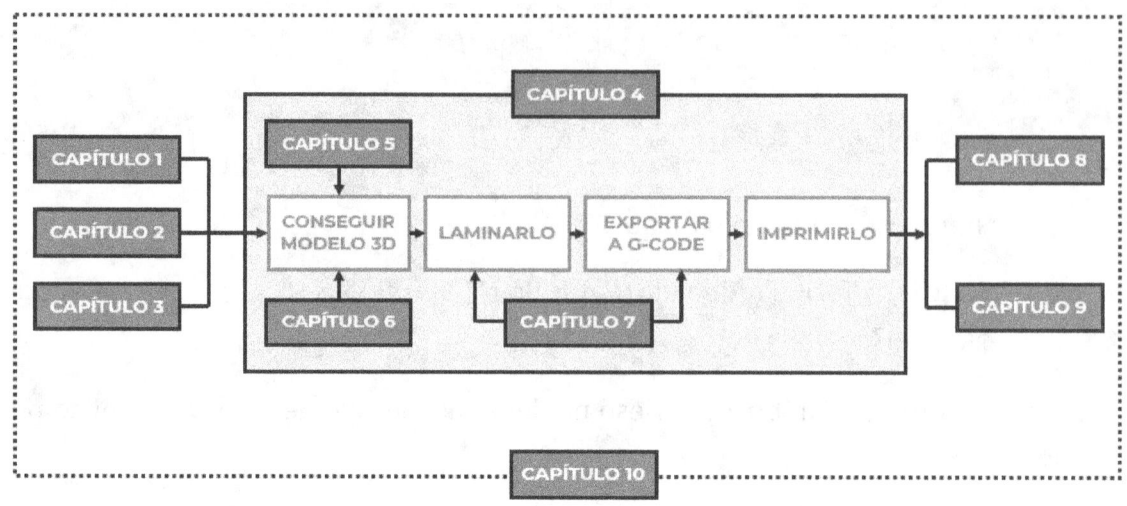

Estructura del libro

No hay módulos más complicados que otros, eso sí, no empieces por el 5 sin haber leído el 4 y no te metas con la laminación sin antes saber generar un archivo stl.

Y eso es todo, ahora empecemos con las bases: ¿qué impresoras 3D existen y por qué elegimos unas y no otras? ¿Qué tecnología 3D te conviene más?

Comencemos.

CAPÍTULO 1: BREVE REPASO DE LAS TECNOLOGÍAS DE IMPRESIÓN 3D.

En este capítulo vamos a tratar los tipos de tecnologías de impresión 3D que hay y no te engañes, hay muchísimos tipos.

FDM, SLA, DOD, BJ, DMLS, SLM…. Vaya sopaza de letras.

Por lo que veremos los que más se utilizan y lo más importante, cuáles puedes utilizar tú.

1.1- Los principales tipos de impresoras 3d que existen según su tecnología

En primer lugar, ¿qué consideramos que es una tecnología de impresión 3D?

- ➢ Cuándo haces merengue con una manga pastelera ¿has inventado una nueva tecnología de impresión 3D?
- ➢ Cuando tu hijo, hija o hije hace una figura con plastilina, ¿él, ella o elle es una tecnología novedosísima de impresión 3D?
- ➢ Cuando tu perro planta un pino en el jardín del vecino ¿Es un nuevo concepto tecnológico de impresión 3D?

Pues en algunos casos, puede que sí y en otros que no.

Ser una tecnología de impresión 3D conlleva varios factores:

- Debe ser una máquina CNC o de control numérico computarizado, o sea, que te muevas tu solita en los 3 ejes del espacio.
- Debe añadir material, no quitarlo. Por ejemplo, una fresadora CNC quita material de un tablón de madera. Para que sea impresora 3D debe añadirlo de algún modo.

BREVE REPASO DE LAS TECNOLOGÍAS DE IMPRESIÓN 3D

- Debe fabricar el objeto por capas. Por eso si rellenas el interior de unos pastelitos de merengue con la manga pastelera no valdría, pero si vas creando capa a capa una tarta de nata, sí.

Todo esto lo veremos más adelante, por lo que sin agobios.

El caso es que hay 3 principales tecnologías que te vas a encontrar en el mercado: la FDM, la SLA y la SLS.

Si no tienes ni papa de lo que te estoy hablando, sigue al siguiente apartado.

1.1-1. Tecnología de impresión FDM: La más extendida de todas

Proceso de impresión tecnología FDM o FFF

Sus siglas vienen de "Fused Deposition Modeling" o "modelado por Deposición Fundida". Esta tecnología la creó un hombre llamado Scott Crump (confundador de la empresa Stratasys) en los años 80.

Consiste en fundir filamento plástico enrollado en una bobina a través de un extrusor, el cual lo irá empujando hacia una pieza llamada "hotend" o final caliente que lo derretirá. El filamento poco a poco se irá depositando sobre la pieza que queramos hacer formando capas, y así ir creando poco a poco nuestro modelo en 3D.

Es la tecnología más barata y asequible con diferencia y por eso el 90% de las impresoras 3D que te encuentres hoy en día la usan.

1.1-2. Tecnología de impresión SLA: Perfecta para tus Warhammer o figuritas.

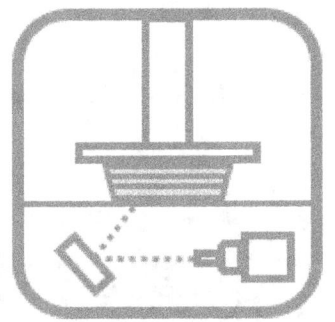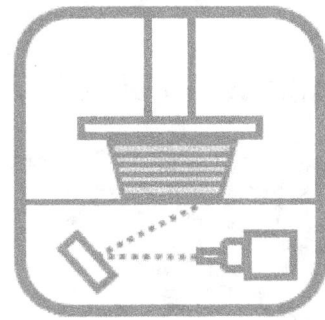

Proceso de impresión tecnología SLA

La tecnología SLA es la segunda que más se utiliza entre el usuario de a pie, y, aunque antes eran impresoras industriales que nadie se podía permitir, ahora mismo puedes comprarte una por 200€ como la Elegoo Mars, o incluso menos, como la Anycubic Photon Zero.

Sus siglas vienen de "StereoLithogrAphy", o estereolitografía en español. Fue creada de la mano de Chuck Hull en 1983, y fue la primera impresora 3D que existía, antes incluso que las FDM.

Consisten en un haz de luz ultravioleta movido a través de un sistema de espejos que impacta contra un lecho de resina. El haz, solidifica la resina, creando capas, y la base, se va moviendo poco a poco hacia arriba para solidificar otra capa más, y así es como se va creando la pieza.

Realmente, es una impresora que imprime al revés.

Una vez se ha solidificado la pieza con el haz, el objeto se enjuaga con un disolvente especial y se mete en un horno de luz UV para finalizar el proceso de "curado" de la pieza en 3D.

¿Cuál es la ventaja de esta tecnología? Que trabaja con alturas de capa diez veces menores a las de una impresora 3D FDM, por lo que podemos imprimir piezas muy pequeñas con mucho detalle como unos Warhammer.

La mayor pega que se le puede sacar es que sigue utilizando soportes, algo que no va a pasar con nuestra siguiente candidata: la sinterización selectiva por láser.

1.1-3. Tecnología de impresión SLS: Industrial y sin soportes.

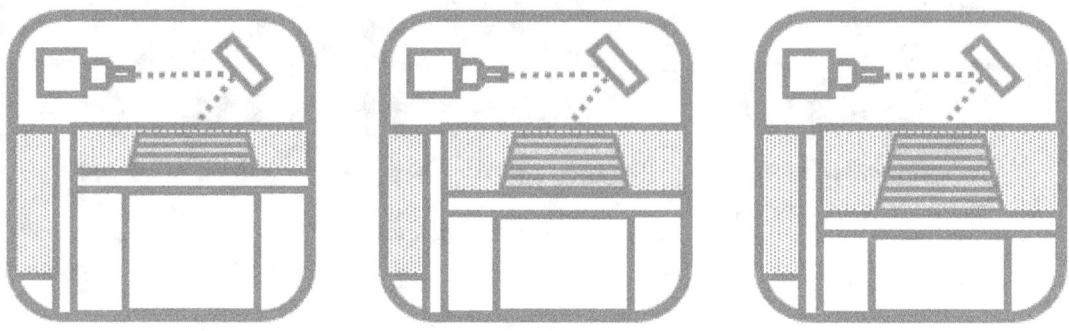

Proceso de impresión tecnología SLS

Las siglas SLS significan Selective Láser Sintering o "Sinterización Selectiva por Láser para los amigos". Esta tecnología nació en los años 80 en la universidad de Texas y lo que hace es usar un haz láser para ir sinterizando granos de material entre sí.

Vale, y ahora, en cristiano por favor.

Imagínate dos caramelos juntos, uno al lado del otro. Estos caramelos representan los granos de un material en polvo con el que vamos a fabricar nuestra pieza en 3D.

Ahora, vamos a subir la temperatura haciendo que el láser impacte contra dichos caramelos, no queremos que se fundan formando un charco de caramelo, sino subir la temperatura lo justo para que se ablanden.

El exterior se empieza a ablandar, y ahora los caramelos se pegan entre sí. El interior no se ha fundido del todo, sino que simplemente se han quedado "blandurrios" y se han hecho pegajosos.

¿Con esto qué conseguimos?

- Gastar menos energía, los caramelos se han pegado entre sí, pero no ha hecho falta fundirlos del todo.
- Que los caramelos mantengan su forma esférica. Si hubiera formado un charco de caramelo, se hubieran juntado también, pero la forma sería distinta.

Pues esto es la sinterización.

Fundimos lo suficiente un lecho de polvos del material que queramos usar, y vamos creando la pieza poco a poco, sinterizando las micropartículas entre sí.

Lo bueno de esta tecnología es que no usa soportes, ya que es el propio lecho de polvos quien sujeta la pieza. Lo malo es que tendrías que echar a tu familia de casa para meter esta impresora, normalmente ocupan como un salón de grande.

1.1-4. Resumiendo, las tecnologías de impresión más populares

Como hemos visto, las únicas tecnologías que están disponibles para los usuarios de a pie, son la FDM y las SLA, y además a un precio muy asequible, hoy en día puedes tener una impresora 3D muy decente por 200€.

A continuación, te voy a poner una tabla resumen con las propiedades más relevantes de cada una, para que ya sea para tu casa o para tu empresa, sepas por dónde tirar.

Tabla Resumen Tecnologías de Impresión 3D

Tecnología	FDM	SLA	SLS
Altura de capa mínima	0,1[mm]	0,01[mm]	0,01[mm]
¿Necesita soporte?	Sí	Sí	No
Precio impresora	Bajo, unos 200€	Bajo, unos 200€	Muy Alto
Precio material	Bajo, unos 20€/kg	Medio, unos 15€/litro	Muy Alto
Ejemplo de impresora	Ender 3	Elegoo Mars	EOS M400

1.2- Distintas cinemáticas de impresión 3d y por qué son muy interesantes

Soy muy fan de las cinemáticas de impresión 3D, hacerlas y entenderlas es realmente un arte. La cinemática consiste en analizar el movimiento de un objeto sin tener en cuenta las fuerzas, pesos y tensiones que actúan en él.

Aquí vamos a analizar las cinemáticas de impresoras 3D FDM ¿por qué? porque en las SLA y SLS lo que se mueve es el láser y la base de impresión solo sube y baja, no tiene mucho dónde sacar, pero si analizamos las FDM tenemos muchas más posibilidades por delante.

1.2-1. Cinemática Cartesiana

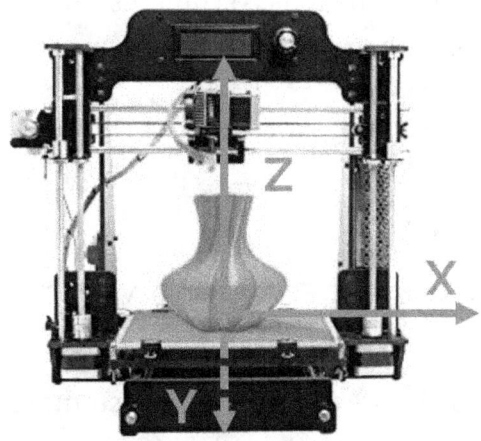

Impresora 3D Cartesiana

La cinemática cartesiana es una cinemática independiente por cada uno de sus ejes:

- El eje X se mueve de derecha a izquierda según el giro del motor X.
- El eje Y se mueve de adelante a atrás según el giro del motor Y.
- El eje Z se mueve de arriba abajo según el giro del motor o motores Z.

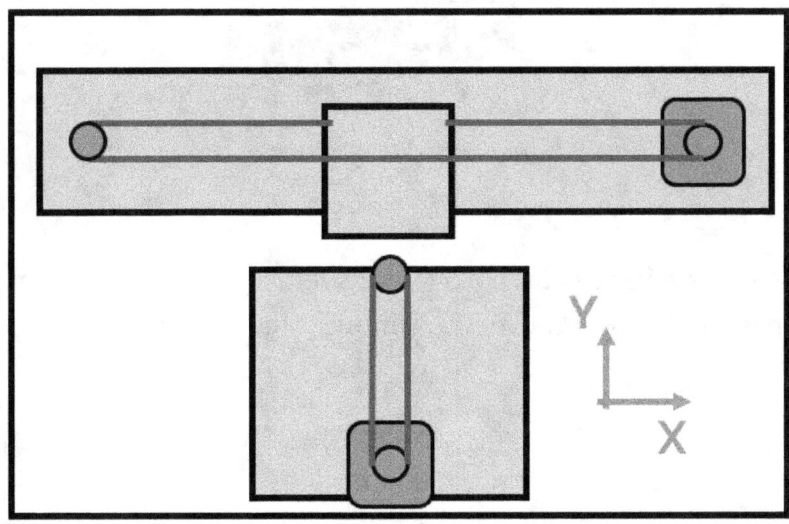

Cinemática Cartesiana

Es la cinemática más simple de todas, si quieres calcular cual es la posición del cabezal en cada eje, lo puedes hacer directamente con el giro del motor y el número de dientes y paso de la polea dentada.

1.2-2. Cinemática Polar

¿Te acuerdas de las coordenadas cartesianas y polares en matemáticas? Pues aquí lo mismo.

Para determinar la posición de un punto en el sistema cartesiano, lo hacíamos a través de una coordenada X, una coordenada Y, y una tercera coordenada Z.

En el sistema polar, el punto era el mismo, pero podíamos saber dónde está con un radio "r", un ángulo "θ" y una altura "Z".

Impresora 3D FDM Polar

Este tipo de cinemática es un poco lenta, además de necesitar unos elementos un tanto "pesados" para moverse, aunque sigue siendo una opción como impresora 3D.

1.2-3. Cinemática Delta

La cinemática Delta determina la posición de su cabezal a través de 3 guías lineales que sujetan el carro separadas 120º entre sí.

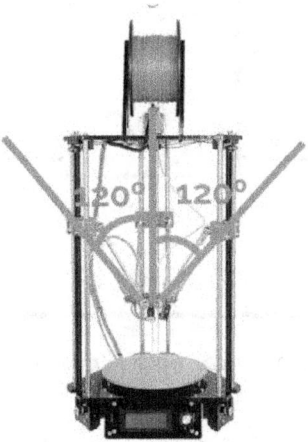

Impresora 3D FDM Delta

Es una impresora 3D estupenda para imprimir objetos en altura, aunque tiene el hándicap de que su base no suele ser muy ancha y la cantidad de cálculos que tiene que hacer para moverse es mayor, por lo que necesitarás una placa con mucha capacidad de procesamiento.

1.2-4. Cinemática Core XY

La cinemática Core XY es mi favorita.

Consiste en el movimiento paralelo de dos motores para que el eje X y el Y se muevan. Te lo explico para que lo veas:

- Cuando los dos motores se mueven hacia el mismo lado, se mueve el eje X y el eje Y se bloquea.
- Cuando se mueven los dos motores hacia lados contrarios, se mueve el eje Y y el eje X se bloquea.

BREVE REPASO DE LAS TECNOLOGÍAS DE IMPRESIÓN 3D

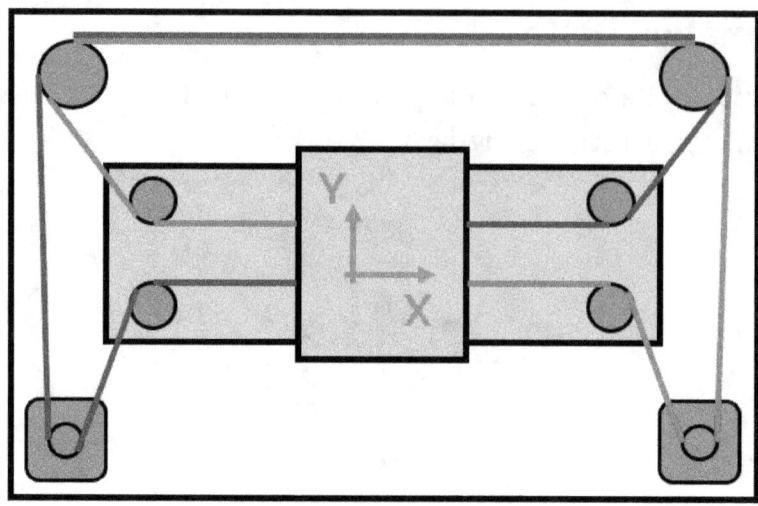

Cinemática Core XY (mi favorita)

Ahora quiero que te fijes en las dos poleas superiores que hay en las esquinas, son poleas conjuntas, o sea, las dos correas comparten esas poleas. Este hecho, hace que este sistema se autoajuste si hay alguna perdida de pasos en el motor o hay algún deslizamiento.

Por último (si quedaban más cosas por decir), la mecánica de esta impresora se posiciona sobre la estructura de la misma, no hay un "carro" que soporte el extrusor, ni unas correas que muevan la cama caliente, el extrusor es el que se mueve en el eje X e Y soportándose todas las fuerzas en la estructura y la cama solo sube, y baja.

Según mi opinión, todavía no hay una cinemática que la haya superado.

1.2-5. Cinemática Markforged

La cinemática Makerforged es una cinemática similar a la Core XY, pero asimétrica. El motor de la izquierda se encarga de mover los ejes X e Y y el de la derecha solo el Y.

Realmente se han hecho pruebas y no se ha visto mejora con respecto a la Core XY, no obstante, es una cinemática que funciona igual de bien y si te apetece montártela en tu impresora, se ajustaría igual.

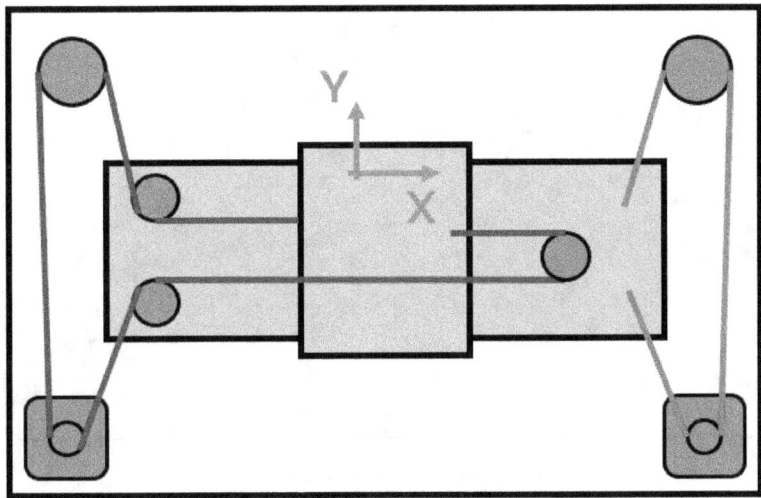

Cinemática Markforged

1.2-6. Cinemática brazo 3D

La impresión 3D ha llegado también a los brazos robóticos, si no, te animo a ver alguna noticia sobre las impresoras 3D de hormigón para la fabricación de casas.

Lo bueno de este tipo de impresoras es que son versátiles y son capaces de ajustarse a cualquier tipo de terreno, lo malo es que son poco estables.

Piensa que el brazo robótico al final es un "palo" en voladizo, conseguir una estabilidad ahí requiere de sistemas muy caros y estructuras que se nos irían de presupuesto para que realmente pudiera imprimir bien a gran velocidad.

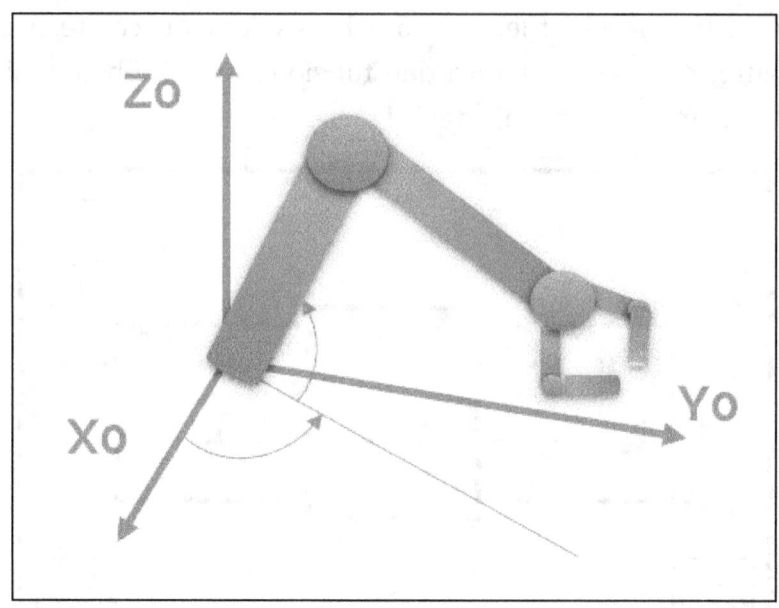

Cinemática brazo robótico

Por ello, diría que es el que menos me gusta para ser impresora 3D (lo siento brazo robótico, no has pasado a la siguiente fase).

1.2-7. Cinemática Doble extrusor

Te presento la cinemática de doble extrusor. Parece complicada, pero cuando empieces a seguir los hilitos de los motores verás que un motor mueve un extrusor y el otro, el otro extrusor.

Obviamente, necesita otro mecanismo para moverse en Y, pero quería que vieras como se hace para que dos extrusores se muevan simultáneamente.

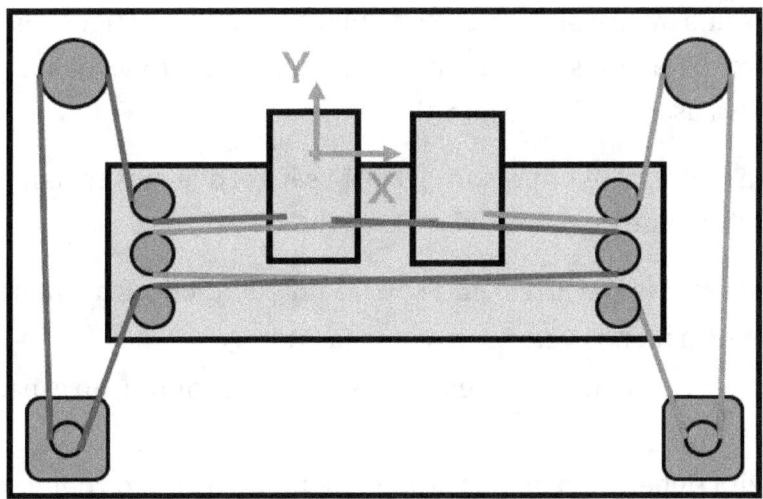

Cinemática de doble extrusor

1.3- ¿Qué impresora 3D me debería comprar entonces?

Acabamos de ver las distintas tecnologías de impresión 3D y las cinemáticas más utilizadas en la impresión 3D, pero ahora ¿qué impresora 3D me debería comprar?

Mi recomendación sería:

- Que su tecnología fuera FDM
- Que tuviera una cinemática o Cartesiana o Core XY o Delta.

Por un lado, la tecnología FDM es la más asequible para el usuario medio, tanto para el bolsillo como en aprendizaje de uso.

Es una impresora mucho más intuitiva que las demás, se puede meter mano mucho más fácilmente y, además, el fungible (el filamento en este caso) es mucho más barato.

Ten en cuenta que ahora mismo, 1[kg] de filamento cuesta 20€ el kilo y te da para hacer 30-50 figuras de tamaño medio, y 1[kg] de resina cuesta 40€ el kilo y te da para 20-30 figuritas a lo sumo, ya que en el proceso de fabricación se desecha bastante resina (sin contar con los líquidos de curación y demás).

No digo que una impresora SLA sea una mala opción, para figuritas pequeñas es la mejor, pero para mí sí sería una segunda alternativa, después de haber aprendido bien a usar una impresora 3D FDM.

Por otro lado, el tipo de impresora 3D FDM será el que más te llame la atención y la que más rabia te dé:

- Las impresoras 3D cartesianas son las más extendidas del mercado, pero imprimen a menos velocidad, como la Ender 3.
- Las Core XY son muy estables, pero suelen ocupar mucho espacio, como la Ender 5.
- Las Delta tienen algo menos de documentación en internet y su base es algo menor como la Anycubic Predator.

Dentro de estas opciones, sería injusto para ti que te diera un modelo concreto, ya que para cuando compraras este libro, puede que dicho modelo ya no fuera el mejor.

Por lo que esta parte en concreto, la podrás encontrar en mi web en la siguiente url: https://of3lia.com/comprar-mejor-impresora-3d-calidad-precio/.

Esta página la mantengo actualizada mes a mes, para que puedas encontrar, si no lo has hecho ya, tu impresora 3D perfecta.

Y ahora vamos con cómo funciona una impresora 3D.

CAPÍTULO 2: QUÉ ES Y CÓMO FUNCIONA UNA IMPRESORA 3D FDM.

Una vez visto lo que puedes utilizar, vamos a meternos un poco más en lo que es una impresora 3D y su funcionamiento interno.

Esto es muy importante sobre todo para poder detectar fallos, arreglarla y saber por dónde atacarla cuando quieras hacer una modificación o mejora.

2.1- Definición de impresora 3D y para qué sirven.

Una impresora 3D, como ya dejaba ver en el capítulo 1, es una máquina C.N.C. (Control Numérico Computerizado), o sea, una máquina que se mueve en los tres ejes del espacio y que tiene un cabezal con una función específica.

Hay muchos tipos de máquinas CNC, con diferentes cabezales para diferentes usos, estos son algunos ejemplos:

- Cabezales con un taladro para quitar material en tablas de madera o metal → Taladradora CNC
- Cabezales con un láser para hacer grabados sobre madera → Máquina de Grabado Láser
- Cabezales con una luz ultravioleta para solidificar resinas → Impresora 3D de tecnología SLA
- Cabezales que funden plástico y extruyen a una velocidad determinada → Impresora 3D con tecnología FDM

Las impresoras 3D que vamos a ver aquí entran en el cuarto ejemplo, esto quiere decir que modelan una pieza depositando un material plástico fundido, haciendo capa por capa una pieza, como la tarta que te gusta por tu cumple, esa de gorditos:

Of3lia mi primera impresora haciendo una pieza

Al final es cómo hacer un pastel de nata, tú tienes la manga pastelera y vas creando la primera capa, una vez completa, pasas a la segunda y así sucesivamente.

¿Para qué sirven las impresoras 3D entonces? (recuerda que estamos hablando de las FDM), pues para lo siguiente:

- Crear piezas que has diseñado tú mismo/a en 3D, como un jarrón para tu amada suegra.
- Imprimir modelos que te has descargado en internet, como un macetero con la cara de Darth Vader.
- Materializar chasis para tus robots que programados con Arduino.
- Crear la pata del teclado que se te acaba de romper y así deje de cojear (esto me pasó a mi hace poco)

Como ves, una impresora 3D es una simple máquina que se mueve en los 3 ejes del espacio y con ella puedes crear piezas de plástico u otros materiales que vamos a ver, pero ¿cómo funciona internamente? ¿qué componentes tiene una impresora 3D para poder hacer eso?

Vamos a verlo.

2.2- Partes de una impresora 3D y su funcionamiento

En el mercado hay muchísimas impresoras 3D domésticas, y desde que las empresas chinas empezaron a fabricarlas, muchísimas más. Tenemos marcas como Creality con su famosa Ender 3, Anet con la bien conocida Anet A8, pero ¿se diferencian mucho unas impresoras 3D de otras?

La realidad es que no.

Es verdad que unas pueden tener un extrusor tipo bowden (extrusor anclado en la estructura) y otros directo (extrusor anclado en el carro), unas una electrónica para 5 motores y otra para 6, pero al final todas, todas, tienen una serie de componentes que no las pueden faltar para ser impresoras 3D.

Todos estos componentes, se pueden dividir en 3 partes, a saber:

- ESTRUCTURA
- MECÁNICA
- ELECTRÓNICA

2.2-1. ESTRUCTURA: El esqueleto y soporte de la impresora 3D

La estructura es lo que va a soportar todas las fuerzas, aceleraciones y vibraciones de nuestra impresora 3D, por eso es muy importante. Su robustez determinará lo rápido o despacio que una impresora 3D puede imprimir.

También será lo que posibilitará el movimiento de la mecánica en los 3 ejes del espacio: el X (izquierda-derecha), el Y (adelante-atrás) y el Z (arriba-abajo).

2.2-1.1. LA ESTRUCTURA: DE METACRILATO, ACERO INOXIDABLE, ACERO PAVONADO O PERFILES

Estructura de una impresora 3D

La estructura es el esqueleto de la impresora y lo que va a sostener y soportar las vibraciones de todos los ejes de la misma. Durante mi carrera en la impresión 3D he visto muchos tipos de estructuras:

- Metacrilato de 6[mm] para la Anet A8
- Acero de 3[mm] inoxidable o pavonado para impresoras como la Prusa Steel MM.
- Perfiles Bosch, como la Ender 3 (lo que más de moda está ahora).

La única estructura que no me gusta entre todas es la de metacrilato, es muy endeble (aunque ligera). Cualquiera de las otras opciones, con sus pros y sus contras, está bien.

CAPÍTULO 2

2.2-1.2. *Eje X: El Carro y las Varillas Lisas o Guías Lineales*

El carro de la impresora 3D: Eje X

El carro es lo que va a hacer que el cabezal de la impresora se mueva de izquierda a derecha, e incluye el hotend que será lo que vaya fundiendo el plástico para poder extruirlo (la manga pastelera para entendernos).

Dentro del carro, tenemos las correas dentadas adheridas a los motores a través de las poleas dentadas, para que el cabezal deslice por él.

Sobre lo que desliza son las varillas lisas, o en el caso de otras impresoras 3D, guías lineales. El cabezal tendrá rodamientos lineales que deslizarán sobre dichas varillas para que el movimiento vaya fluido.

2.2-1.3. Eje Y: La plataforma de impresión y la cama caliente

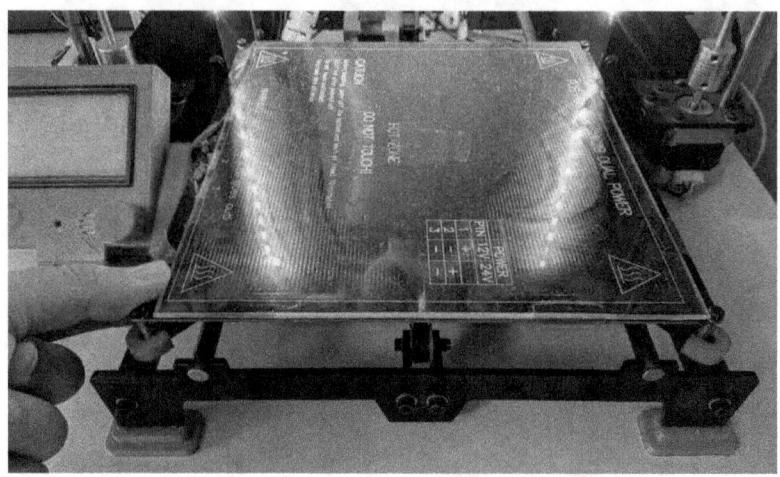

La plataforma de impresión: Eje Y

La plataforma de impresión es lo que hará que la impresora se mueva de delante hacia atrás. Incluye la cama caliente, que es un panel metálico que se calentará mediante una resistencia y hará que la superficie de impresión tenga una temperatura algo más alta que la ambiental.

Esto se hace porque el plástico, cuando se enfría muy rápido se contrae, haciendo que se pueda despegar rápido de la base de impresión o incluso romper. Con la plataforma de impresión calefactada (o cama caliente) hacemos que este enfriamiento sea mucho más lento.

2.2-1.4. Husillos o Varillas Roscadas

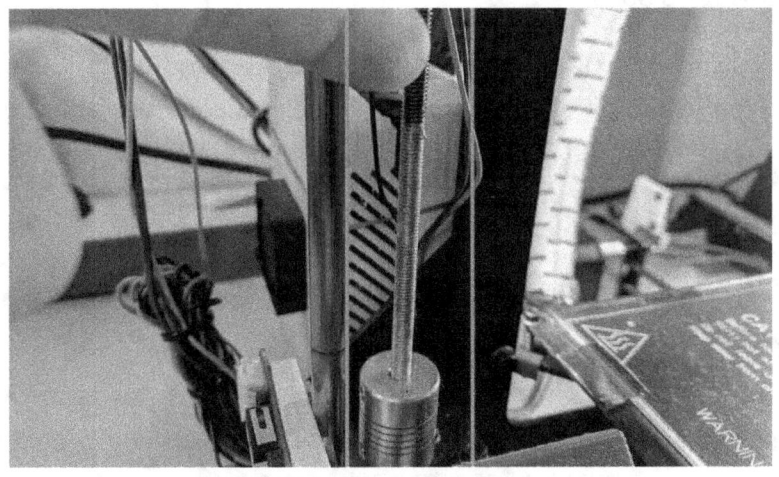

Los husillos o Varillas Roscadas: Eje Z

El eje Z es el eje vertical, y será el que permita que la impresora se mueva de arriba hacia abajo. Esto lo hace mediante varillas roscadas o husillos, que son como varillas roscadas, pero con el "filete" cuadrado, lo que hace que sean más rígidos y estables que las varillas roscadas.

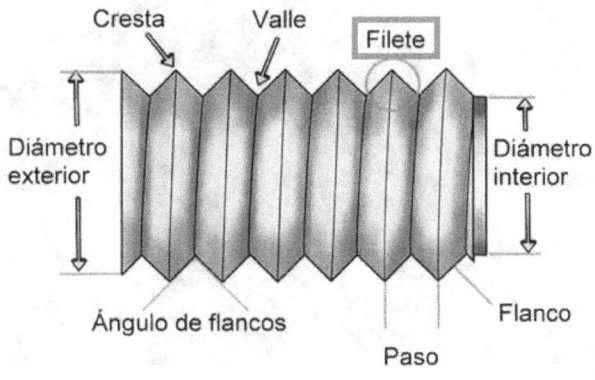

Partes de una varilla roscada (Fuente: demaquinasyherramientas.com)

Para subir el cabezal, el eje Z hace girar un motor unido a un husillo o varilla roscada. Dicho husillo o varilla, gira a dentro de una rosca unida al carro (Eje X) y va subiéndolo poco a poco.

Esto que te acabo de contar no siempre es así, ya que hay impresoras como la Core XY, que, en vez de subir el carro, sube la cama caliente, aunque también lo hace con un husillo o varilla roscada y una rosca.

2.2-2.MECÁNICA: Lo que dará movimiento a nuestra impresora 3D

La mecánica es lo que hará que nuestra impresora 3D pueda mover los 3 ejes soportados por su estructura. Aquí notarás si tu impresora baila cual cisne o va a trompicones como yo en el baile de mi boda.

2.2-2.1. Los motores Paso a paso

Motor paso a paso Nema 17

Los motores paso a paso son motores en los que podemos controlar el giro exacto de su eje. Normalmente son de 200 pasos por vuelta, o sea:

$$360°/200 = 1,8° \text{ por paso}$$

Esto es muy útil ya que a través de unos sencillos cálculos teniendo en cuenta cosas como el número de dientes de la polea o la longitud del diente de la correa, podemos saber cuántos milímetros se mueven los ejes por cada vuelta del motor.

Funciona con dos bobinados internos, los cuales hacen girar el eje en una dirección u otra según se les dé corriente. Suelen ser de 3,2[kg/cm] de fuerza y los más conocidos son los Nema 17, aunque también hay Nema 14, Nema 34 o Nema 23 usados para máquinas CNC con más necesidad de potencia.

2.2-2.2. Las poleas y correas GT2

Polea GT2 unida a la correa GT2

Las poleas y correas son lo que van a hacer que el movimiento rotativo del motor se convierta en un movimiento lineal en la impresora 3D. La polea va incrustada en el motor a través de un pequeño tornillo que presiona contra el chaflán de su eje, y hace desplazarse a la correa que está sujeta al carro (eje X), o a la base (eje Y) de la impresora 3D.

El término GT2 hace referencia a la forma de sus dientes, que se ha comprobado que es la que mejor funciona en este tipo de máquinas. Si quieres unas de buena calidad busca que estén reforzadas con fibra de vidrio, hoy en día están tiradas de precio.

2.2-2.3. *Los rodamientos lineales y radiales*

Rodamientos lineales del carro (eje x)

Los rodamientos radiales son los que llevan los "spinners", y los lineales son un poco más raros, tienen forma de cilindro (como los que ves en la foto de arriba).

Son rodamientos que se insertan en varillas lisas y que, en vez de girar, se deslizan suavemente por la varilla, evitando rozamientos. Aun así, no todas las impresoras los llevan, por ejemplo, la impresora 3D Ender 3 usa rodamientos radiales y la Anet A8 rodamientos lineales, ya que una tiene perfiles y la otra varillas lisas respectivamente.

Una impresora 3D suele llevar en cuanto a rodamientos lineales o radiales: 3 o 4 en el carro, 4 en la base de impresión y otros 4 en el eje Z. Total unos 11 ó 12.

2.2-2.4. El Extrusor y el Hotend

Extrusor y hotend de una impresora "directa" (extrusor en el carro)

Si tuviera que conseguir una cosa en este libro, solo una, es que distinguieras bien el "extrusor", del "hotend", porque la gente habla de ellos indistintamente y después la lían parda:

- El extrusor es el encargado de empujar el filamento hacia el hotend a una velocidad determinada, para que el hotend lo funda y lo expulse por su boquilla.
- El hotend lo que hará será simplemente fundir el filamento a una temperatura controlada (en inglés literalmente significa: final caliente).

Hay muchos tipos de configuraciones y tipos, las más habituales son el sistema "bowden", que tiene el extrusor fuera del carro como la Ender 3 y el sistema directo, que lo tiene dentro, como la Anet A8, pero ya hablaremos de esto más adelante.

2.2-3. ELECTRÓNICA: Lo que da energía e inteligencia a la impresora 3D

Finalmente, para mover toda esa mecánica necesitamos energía, y para que se mueva como nosotros queremos, necesitamos una programación interna.

Todo esto que vamos a ver son como los sentidos de la impresora 3D, piensa que una impresora 3D es ciega, sorda y muda, salvo que nosotros no hagamos nada para remediarlo.

2.2-3.1. La Placa Electrónica, la que controla todo

Placa electrónica OVM20 Lite de la difunta Staticboards

La placa electrónica es lo que se va a encargar de mover nuestros motores, extruir el filamento correcto, fundir el plástico a la temperatura adecuada, calentar la cama caliente y en general, controlar toda nuestra impresora 3D.

Cada marca tiene su propia placa, pero todas funcionan igual y tienen las mismas conexiones, lo único que cambia, y en lo que te debes fijar si quieres cambiarla, es el voltaje de alimentación: 12[V] o 24 [V], por lo demás, todas son compatibles entre sí (mientras tengan el mismo voltaje, por supuesto).

CAPÍTULO 2

2.2-3.2. El firmware de la impresora 3D

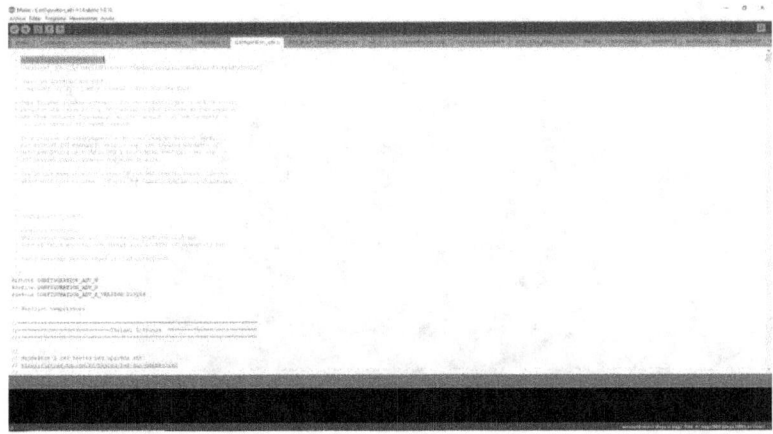

Marlin: El firmware de las impresoras 3D

Te sonará la palabra software, pero ¿firmware? ¿qué narices es? El firmware es el programa interno de la impresora 3D y que maneja su hardware (digamos que es un tipo de software que maneja hardware) y que nosotros podemos toquetear para:

- Cambiar los pasos por milímetro de los motores.
- Temperaturas máximas y mínimas admisibles por la impresora 3D.
- Configura el idioma de la pantalla.
- Activar o desactivar los finales de carrera.
- Ajustar el control de temperatura para que llegue a ella más rápido (PID)
- …

El firmware por excelencia en las impresoras 3D es el Marlin y se puede modificar mediante el editor de código de Arduino, pero ojo, no en todas las placas electrónicas puedes metérselo directamente, hay en algunas que tienes que meterle un gestor de arranque o "bootloader" para hacerlo, por ejemplo, la Ender 3.

Si por causas del azar te pasa en tu impresora 3D, para arreglarlo buscas en Google como hacerlo y te aseguro que alguien lo habrá hecho antes que tú.

2.2-3.3. Los drivers de los motores

Driver para gestionar la potencia de los motores paso a paso

Los drivers de los motores paso a paso son unas placas electrónicas insertadas o integradas en la placa principal, los cuales van a regular el voltaje de alimentación de los motores paso a paso, dándoles más potencia o menos.

- Si el driver tiene demasiado voltaje, el motor tendrá mucha fuerza para mover la impresora, pero se calentará demasiado, perderá pasos y se deteriorará rápido.
- Si el driver tiene muy poco voltaje, el motor no tendrá fuerza para mover la impresora 3D, y empezarás a oír como el motor suena como una carraca.

Esto se regula de un pequeño tornillo metálico que tienen en la parte superior (en la foto lo puedes ver) y que debes girar con un destornillador cerámico para evitar cortocircuitos. En sentido horario abre potencia y en sentido antihorario la cierra.

2.2-3.4. Los ventiladores axiales y el ventilador de capa o radial

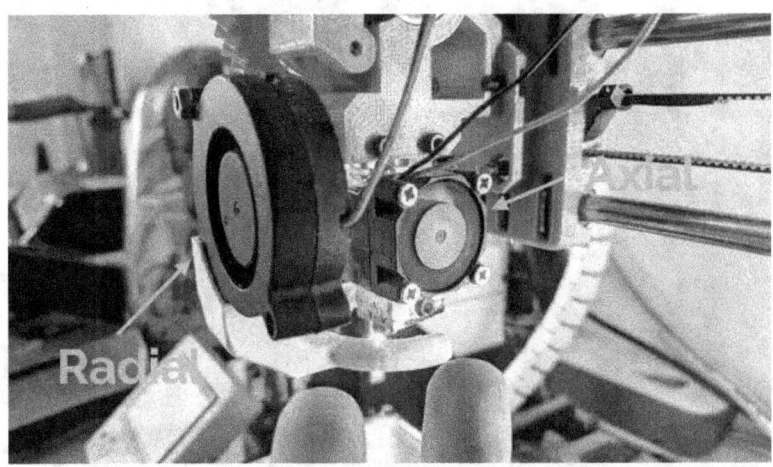

Ventilador axial y ventilador de capa del extrusor

Los ventiladores axiales son los de toda la vida, el aire pasa en la dirección del eje. Se colocan en el hotend para enfriar su parte superior y que el filamento no se funda antes de tiempo. Aparte hay uno en la electrónica y la fuente de alimentación, para refrigerar.

El ventilador de capa es un ventilador radial que a través de una tobera expulsa aire justo en la boquilla del hotend, enfriando el plástico cuanto antes, una vez extruido.

Esto se hace para que la capa superior se pueda depositar sobre una capa ya endurecida, y no sobre gelatina que después hará que nuestra pieza parezca la torre de pisa.

2.2-3.5. *La fuente de alimentación*

Fuente de alimentación de 12[V]

La fuente de alimentación será lo que suministre electricidad a toda nuestra impresora 3D. Su función es coger la corriente alterna de la red a 220[V], y transformarla a corriente continua de 12[V] o 24[V] (depende del fabricante de la impresora).

Para que te hagas una idea, las de 12[V] suelen cogerse de 30[A] de capacidad:

$$\text{Total: } P = V * I = 12[V] * 30[A] = 360[W]$$

y las de 24[V] de 15[A] de capacidad:

$$\text{Total: } P = V * I = 24[V] * 15[A] = 360[W]$$

Esto hace que, aunque cambiemos el voltaje y la intensidad siempre mantengamos constante la potencia de la impresora 3D.

Ah, y se me olvidaba, si te cambias de placa electrónica es importante que mires a qué voltaje tienes, ya que entonces le tendrás que colocar una fuente de alimentación u otra.

2.2-3.6. La pantalla LCD

Pantalla LCD con la información de la impresora

La pantalla LCD o pantalla de cristal líquido (Liquid Crystal Display) sirve para mostrar los datos de temperatura, posición y estado de la impresión (cuanto queda) durante la impresión.

Hoy en día vienen también con una pequeña ruleta con la que podremos navegar en el menú interno del firmware para cambiar datos como la temperatura o el flujo de extrusión, y algunas tienen una ranura para micro-SD desde la que podremos imprimir nuestros modelos en 3D directamente.

2.2-3.7. Los finales de carrera

Final de carrera del eje X

Una impresora 3D es ciega y tonta, por lo que necesitamos algo para que la impresora sepa dónde está, o, mejor dicho, cuál es su punto [0,0,0].

Para ello en el extremo de cada eje ponemos unos pequeños interruptores llamados finales de carrera, para que cuando impresora los pulse sepa que está en el punto "0" de ese eje.

2.2-3.8. *Los termistores*

Termistor del hotend

Los termistores son unas resistencias muy pequeñas que son muy sensibles a los cambios de temperatura y que nos permiten relacionar un cambio de temperatura del ambiente (no medible directamente) con un cambio de su resistencia interna (medible a través de la ley de Ohm).

Los más comunes son los de 100[kΩ], y hay de muchos tipos, simplemente para darte algún dato, existen de coeficiente de temperatura positivo y coeficiente de temperatura negativo.

2.3- El proceso de impresión

Ahora voy a intentar que te hagas una idea de cómo entran en acción todos los componentes de la impresora a la hora de imprimir para que entiendas la función de cada uno.

Suponemos que ya tenemos el archivo metido en la tarjeta SD, configurado perfectamente y solo queda darle a imprimir.

2.3-1. El Arranque

Encendemos el botón del a impresora y la enchufamos a la corriente, aquí *la fuente de alimentación* comienza a transformar los 220[V] del enchufe en 12[V] o 24[V] alimentando a la placa y ésta al resto de componentes.

Introducimos la tarjeta SD en la impresora a través de la ranura que puede estar en la *pantalla LCD* o en otro sitio, la pantalla lee el archivo y pulsamos sobre él para que comience a imprimirlo.

2.3-2. La Preparación

La impresora está leyendo los parámetros del archivo y sabe lo que hacer.

Comienza subiendo la temperatura de *la cama caliente* a la temperatura que le hemos configurado, ella sabe a qué temperatura está porque lo lee a través de *los termistores* conectados a *la placa base*. Una vez llegue a dicha temperatura, hará lo mismo con *el hotend*.

Una vez llegue a la temperatura se posicionará para saber dónde está, para ello moverá todos los ejes a su punto "0", el cual sabrá dónde está porque *los finales de carrera* se lo dicen cuando son pulsados.

Primero lo hace *el carro del eje X*, después *la base de eje Y*, y después *el eje Z a través del giro de los husillos*.

2.3-3. La Impresión

Los motores paso a paso demandan potencia a *los drivers* de la placa base para moverse, los motores giran junto con las *poleas dentadas GT2* que harán que *las correas dentadas GT2* se muevan también. La impresión ha comenzado.

La impresora comenzará a seguir los pasos del archivo leyéndolos gracias *al firmware* de la placa.

El extrusor comienza a echar filamento fundido poco a poco sobre la pieza empujándolo a través del hotend, solidificándolo al instante con *el ventilador de capa*. *El ventilador axial* mientras irá refrigerando el conjunto para que el filamento no se funda antes de tiempo.

Tras toda la impresión parece que los *rodamientos lineales o radiales*, están bien engrasados ya que la impresora no ha dado tirones, 2 horas después ya tenemos nuestra pieza lista.

2.4- Impresora 3D comercial vs Casera

Vale, ahora te estarás preguntando para qué te ha servido todo este tocho de teoría, si total, las impresoras ya vienen montadas y tras leer su manual de instrucciones y montarla bien, ya nos vale.

Pues resulta que a todo esto le irás viendo utilidad a medida que quieras cambiar cosas o se te estropee alguna parte de la impresora 3D, y por necesidad lo tengas que hacer.

Puede que en algún momento una de las piezas que hagas tenga una capa desplazada y ahí te venga bien saber que el motor estaba unido a una polea que quizás se haya deslizado sobre el eje, y haya causado que pase eso.

Nunca se sabe, las impresoras 3D son muy espontáneas ☺

CAPÍTULO 3: FILAMENTOS 3D Y LOS MATERIALES QUE TE RECOMIENDO.

Por fin hemos llegado a lo que alimenta la impresora 3D: el filamento.

Filamentos los tenemos de todos los colores, texturas y calidades, hoy en día hay muchísimas empresas que los venden, pero ¿todos son buenos? ¿Qué tipo de filamentos existen y cómo se imprimen? ¿Cuál me compro? Pues esto es todo lo que vamos a ver en este capítulo.

Te prevengo que es información práctica mía, puede que encuentres otras cosas por internet, quien sabe, pero estas son mis experiencias tras imprimir una cantidad importante de cada uno de ellos.

Como se suele decir, cada maestrillo tiene su librillo y tú también deberías tener tu propio librillo. Dicho esto, ¡vamos para allá!

3.1- Qué es un filamento de impresora 3D y por qué es importante.

El filamento de impresora 3D es un fino hilo plástico de 1,75[mm] o 3[mm] de diámetro (depende de tu impresora 3D que haya uno u otro), que se funde a través del hotend y es empujado por el extrusor.

Dicho filamento será el plástico que alimente nuestras piezas, y coger uno u otro determinará:

- Las características mecánicas de nuestra pieza.
- El uso práctico de nuestra pieza.
- El color de nuestra pieza (ya verás como te pongas un mes a imprimir con el mismo naranja fosforito...)
- La cantidad de atascos que se generarán en la impresora 3D.

No obstante, no te tienes por qué preocupar de estas cosas ahora, lo que tienes que hacer es imprimir, imprimir e imprimir, ya irás mejorando y probando cosas nuevas.

Y ahora vamos a ver los filamentos la impresora 3D que más se utilizan en el mercado.

3.2- PLA: barato, fácil de imprimir y de muchos colores

El PLA o ácido poliláctico es un filamento de impresión 3D que proviene de la caña de azúcar y el almidón de maíz. Esto hace que sea un plástico biocompostable, y que se puede reciclar de manera sencilla.

¿Esto quiere decir que si tiramos una pieza de PLA al medio del campo se la coman las ardillas?

Para nada, para que el PLA se recicle necesita un proceso. Lo que significa que sea biocompostable es que se le puede aplicar dicho proceso, y no hay que quemarlo en una incineradora como pasa en muchos otros plásticos.

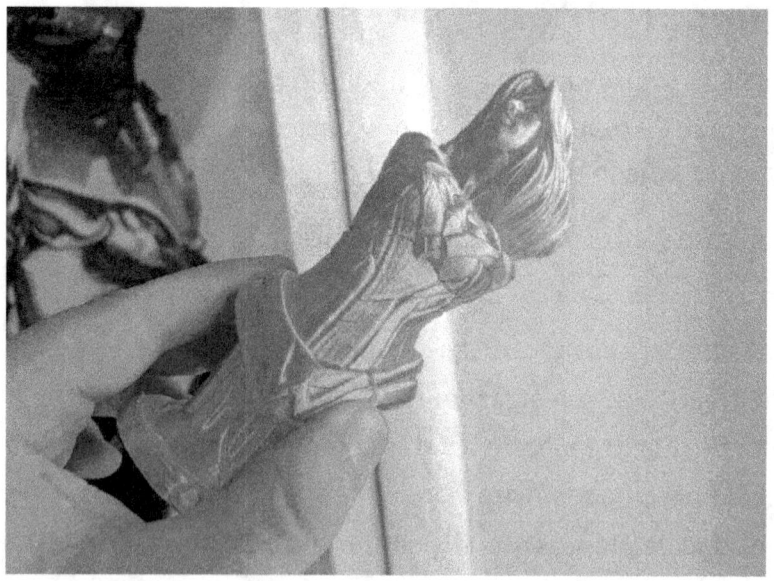

Figura de PLA efecto "elixir de la fiebre del oro" de Polyalchemy

Por otro lado, decirte que el PLA lo usa el 99% del tiempo el 99% de la gente y si estás empezando, te recomiendo sin ninguna duda que empieces por él.

Además, es muy barato y lo vas a encontrar en mucha gama de colores, incluso decirte que es el filamento que se utiliza para poder hacer filamento de madera ¿cómo? juntando PLA con fibras de madera, consiguiendo que se imprima muy bien gracias al PLA y que tenga una textura y olor inconfundibles por las virutas.

Pero, no te lío más, vamos a ver sus propiedades.

3.2-1. Propiedades del PLA

Aquí te dejo una pequeña tabla con las propiedades del plástico PLA

Tabla de Propiedades del Filamento PLA

PROPIEDAD	VALOR
Densidad del PLA	1,19-1,24 [g/cm3]
Tª de Fusión	190-220 [ºC]
Tª Máxima de Servicio	50 [ºC]
Coeficiente de expansión térmica	680 µm/m·°C
Resistencia a la Tracción	65 [MPa]
Resistencia a la Flexión	48-110 [MPa]
Módulo de Flexión	2700 [MPa]
Dureza Superficial	Rockwell 88
No requiere de cama caliente	
Muy resistente pero poco dúctil	

3.2-2. Cómo imprimir el PLA

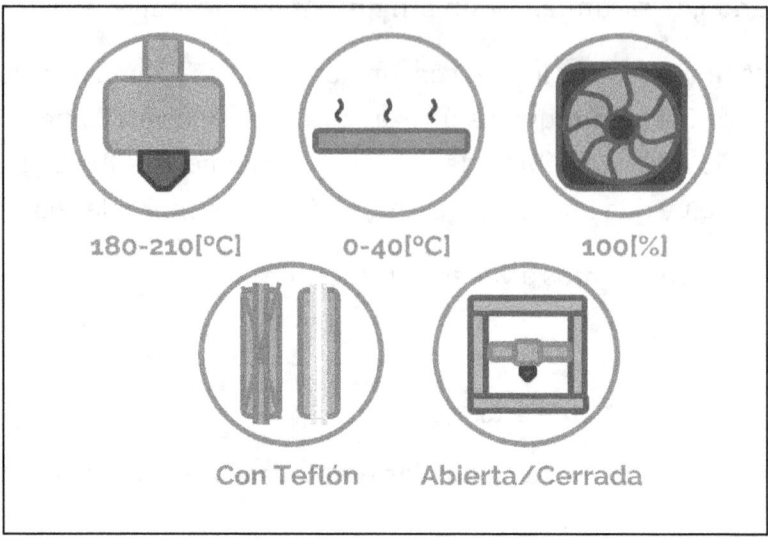

Infografía puntos clave impresión PLA

3.2-2.1.   Temperaturas de extrusión y de la cama caliente para el PLA

Antes los PLA se imprimían casi todos a 180[ºC], pero a medida que han pasado los años, la temperatura de fusión óptima ha pasado a ser de 200-210[ºC], aunque yo siempre uso un poco menos de la temperatura media que me da el fabricante.

Por ejemplo: si me da entre 200 y 220[ºC], si la mitad es 210[ºC], imprimo a un poco menos, 207[ºC]. Casi todos los materiales y marcas de PLA funcionan bien con esta regla.

El PLA en principio no necesita cama caliente, lo que le hace un filamento muy cómodo de imprimir ya que no se contraerá al enfriarse (warping), no obstante, si vives en una ciudad fría y del norte como yo (Burgos), conviene que pongas la temperatura de la cama caliente a unos 40[ºC], incluso a 60[ºC], en función de la temperatura ambiental de la propia habitación.

3.2-2.2.   Ventilador de capa para el PLA

El ventilador de capa en el caso del PLA se puede poner al 100% sin ningún problema, no le va a afectar la contracción térmica por enfriamiento (o warping).

De hecho, es recomendable que pongas el ventilador de capa, ya que mejora el detalle de tus piezas al incidir directamente en la boquilla de tu hotend y enfriar instantáneamente el plástico extruido.

3.2-2.3. *Tipo de hotend para el PLA*

Para el PLA conviene tener un hotend con teflón en el interior del "barrel", la pieza que conecta el bloque calentador con el soporte. Esto es debido a que, si usamos un barrel "allmetal" o todo de metal, el PLA tiende a pegarse en el metal y a provocar muchos atascos, ya que el PLA se expande algo más que otros filamentos. En el teflón esto ocurre con mucha menos frecuencia.

Hay dos tipos de hotends con teflón que puedes usar: uno con un tubo de teflón interno llamado "liner", que está dentro del "barrel", y otro que tiene un tubo de teflón desde el extrusor, que se llama bore 4.1. Te recomiendo más este último.

3.2-2.4. *Tipo de impresora 3D para el PLA*

Con el PLA se puede imprimir con una impresora abierta al ambiente sin ningún problema.

3.2-3. Propiedades y usos del plástico PLA

El plástico PLA se utiliza sobre todo en figuras decorativas, así también para piezas que no tengan que aguantar más de 1[kg] de peso. Esto es debido a que a pesar de ser más resistente que el PETG o el ABS, si se te cae al suelo seguramente se rompa (sí, al contrario de lo que hayas podido oír, es más resistente).

Por otro lado, si vas a hacer una figura para tu jardín, aunque sea un simple gnomo, es mejor no lo hagas con este filamento ya que acabará "amarilleando", pero para todo lo demás y aplicaciones "indoor" es el filamento perfecto.

¿Te acuerdas por ejemplo de la crisis del coronavirus? (quizás todavía sigamos en ella) Todas las mascarillas que imprimí eran de este filamento.

Por último, hay que tener en cuenta que el PLA tiene algo de dilatación térmica, por lo que hay que tener cuidado para usarlo en piezas que "encajen" entre ellas, ya que, si no lo ajustas, seguramente ni entre.

3.2-4.¿El material PLA se puede usar con niños?

El filamento PLA, al igual que el PETG es muy seguro, incluso te diría que más al ser biodegradable. Incluso te diría que es el único filamento que se puede imprimir con niños en la misma habitación.

Además, como este filamento está pensado para imprimir figuras creativas, y a los niños les encantan, es perfecto para usar con niños y muy recomendable, mis sobrinos tienen muchos juguetes hechos con PLA y les encantan.

Eso sí, ten cuidado de imprimir figuras pequeñas o con salientes que se puedan romper con facilidad, al igual que otros juguetes, las piezas pequeñas se pueden tragar.

3.3- ABS y ASA: un filamento 3D económico para proyectos exigentes

El ABS o Acrilonitrilo Butadieno Estireno, es un filamento que en teoría es perfecto para proyectos con una alta demanda de resistencia a las temperaturas y fuerzas, además tiene gran resistencia al impacto, pero tiene un gran hándicap: imprimirlo es bastante complicado.

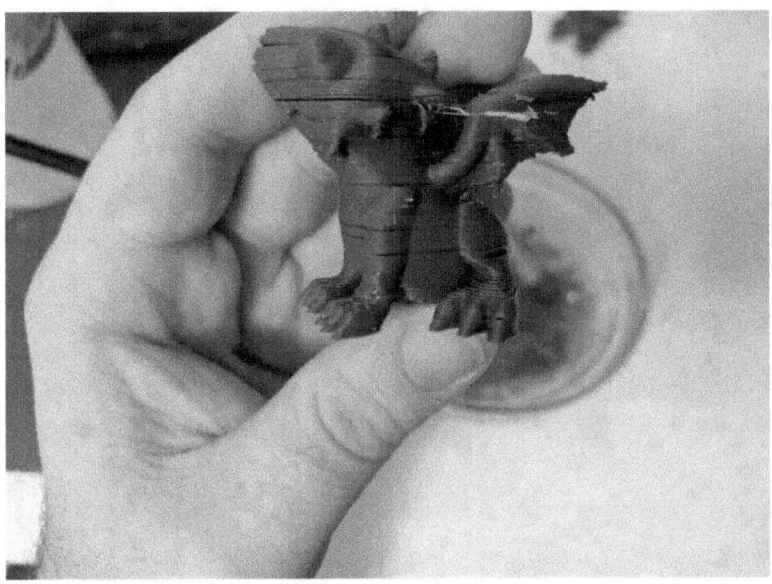

Rotura por contracción térmica de pieza de ABS. Una pena.

Cuando imprimes cualquier plástico hay una propiedad llamada "warping" que hace que el material se contraiga en función de la velocidad a la que se enfríe, a todos los plásticos les afecta, pero al ABS especialmente.

Esto hace que debamos tener mucho cuidado a la velocidad a la que se imprima, lo que hace imposible imprimir piezas grandes de este material en impresoras abiertas al ambiente (cosa que hice yo con la pieza de arriba).

Pero, hay una alternativa: el ASA.

El ASA o Acrilonitrilo Estireno Acrilato, tiene unas propiedades muy similares al ABS y además es resistente a la luz UV. Tiene menos tendencia al warping y produce menos gases "nocivos". La pega es que es algo más caro.

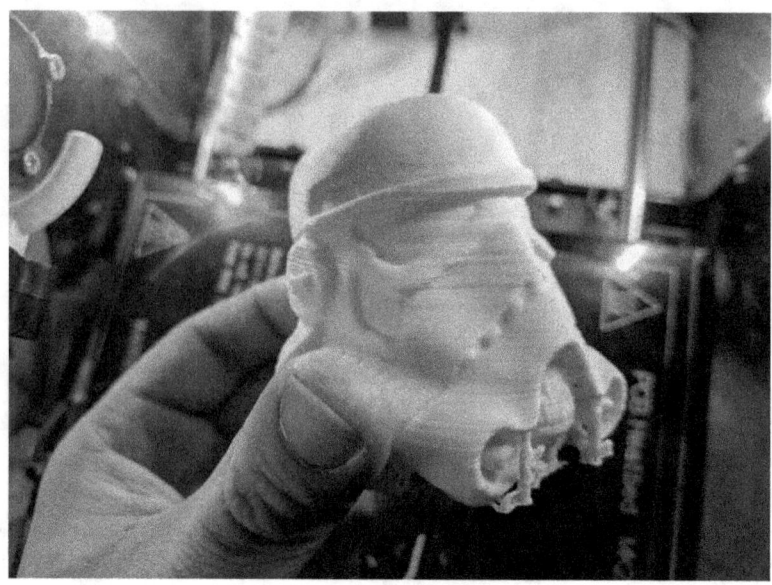
Pieza impresa en ASA

Además, ambos se disuelven en acetona.

Simplemente quería que lo conocieras, es bastante más caro que el ABS y no se suele utilizar demasiado por esto, por ello no vamos a incidir mucho más en él.

3.3-1. Propiedades del ABS

Aquí te dejo una pequeña tabla con las propiedades del plástico ABS:

Tabla de Propiedades del Filamento ABS

PROPIEDAD	VALOR
Densidad del ABS	1,07[g/cm3]
Tª de Fusión	220-240[ºC]
Tª Máxima de Servicio	105[ºC]
Coeficiente de expansión térmica	98μm/m·ºC
Resistencia a la Tracción	55[MPa]
Resistencia a la Flexión	78[MPa]

Módulo de Flexión	2606[MPa]
Dureza Superficial	Rockwell 10
Resistente al calor	
Resistente al impacto	

Nota: Las propiedades del ASA son similares, pero tiene además resistencia a los rayos UV.

3.3-2. Cómo imprimir el ABS

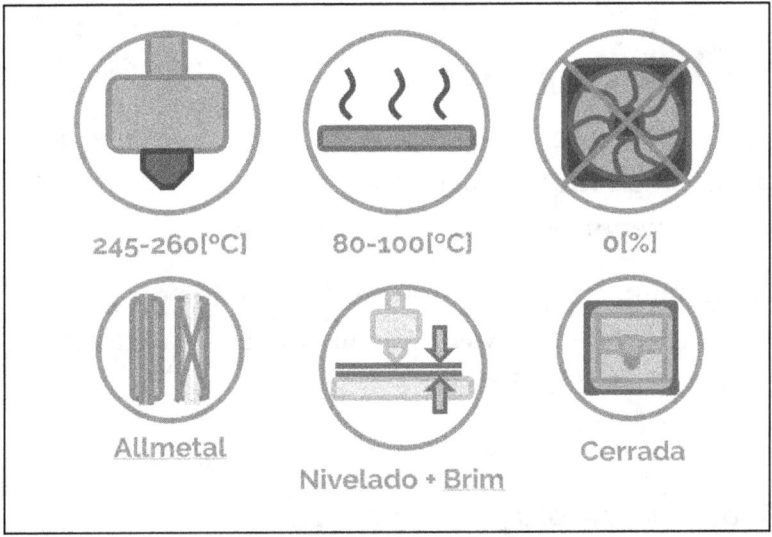

Infografía puntos clave impresión ABS

3.3-2.1. *Temperaturas de extrusión y de la cama caliente para el ABS*

El ABS se funde entre los 220[°C] y 250[°C], aunque es un valor estimado, cada fabricante tiene un rango diferente pero similar.

Con respecto a la cama caliente, conviene ponerlo a unos 80-100[°C], al igual que el ASA. Es la temperatura idónea para que no le afecte el warping ni el cracking (warping entre capas).

3.3-2.2. Ventilador de capa para el ABS

El ventilador de capa es un ventilador que enfría el plástico nada más salir de la boquilla. Está muy bien para conseguir mayor detalle en las piezas, pero tiene un hándicap: ese aire también incide en la pieza de la cama.

Esto, con plásticos con mucha contracción térmica no les viene bien, por ello se suele poner a porcentajes menores del 100%.

Hay gente que te dirá que con un 10%-30% vale, pero mi recomendación es que le pongas al 0%. Es mucho mejor eso a que se te acabe despegando a la hora de imprimirse.

3.3-2.3. Tipo de hotend para el ABS

Las impresoras 3D por defecto traen un hotend con un tubo de teflón, esto es muy práctico para imprimir PLA, pero cuando superamos los 230[ºC] como en el caso del ABS, con el tiempo, se empezaría a degradar.

Por ello, si vas a imprimir puntualmente ABS, no importa que uses un hotend con un tubo de teflón, pero si vas a fundir una bobina entera, te recomiendo encarecidamente un hotend "allmetal".

3.3-2.4. Tipo de impresora 3D para el ABS

Para el ABS es imprescindible que la habitación esté calefactada para imprimir con una impresora abierta, y si quieres piezas más grandes que un puño, ya te tienes que ir a impresora cerrada sí o sí.

3.3-2.5. Nivelar todo, lo más importante.

Finalmente, lo más importante para imprimir ABS es que ajustes bien la distancia entre el hotend y la cama caliente y si puedes, le pongas un "Brim" de 8[mm] a tu pieza (lo veremos en el capítulo de Cura Ultimaker). Ambas cosas aumentarán la adherencia a la superficie de impresión, lo cual es esencial para imprimir ABS.

Esto se hace fácilmente calibrando la impresora 3D a través del eje Z con un papel, y lo del Brim, en tu laminador, en este caso yo uso Cura Ultimaker.

3.3-3. Propiedades y usos del plástico ABS

Yo no suelo tener la necesidad de usar ABS, pero en ciertas ocasiones viene bien para el taller o el jardín.

Si por ejemplo tuviera que colgar una maceta en la pared con un plástico en mi terraza, usaría sin duda ABS, ya que aguanta bien el calor y sé que la pieza no se deformaría con la incidencia de rayos solares.

Igual para ganchos para herramientas en el taller, al final esas piezas aguantan mucho calor, muchas tensiones y mucho peso. Un PLA no está preparado para ese desempeño y un PETG lo justo, para eso y para tu seguridad (y la de tu perro si pasa por debajo), lo mejor es el ABS sin duda alguna.

Soportes para herramientas hechos con ABS (Fuente: Thingiverse)

3.3-4. ¿Pero el ABS se pule bien con Acetona? ¿Y el ASA?

El ABS se pule estupendamente con Acetona, de hecho, si te pasas con el tiempo te puede quedar unas natillas de chocolate como estas:

FILAMENTOS 3D Y LOS MATERIALES QUE TE RECOMIENDO

Pieza de ABS tras dos horas de baño de vapor de acetona

Normalmente con una cámara cerrada y ventilada, a los 20 minutos conseguimos resultados muy buenos, casi llegando a la desaparición de capas:

Pieza de ABS tras 20-30 minutos de baño de vapor de acetona

Si, por otro lado, vamos con el ASA, en cualquier página que busques te dirán que, al ser un derivado del petróleo, el ASA se alisa igual que el ABS con la acetona, y en parte tiene razón, pero con matices.

Pieza de ASA sometiéndose a un baño de vapor de acetona

He probado el ASA en las mismas condiciones y tras 90[min] se alisa parte de su estructura, pero acaba muy ablandado. No tiene nada que ver con el ABS.

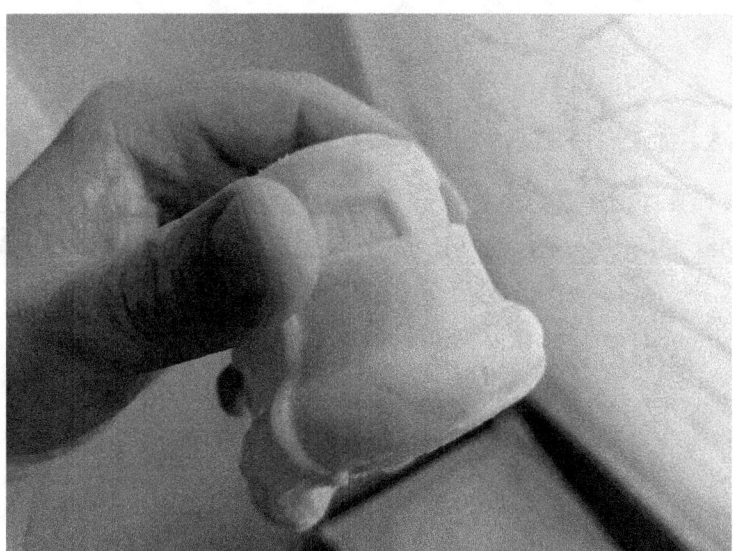

Resultado de pieza ASA tras 90 minutos de baño de vapor de acetona

En este sentido el ASA es un poco decepcionante, ya que te esperas poder tener piezas pulidas como un ABS, pero realmente no se consigue el mismo efecto.

3.3-5.¿El material ABS se puede usar con niños?

Si te has hecho esta pregunta, es que has oído por ahí que el ABS es perjudicial para los niños y en parte puede alarmar, pero la gente exagera un poco.

El PETG y el PLA no emiten ningún vapor de ningún tipo, eso en primer lugar, por lo que de ellos nos olvidamos.

El ABS y el ASA sí que lo hace, pero no es un vapor "tóxico". Para que te hagas una idea los días que he impreso ABS en el despacho y he estado durante unas horas dentro, he acabado con un ligero picor de garganta, que se pasa al día siguiente, pero no "intoxicado".

El tema está en que, si lo haces muy de continuo, sí puede ser malo, por lo que se recomienda no usarlo con niños en el mismo cuarto (ni con adultos). Eso sí, si quieres usarlo en casa, la impresora está en el despacho y tus hijos en el salón, no temas por ellos.

Ventilando tras la impresión y manteniendo la puerta cerrada, no hay más problema.

3.4- PETG: El cristal blindado de los filamentos 3D

El PETG o Tereftalato de polietileno es el filamento que ha sustituido al ABS para hacer piezas para impresoras 3D (las Prusa MK3 están hechas con este material actualmente). Es igual de fácil de imprimir que el PLA, menos frágil y más resistente térmicamente, aunque más caro.

Por otro lado, tiene más "stringing" que el PLA (los hilitos que se forman entre columnas) y su resistencia al impacto no es mucho mayor que el PLA.

Proviene del PET, que es un plástico muy usado en la industria para alimentación: fibras textiles o incluso botellas y envases, en general, un material muy resistente químicamente y transparente. Esto lo hace perfecto para uso en alimentación, por lo tanto ¿qué es la G?

Pues e la G significa Glycol-modificado, y hace referencia a un cambio en su estructura interna que le hace más transparente, menos frágil y, sobre todo, más fácil de imprimir.

En conclusión, si buscas más ductilidad, absorción de impacto y más resistencia a temperaturas, conviene usar PETG, pero en cuanto a resistencia pura y dura (según su definición), sigue ganando el PLA.

3.4-1. Propiedades del PETG

Aquí te dejo una pequeña tabla con las propiedades del plástico PETG:

Tabla de Propiedades del Filamento PETG

PROPIEDAD	VALOR
Densidad del PETG	1,27[g/cm3]
Tª de Fusión	230-250[°C]
Tª Máxima de Servicio	80[°C]
Coeficiente de expansión térmica	60μm/m·°C
Resistencia a la Tracción	50[MPa]
Resistencia a la Flexión	69[MPa]
Módulo de Flexión	2100[MPa]
Dureza Superficial	Rockwell 108
Resistente al agua	
Resistente a la fatiga	
Resistente químicamente	

3.4-2. Cómo imprimir PETG

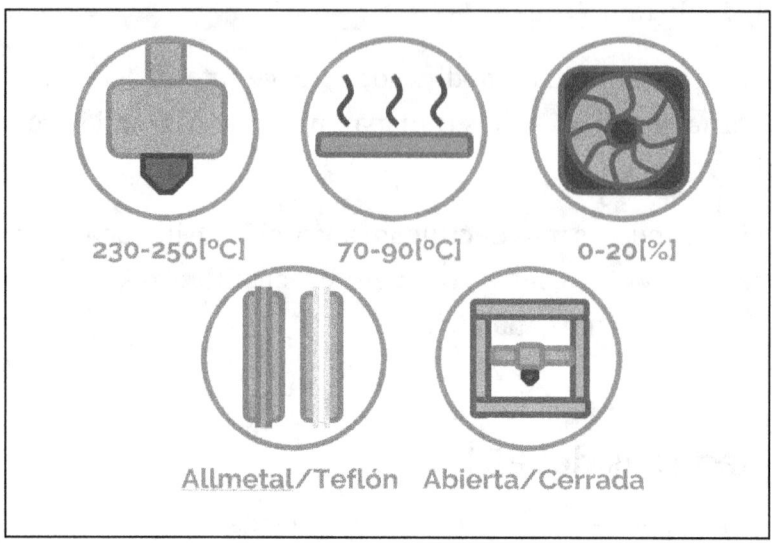

Infografía puntos clave impresión PETG

3.4-2.1. Temperaturas de extrusión y de la cama caliente para el PETG

El PETG se funde entre 230[ºC] y 250[ºC] más o menos, aunque lo mejor es que hagas caso a lo que dice el fabricante.

Con respecto a la cama caliente entre 70[ºC] y 90[ºC] sería una temperatura idónea para que no le afecte la contracción térmica o warping.

3.4-2.2. Ventilador de capa para el PETG

El ventilador de capa, además de hacer incidir aire sobre el plástico que se acaba de depositar (y así solidificarlo antes), también tiende a enfriar la pieza.

Con el PLA no hay problema, pero con el PETG hay que tener un poco de cuidado, por ello lo ideal sería configurar el ventilador entre un 0% y un 20% de potencia. Es algo que puedes hacer desde el laminador sin problema.

3.4-2.3. Tipo de hotend para el PETG

Actualmente existen 3 tipos de hotends: el "allmetal" que es entero de metal, el Bore 4.1 que tiene un tubo de teflón desde el extrusor hasta la boquilla, y el que tiene un tubo de teflón solo insertado en el barrel llamado "liner".

En este caso, al poderse imprimir el PETG por debajo de 230-235[ºC], no hay temor a que el teflón de los hotends 2 y 3 se degrade, sí cuando subimos de esa temperatura, por ello, si es posible, usar un hotend allmetal, aunque los de teflón se pueden usar también.

Si no, la alternativa sería comprar tubos de teflón "capricorn", que aguantan mucho mejor la temperatura.

3.4-2.4. Tipo de impresora 3D para el PETG

Para este filamento en concreto, no es necesario que nuestra impresora sea cerrada.

3.4-3. Propiedades y usos del plástico PETG

Ya hemos visto que el PETG es resistente químicamente, transparente, no tiene olores raros al imprimirse, se puede reciclar y es apto para el uso alimentario, pero ¿para qué utilizar el filamento PETG?

Uno de sus usos más extendidos hoy en día es para hacer piezas de impresora 3D, es sin duda el mejor plástico que se puede usar.

FILAMENTOS 3D Y LOS MATERIALES QUE TE RECOMIENDO

Pieza de impresora 3D (Carro Izda Eje X) hecha en PETG

La ductilidad del PETG y su resistencia en ambientes nocivos y de altas temperaturas lo hace perfecto para usarlo aquí, aguanta de todo y las piezas, al ser muy dúctiles, no hay temor a que se rajen ante un sobreesfuerzo (bueno, si eres muy burro sí).

Mi primera impresora Of3lia tenía todas sus piezas en ABS, Loal, la segunda, todas en PETG.

Otro uso que se puede dar al PETG es para sujetar la manguera de tu terraza ya que aguanta los rayos UV, químicamente es muy estable y además es un material que soporta muy bien la humedad, por lo que, si dejas en tu jardín una pieza así, aguantará perfectamente.

Además, ten en cuenta que va a incidir sobre la pieza el sol en verano y va a tener que soportar el calor de este. Si dejaras una pieza de PLA ahí, acabaría siendo un flan.

El último uso que te recomiendo es el uso alimentario, por ejemplo, para hacer cubiteras para tu congelador sin temor a que tus refrescos cojan un sabor raro.

Además, su facilidad de impresión te va a ayudar a que la cubitera no tenga huecos entre capas que puedan hacer que el agua se salga antes de congelarse. ¡Imagínate tu frigorífico encharcado! Menuda pereza limpiarlo.

3.4-4.¿El material PETG se puede usar con niños?

El filamento PETG es totalmente seguro.

Si pregunta esto es porque has oído que otros filamentos es conveniente no utilizarlos con niños, se refieren sobre todo al ABS y al filamento ASA. Estos filamentos son muy utilizados por aficionados a la impresión 3D por su precio y resistencia, pero tienen el inconveniente de que emiten gases algo nocivos.

No son tóxicos en sí, yo he impreso muchas veces estos filamentos y no me ha pasado nada, lo único te dejan la garganta algo irritada y un poco de dolor de cabeza si pasas muchas horas en la misma habitación dónde se imprimen como te he comentado antes.

Es algo que se te pasa al día siguiente y puede llegar a ser peligroso si lo haces muchísimo, por eso siempre dicen que es mejor no imprimirlo con niños.

Pero el PETG no tiene este problema, por lo que puedes estar tranquilo/a.

3.5- Resumen PLA vs ABS vs PETG

¿Cuánta información no? El PLA, ABS y PETG son plásticos espectaculares para imprimir en 3D y cada uno con sus pequeños detalles que los hacen perfectos para cada tipo de proyecto.

Por ello, te quiero poner una breve tabla resumen para que puedas acceder a ella para tener contenido rápido cuándo los uses.

Lo primero, una comparativa entre ellos. Te aviso, me voy a repetir como el ajo para que se te quede todo bien, bien, bien ☺.

3.5-1. PLA vs ABS: Igual de baratos, pero muy diferentes

El PLA y el ABS son filamentos que son muy baratos, y fueron los primeros que abrieron el mercado de las impresoras 3D.

Al contrario que el PLA, el ABS se imprime bastante mal, ya que tiene mucho warping o combado por contracción térmica. Esto hace que este filamento solo se pueda imprimir bien en impresoras cerradas y con la cama caliente a casi 110[ºC].

Como ventaja, el ABS aguanta mejor en ambientes con luz solar, o con temperaturas mayores a 50[ºC], por lo que se utiliza mucho en industria. Además, lo puedes pulir con acetona, una propiedad que me encanta, ya que puedes hacer que desaparezcan las capas y la pieza te quede lisita.

Por lo que, si vas a utilizar ABS, ten en cuenta que es un filamento complicado con el que hay que mantener la temperatura muy estable, pero para aplicaciones en ambientes químicos o industriales, es mucho mejor.

3.5-2. PLA vs PETG: Caramelo vs chicle con caramelo

Al contrario de lo que piensa la gente y verás por internet, el PLA es mucho más resistente que el PETG, pero ¿por qué ha sustituido el PETG al ABS como plástico para piezas de impresora 3D? Por su ductilidad.

El PLA es más resistente que el PETG, pero más quebradizo, es como el caramelo de un chupachups normal. Por otro lado, el PETG sería como un chupachups con chicle, se rompe antes pero después está el chicle haciéndolo más elástico.

Por lo tanto, el PETG lo utilizaremos para piezas que vayan a trabajar a flexión, y también se puede utilizar para ambientes húmedos o con luz solar. Personalmente, en la mayoría de las ocasiones, lo sustituyo por el ABS ya que se imprime casi tan bien como el PLA.

3.5-3. PETG vs ABS: La facilidad de impresión al poder

El ABS o acrilonitrilo butadieno estireno (toma ya pedazo nombre), es un plástico que tiende mucho a combarse cuando se le enfría "rápido", o sea, tiene mucha tendencia al warping y al cracking (que es como el warping, pero entre capas). Esto lo hace un material muy complicado de imprimir.

La ventaja del ABS es que es más rígido y resistente que el PETG, por lo que lo hace ideal para aplicaciones que tengan que aguantar peso o fuerzas bruscas.

Aun así, el ABS antes se utilizaba para piezas de impresora 3D y ahora se ha cambiado por el PETG, por ser muchísimo más fácil de imprimir y suficientemente duradero como para aguantar bien las tensiones que se generaban dentro de la impresora.

Ah, se me olvidaba, el ABS expulsa vapores y olores al imprimir no demasiado agradables a la larga, mientras que el PETG no. Otro punto para el filamento PETG.

3.5-4. Tabla Resumen

Aquí te dejo una tabla resumen con lo principal que se ha comentado:

Tabla resumen PLA vs ABS vs PETG

PROPIEDAD	PLA	ABS	PETG
Precio	20€ - 25€	20€ - 25€	25€ - 30€
Tª fusión	190-220ºC	220-240ºC	230-250ºC
Tª cama caliente	0-40ºC	90-110ºC	70-90ºC
Ventilador de capa	100%	0%	0-20%
Densidad [g/cm3]	1,24	1,07	1,27
Facilidad de impresión	Muy Alta	Muy baja	Alta
Calidad de impresión	Muy alta	Media	Alta
Resistencia	Alta	Media	Media-Baja
Rigidez	Muy alta	Media	Baja
Resistencia al impacto	Muy baja	Muy alta	Media
Resistencia térmica	Muy baja (50ºC)	Muy alta (<100ºC)	Alta (80ºC)
Adhesión entre capas	Media	Baja	Alta
Olor	Nada	Mucho	Poco

Estos son los parámetros y lo que significan:

- **Precio**: Lo que cuesta el kilo de este material.
- **Tª Fusión**: La temperatura a la que se funde el filamento. A menos temperatura, menos gasto eléctrico.
- **Tª Cama**: La temperatura necesaria en la cama caliente para que el PLA, ABS o PETG se imprima bien. A menor temperatura, mejor. La cama consume mucho.

- **Ventilador de capa**: El % de potencia del ventilador. A más %, los detalles pequeños se imprimirán mejor.
- **Densidad**: Por cada kg de filamento, si hay más densidad, menos metros imprimibles.
- **Facilidad de impresión**: Los problemas que nos va a dar a la hora de usarlo (sobre todo la primera vez hasta que le pillemos el puntillo).
- **Calidad de impresión**: Lo bien que quedan las piezas en una impresora normal y corriente.
- **Resistencia**: Los kg que es capaz de asumir un material antes de su rotura.
- **Rigidez**: La deformación que sufre un material en función de la fuerza que apliquemos en él.
- **Resistencia al impacto**: Si se nos cae al suelo, qué frágil es esa pieza.
- **Resistencia térmica**: La deformación del material en función de la temperatura.
- **Adhesión entre capas**: Lo bien pegadas que estén las capas entre sí (tiene que ver con la fragilidad).
- **Olor**: Si el filamento huele o echa vapores al imprimirse.

3.6- Filamentos flexibles y trucos para imprimirlos bien

Los filamentos flexibles son un poco puñeteros, son los primos raros de la familia, esos que viven en el sur y solo los ves por los funerales de tus tíos o las bodas de tus primas.

Todo esto, es porque si lo piensas, todos los demás filamentos los "empujamos" desde el extrusor hasta la boquilla del hotend y como son rígidos, no tienen ningún problema, es como si empujaras de un palo. Pero con el filamento flexible pasa lo contrario.

Imagina que alguien te dice que le pases una cuerda y tu empiezas a empujarla hacia delante en vez de enrollarla y tirársela. El otro se te quedaría mirando como si fueras idiota mientras la cuerda en vez de desplazarse hacia delante va cayendo, haciendo bucles sobre tus pies mientras se crea un burruño.

Algo parecido pasa dentro del extrusor.

Burruño de filamento flexible tras 5 minutos de impresión

Si desde el extrusor hasta la entrada del hotend existe el más mínimo hueco en el que el filamento flexible no va guiado, le pasará algo como la foto de arriba.

Normalmente lo que hacemos es recurrir a algún tipo de pieza impresa para no dejar huecos entre esos dos puntos como esta:

Adaptador extrusor MK8 para filamento flexible (Fuente: Thingiverse)

Después de hacer esto, te dejo una serie de pautas para que puedas imprimir filamento flexible mejor, aunque como te decía, la principal mejora, es la de no dejar huecos en la extrusión:

1. Cuanta menos fricción mejor irá la extrusión, por lo que un extrusor "bowden" con un tubo de teflón desgastado, no es la mejor opción.
2. Si puedes, ajusta la temperatura y quita las retracciones, al filamento flexible no le gusta.
3. Tras una impresión, vuelve a guardarlo en su caja, este filamento es muy higroscópico y absorbe mucha humedad.

Y ahora, vamos a ver algún filamento más.

3.7- Algunos filamentos más

Antes de acabar, te voy a hablar de algunos filamentos más para que los conozcas, pero te puedo decir que, con el PLA, ABS, PETG y TPU o filamento flexible, tienes más que de sobra para hacer cualquier proyecto que se te ocurra.

No obstante, hay algunos filamentos que quiero que sepas de su existencia por si algún día te da por usarlos.

3.7-1. Filamento de madera

El filamento de madera es un filamento que combina un PLA con virutas de madera o fibra de madera, lo que da rigidez a la pieza y la vez texturas y color de este material.

FILAMENTOS 3D Y LOS MATERIALES QUE TE RECOMIENDO

Baby Groot impreso en filamento de madera

Es muy sencillo de imprimir y algo que me encanta es que, si aumentas o disminuyes la temperatura de impresión, puedes cambiar también el color del filamento (ya que la madera se oscurece) y crear efectos muy interesantes.

3.7-2. Filamento ASA

De este ya hemos hablado antes, pero me parece que es una gran alternativa al ABS que deberías probar.

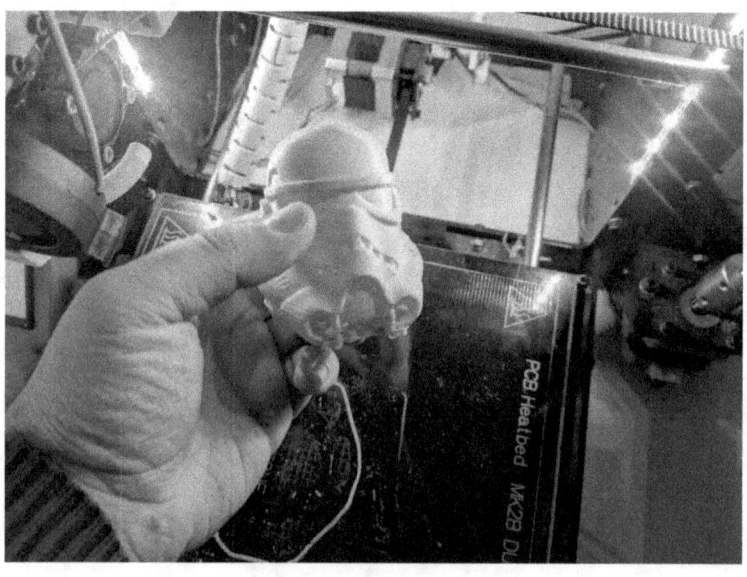

Impresión 3D hecha con ASA

CAPÍTULO 3

Se imprime mucho más fácil y tiene las características de un ABS en cuanto a resistencia, eso sí, es algo más caro, pero personalmente creo que merece la pena.

3.7-3. Filamento HIPS y PVA

Este par de filamentos son solubles en limoneno y agua respectivamente.

Pieza impresa con soportes solubles en agua de PVA (Fuente: pic.wikianimal.news)

Esta propiedad hace que se suelan utilizar como filamentos de soporte para después retirarlos y que te quede la pieza perfecta.

3.8- Dónde te recomiendo comprar filamentos y cuáles me gustan

La primera vez que compré filamento fue en Amazon, a un proveedor llamado Nuncu, Nunchu o qué se yo, solo sé que era chino. No tengo nada en contra de los filamentos chinos, pero sí de los filamentos en Amazon: las marcas buenas de filamento no quieren venderse ahí.

Esto es porque el mercado de la impresión 3D no es tan grande, y las marcas de filamentos buenas prefieren vender sus productos en tiendas especializadas en impresión 3D que, en Amazon, ya que normalmente ahí va la gente que prefiere

FILAMENTOS 3D Y LOS MATERIALES QUE TE RECOMIENDO

comprar a bajo precio que calidad, además Amazon se lleva un porcentaje muy alto de la venta.

Pero ¿es tan importante comprar un filamento de calidad? Pues en otros mercados te diría lo contrario, ya que al final la sandwichera de 20€ que compraste en Amazon te va a hacer el mismo apaño que la que vendían por 50€ en la tienda de electrónica de tu barrio, pero en el caso del filamento, se nota y mucho. Cuando compras filamentos "chinos" (incluso te diría de AmazonBasics), vas a notar que las piezas salen bien, pero nunca "del todo bien".

Esos defectos suelen venir por una irregularidad en la extrusión definida por un filamento que no está bien testeado, y que un pequeño fallo en tu hotend le va a afectar mucho más que a un filamento de calidad.

Esto también va a afectar a los atascos en la impresora, ya que los filamentos baratos suelen darte muchos más problemas, y no a la larga, si no al corto plazo, solo con imaginar tener que volver a desatascar un extrusor tras una obstrucción después de 10 horas de impresión (con la siguiente pérdida de pieza), me da un perezón inimaginable. Vamos, que aquí se cumple claramente el cliché de "lo barato sale caro".

Ojo, yo también he comprado filamentos de marca blanca y al final, funcionar funcionan, las empresas no son idiotas, no te van a vender un churro. No obstante, te voy a decir algo más ¿cuánto crees que vas a tardar en pulirte una bobina de 1[kg] de filamento?

Para que te hagas una idea, si te diera por imprimir tazas de tamaño normal, consumirían unos 30[gr] de filamento (y siendo muy generoso), por lo que podrías imprimir unas 30 tazas. Te vas a aburrir antes del color del filamento, antes que de hacer tazas u otros objetos.

Bueno, lo dicho, hay muchas tiendas especializadas en impresión 3D en el mercado, pero desgraciadamente no he comprado en todas, si tienes curiosidad yo los filamentos de impresora 3D los compro aquí:

https://of3lia.com/ir/herramientas-impresoras-3d-com

Ya tenemos la impresora 3D y el filamento, ahora toca ponerse manos a la obra.

CAPÍTULO 4: EL PROCESO DE IMPRESIÓN 3D. PROGRAMAS Y USOS.

Imprimir en 3D es teóricamente muy sencillo, solo hay que entender los pasos que se dan y el porqué de cada uno. Y a partir de ahí, cada uno coge su estilo.

Mucha gente no tiene muy claro este proceso de impresión, pero una vez lo vayamos viendo, verás que tiene todo el sentido del mundo, cada paso tiene su lógica y a pesar de ser muy simple se debe hacer bien.

Dicho esto, vamos con ello.

4.1- El flujo de impresión de una pieza en 3D

Estos son los 4 pasos para conseguir que un modelo teórico en 3D acabe materializándose en nuestras manos:

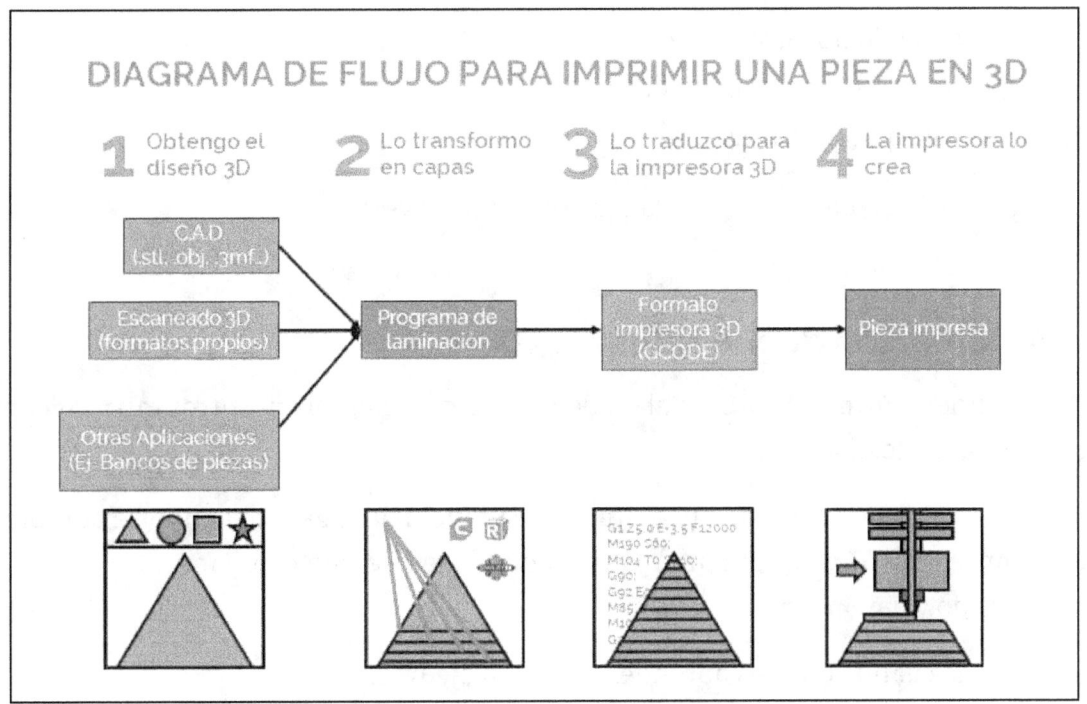

Diagrama de flujo para imprimir una pieza en 3D

EL PROCESO DE IMPRESIÓN 3D: PROGRAMAS Y USOS

En términos generales tenemos que:

1. Conseguir nuestro modelo en 3D, ya sea diseñándolo nosotros, descargándolo de internet o escaneándolo en 3D.
2. Pasar nuestro modelo a capas para que nuestra impresora lo pueda fabricar.
3. Traducir esas órdenes de fabricación al lenguaje que entienda la impresora, el GCODE.
4. Pasar el código a la impresora e irnos a tomar una cerveza mientras se imprime (este punto es importante).

Pero ¿qué programas necesito para cada paso?

4.2- Lo primero, obtención del modelo en 3D

Como hemos dicho hay 3 formas de conseguir nuestro modelo en 3D:

- Creándolo nosotros mismos.
- Descargándolo de internet.
- Escaneándolo en 3D.

Pero ¿cómo se lleva a cabo cada punto? Vamos a verlo.

4.2-1. Creación de modelos en 3D

La primera forma de obtener el modelo en 3D es creándolo nosotros mismos con un programa de diseño 3D.

Esto es algo que echa mucho para atrás a muchísima gente cuando se compra una impresora 3D ya que tienen la infundada idea de que diseñar en 3D es muy complicado y para nada.

Es como cuando quieres aprender a jugar al ajedrez.

Al principio, que no tienes ni idea puedes ver videos de YouTube con análisis de 20 minutos de la sexta partida de Bobby Fischer contra Spassky del mundial de

CAPÍTULO 4

1972, y decir "¿pero ¿qué me están contando aquí?", pero eso es porque estás viendo algo de muy alto nivel.

Si quieres jugar con tus amigos que tienen la misma idea que tú y pasártelo bien, no hace falta que sepas todo lo que sabían ellos ni entender una partida de alto nivel, solo saber cómo se mueven las piezas y un par de cosas más.

Y después ya aprenderás cómo se ejecuta el gambito de rey, o de dama, las aperturas de peón rey, la defensa siciliana... ¿entiendes por dónde quiero ir no? Para diseñar cosas básicas, que serán la mayoría de las veces, crear tus modelos 3D es sumamente fácil y cuando necesites subir de nivel, lo iras haciendo.

Por lo tanto, en este punto, si eres principiante y no tienes ni idea de modelado 3D, te recomiendo TinkerCAD.

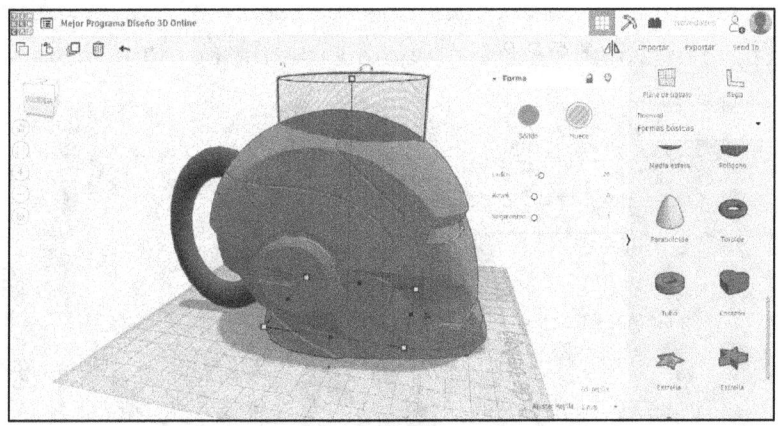

Busto de Ironan modificado por piezas básicas para crear una taza

Es un programa muy versátil y fácil de aprender, que se basa en la creación de modelos a partir de formas básicas, no croquizados.

Lo que haces es ir introduciendo cilindros, cubos, esferas, toroides y vas sumándolos y restándolos entre ellos hasta crear modelos de todo tipo. Lo que me encanta además es que lo puedes combinar con modelos 3D ya hechos y descargables, importarlos y con un par de ajustes hacer una taza de Ironman como esta.

EL PROCESO DE IMPRESIÓN 3D: PROGRAMAS Y USOS

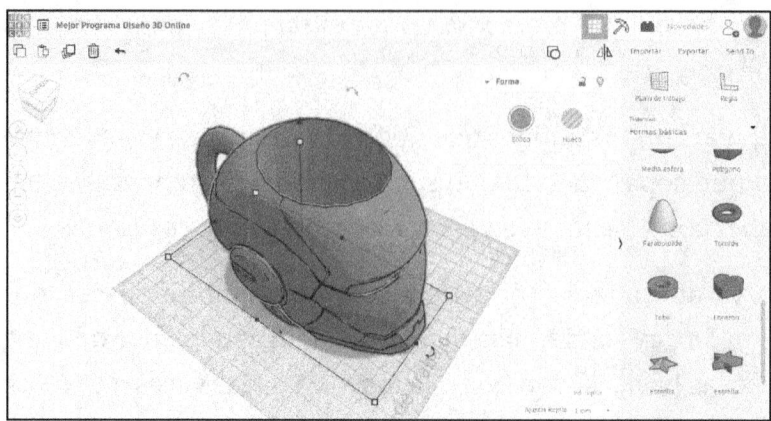

Taza de Ironman ya creada

Si por otro lado ya tienes un poco de experiencia básica modelando en 3D y quieres ir un paso más allá, a mí un programa que me encanta es FreeCAD.

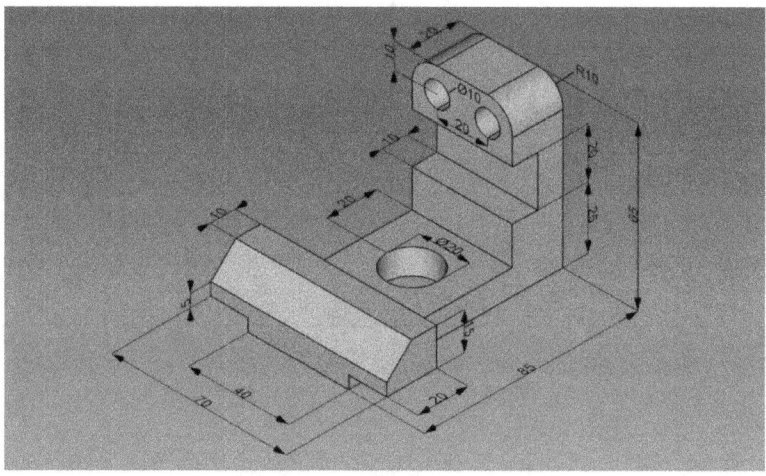

Pieza 3D acotada de FreeCAD (Fuente: freecadweb.org)

FreeCAD te permitirá hacer modelos por croquizados más complejos. Los modelos por croquizados son modelos en los que tu creas un dibujo en 2D y lo "extruyes" o sea, tiras hacia arriba de él y le das volumen.

Esto te permite crear figuras geométricas de dimensiones concretas, acotarlas, crear vaciados (lo contrario de extrusión), perfecto para diseños mecánicos simples.

La gran ventaja de FreeCAD es que es gratuito y libre, por lo que no tienes que pagar nada por usarlo, la desventaja es que hay algunas opciones que son un poco más "manuales". No es como esas empresas de software que invierten millones en mejorar la interfaz de usuario, por lo que su manejo inicial puede ser un poco más complicado, pero merece la pena aprenderlo.

En el Capítulo 6 lo veremos más en profundidad por lo que no me alargo más aquí.

Por último, para un nivel más avanzado, te recomiendo:

- Fusión 360 para diseños mecánicos y con acotación.
- Blender para diseños artísticos en los que las medidas no importan tanto.

Fusion 360 es de la empresa Autodesk y se pueden hacer montajes mecánicos complejos y cosas que ni te puedes llegar a imaginar. Es un programa en teoría de pago, pero tiene una versión gratuita para usuario muy interesante.

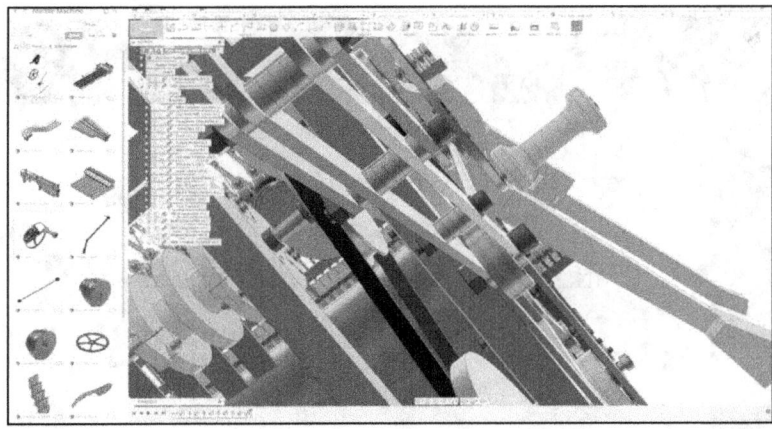

Montaje complejo mecánico hecho con Fusion 360 (Fuente: YouTube-Wintergatan)

Por otro lado, Blender es un programa "open source" (de código abierto y libre), pero con una grandísima comunidad, tan grande que está en continuo desarrollo y lo utilizan empresas de animación para hacer sus proyectos.

Te permite hacer figuras de todo tipo a través de mallados, es casi un trabajo manual. De lo mejorcito que hay.

Modelo 3D artístico hecho con Blender (Fuente: blender.org)

En resumen, esto es lo que te puede interesar en un programa de diseño 3D:

Tabla comparativa programas de diseño 3D

Característica	TinkerCAD	FreeCAD	Fusion 360	Blender
Nivel	Principiante	Intermedio	Profesional	Profesional
Sistema Operativo	Navegador Web	Windows, Mac y Linux	Windows y Mac	Windows, Mac y Linus
Precio	Gratis	Gratis	503€/año con licencias gratuitas disponibles	Gratis
Formatos compatibles	.123dx, .3ds, .c4d, .mb, .obj, .svg, .stl	.step, .iges, .obj, .stl, .dxf, .svg, .dae, .ifc, .off,	.catpart, .dwg, .dxf, .f3d, .igs, .obj, .pdf, .sat, .sldprt, .stp	.3ds, .dae, .fbx, .dxf, .obj, .x, .lwo, .svg, .ply, .stl, .vrml, .vrml97, .x3d

		.nastran, .Fcstd		
Enfocado a	Todo tipo de usuario	Diseño técnico y de interiores	Diseño técnico avanzado	Artistas y Diseñadores gráficos
Multimódulo	No	Sí	Sí	Sí

Por cierto, lo de multimódulo significa que tiene más de un apartado para hacer cosas diferentes. Hay programas que tienen un módulo para diseño con piezas básicas, otro para diseño con croquizados, otro para diseños con superficies y en vez de tener una interfaz con miles de herramientas, tienes muchos módulos con herramientas específicas para lo que quieres hacer.

Por último, decir que me he dejado grandes softwares de diseño 3D en el tintero como Sketchup, SolidWorks, Inventor o Catia. Mi recomendación es que utilices el que siempre hayas utilizado o el que más te llame la atención.

A mí me gustan los de arriba y son los que suelo recomendar, pero si tú en tu empresa has utilizado toda la vida SolidWorks, no te cambies a Fusion 360 porque sí, los dos hacen lo mismo al fin de al cabo (de hecho, SolidWorks es más completo).

4.2-2.Descargando el modelo de internet

Como te decía antes, si te da pereza ponerte a diseñar algo complejo o quieres hacerte un macetero con la cara de Yoda y no sabes ni por dónde te da el aire, tengo la solución: los bancos de piezas.

Estos bancos son repositorios dónde hay miles de modelos 3D hechos por la gente y subidos de forma gratuita o de pago, a su web.

Los vamos a ver más a fondo en el Capítulo 5, pero te voy adelantando unos cuantos por si les quieres echar un ojo:

- Thingiverse
- Cults 3D
- GrabCAD
- MyMiniFáctory
- YouImagine
- Pinshape
- Free3D
- STLFinder
- Sketchfab
- Yeggi3DShook
- 3DWarehouse
- ...

No vamos a ver todos en el capítulo 5, pero sí unos cuantos, los que más me gustan vamos, que para eso es mi libro, hombre jejej.

4.2-3. Escaneándolo en 3D

He visto multitud de técnicas de escaneo 3D de objetos, y personalmente pienso que para un usuario principiante con este tipo de técnicas o incluso usuarios algo avanzados en el diseño 3D, es algo muy complicado ya que:

- Es difícil que te quede bien.
- Los modelos obtenidos te suelen coger objetos del entorno.
- Necesitan un postprocesado de imagen después.
- Necesitan mucha capacidad de computación para generar los modelos.
- Los modelos generados suelen tener errores que pueden liar a tu impresora 3D.

El escaneado 3D es una ciencia en sí misma, puedes hacerlo con tu móvil a través de fotogrametría o con escáneres manuales o profesionales, algunos de en torno a los 200€, una ganga. Si quieres ver un ejemplo que hice yo, echa un ojo a este artículo: [https://of3lia.com/escanear-en-3d-con-tu-movil/]

CAPÍTULO 4

Pero lo que te comentaba arriba, es que dan muchísimos problemas y personalmente, es la técnica que menos me gusta usar para sacar un modelo 3D, casi me cuesta menos diseñarlo yo mismo o descargarlo de internet (si existe).

Se suele recurrir a esta técnica para reconstrucciones históricas en galerías o algún documental sobre figuras arquitectónicas, sobre todo para objetos muy concretos, normalmente estatuas o el parteluz de una iglesia.

4.3- Lo segundo, lamina el modelo

Vamos a laminar un pequeño dragón en formato ".stl", pero el proceso es exactamente igual para cualquier figura.

Lo primero que hacemos es asegurarnos de que la figura 3D que tenemos es la correcta. Es un paso que se puede obviar, pero Windows tiene por defecto un visor de figuras 3D llamado "Print 3D" y ¿por qué no aprovecharlo?

Modelo "Cute Dragon.stl" visto desde Paint 3D

Una vez visto el modelo, vamos a abrir el programa Cura Ultimaker, nuestro software laminador, si no lo tienes instalado te lo puedes descargar en su web oficial [https://ultimaker.com/es/software/ultimaker-cura].

Una vez instalado nos preguntará el tipo de impresora que tenemos.

EL PROCESO DE IMPRESIÓN 3D: PROGRAMAS Y USOS

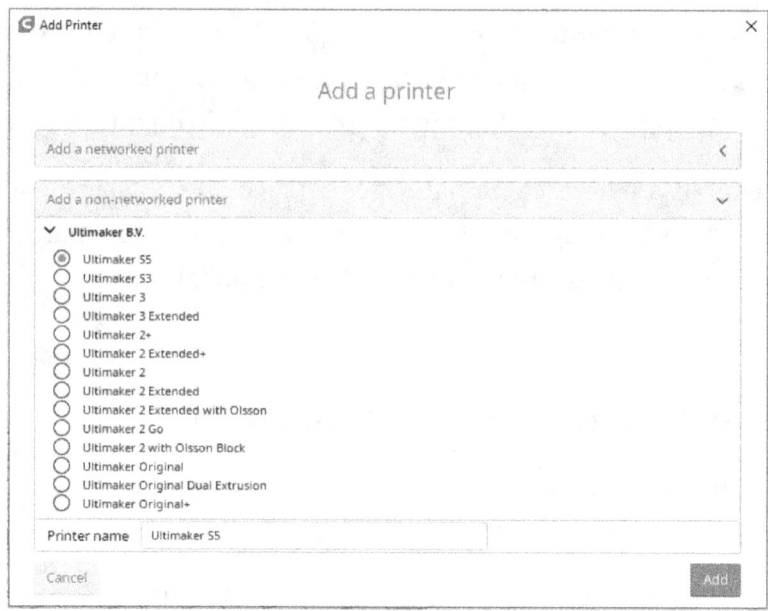

Eligiendo nuestro modelo de impresora en Cura Ultimaker

Si por lo que sea nuestra impresora no apareciera ahí, no te preocupes, puedes añadir una "Custom FFF printer" o impresora 3D personalizada, y añadirle el nombre debajo.

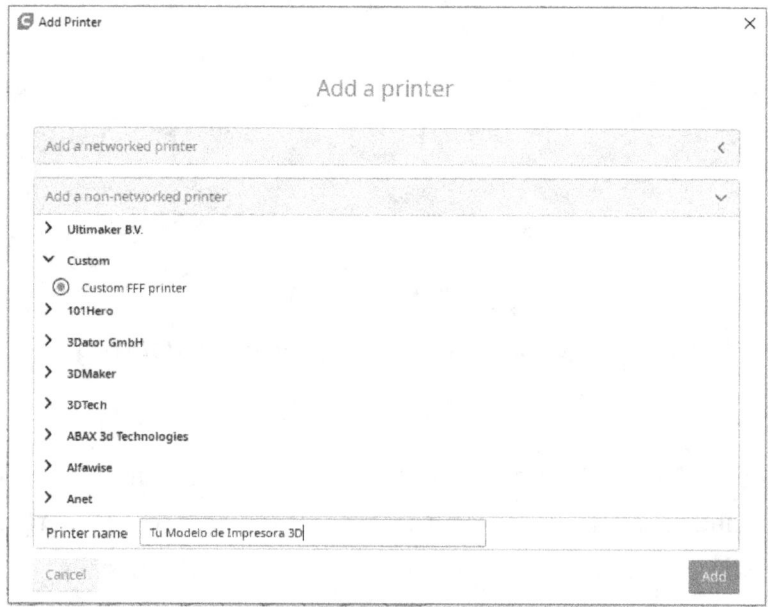

Modelo de impresora 3D genérico si tu modelo no aparece en la lista

En el siguiente punto nos preguntarán las características de nuestra impresora 3D:

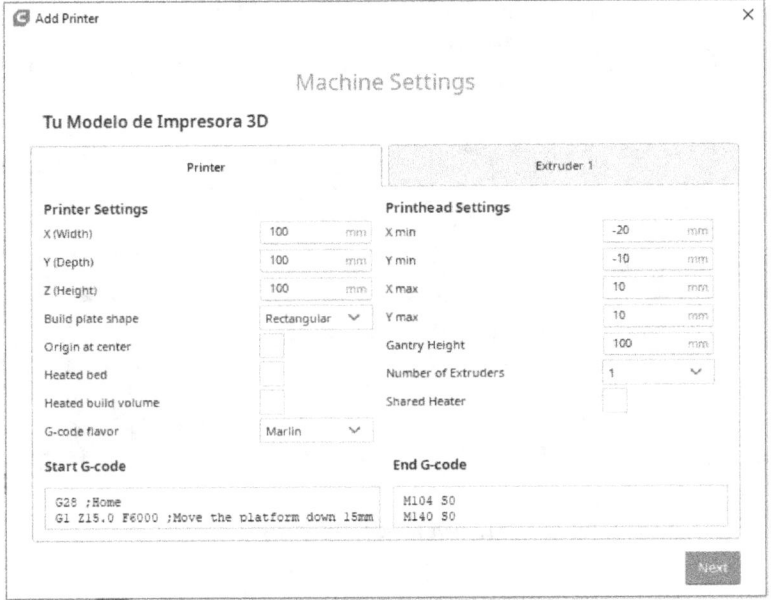

Configurando modelo impresora 3D genérica

Lo más importante es que le añadas:

- Las dimensiones en X, Y y Z (te las da el fabricante).
- Si tiene cama caliente o no, en la opción "Heated bed" (si la tienes lo marcas).
- Si es cerrada o no, en la opción "Heated build volumen" (si lo es, lo marcas).

Y ahora vamos a la opción "Extruder 1":

EL PROCESO DE IMPRESIÓN 3D: PROGRAMAS Y USOS

Configurando extrusor modelo impresora 3D genérica

Aquí lo más importante es añadir el diámetro de tu boquilla, todas por defecto suelen ser de 0,4[mm] y el diámetro del filamento compatible, que la gran mayoría suele ser de 1,75[mm].

Todas estas opciones sirven para el 90% de las impresoras 3D, pero puede que la tuya tenga otros parámetros y te tengas que ajustar a ellos.

Dicho esto, le damos a "next" y ya tenemos nuestro laminador listo para funcionar, ahora toca importar el modelo.

Para ello damos al icono de la carpeta arriba a la izquierda y buscamos nuestro modelo, lo seleccionamos y lo importamos.

CAPÍTULO 4

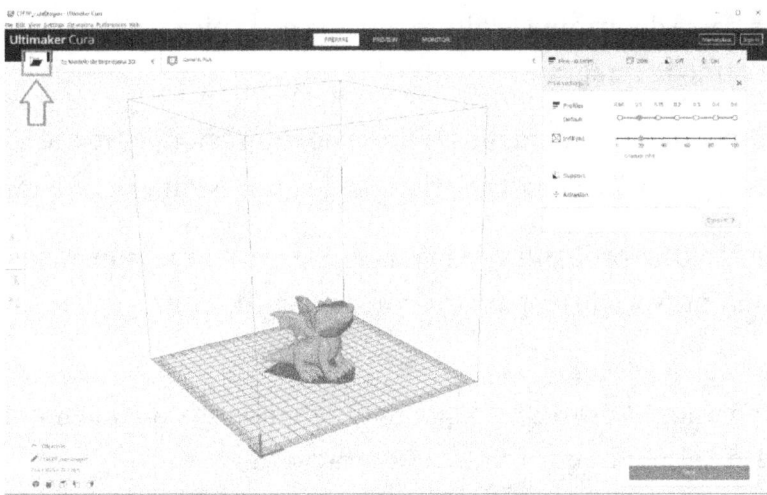

Importando nuestro modelo a Cura Ultimaker

Ahora llevaremos una laminación básica del modelo, arriba a la izquierda tenemos las opciones básicas de laminación, pero justo debajo tenemos un botón con la palabra "Custom" para acceder a muchos más parámetros (más de 300 si queremos), pero esto lo veremos en el Capítulo 7 más a fondo, no nos liemos ahora.

Vemos las opciones que tenemos:

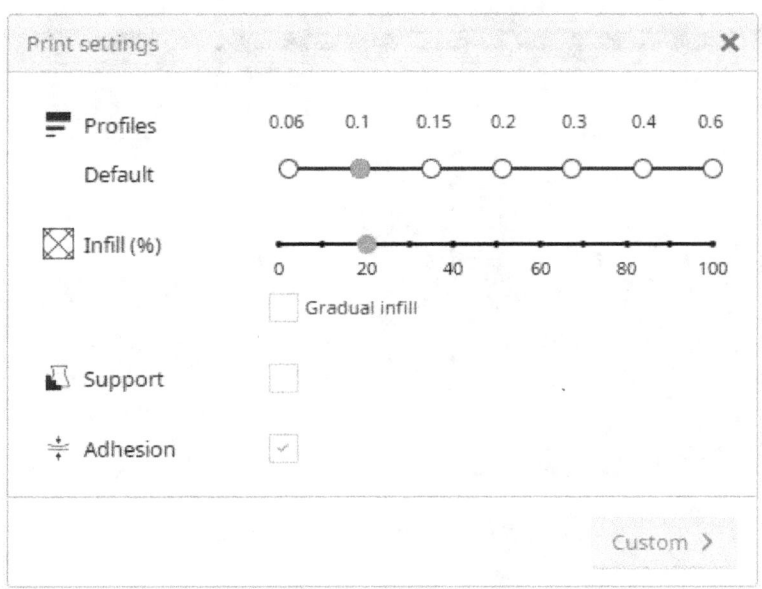

Opciones de laminación básicas en Cura Ultimaker

EL PROCESO DE IMPRESIÓN 3D: PROGRAMAS Y USOS

La primera barra determina la altura de capa de la pieza, o sea, el grosor de cada lámina. Tal y cómo te imaginas:

- A más grosor de capa, menos tiempo de impresión, pero menos detalle.
- A menos grosor de capa, más tiempo de impresión y más detalle.

Aquí lo ideal es ir probando, pero un grosor de capa con mucho detalle es 0,2[mm] y un grosor de capa alto puede ser 0,3[mm] para la mayoría de impresoras.

Después tenemos el "Infill(%)" que es el relleno interno que tendrá la pieza, o sea, la cantidad de solidez que tendrá nuestra pieza.

Piensa que las piezas en 3D si no fueran huecas tardarían muchísimo en imprimirse y al final, tampoco ganaríamos mucha rigidez en la misma, los plásticos con las que la fabricamos son muy duros y, además, el interior tiene patrones internos muy robustos, por lo que con un 5-10% suele ser más que suficiente.

Vamos a ver un ejemplo de cómo se vería la pieza con 0,2[mm] de grosor y 10% de relleno, para eso le damos al botón "Slice" o laminar y a continuación damos a "Preview" en la parte superior.

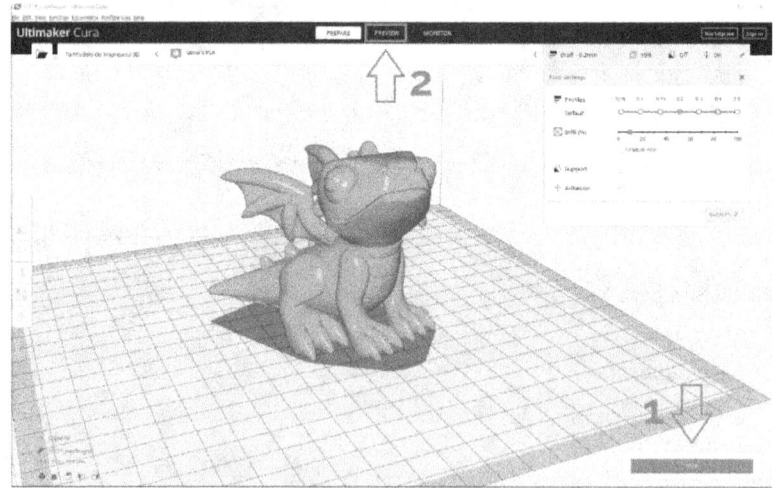

El proceso de laminado del modelo 3D

CAPÍTULO 4

Con el "Preview" lo que conseguimos es ver la pieza como la está viendo la impresora ahora mismo, nos ponemos unas gafas por así decirlo.

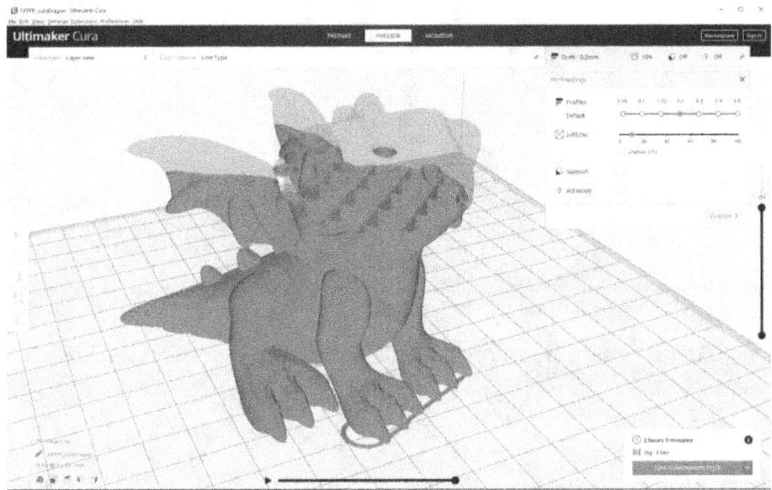

Pieza vista como la vería la impresora 3D

¿Ves que el interior queda muy robusto? No tengas miedo a bajar en "Infill" y haz pruebas tú mismo/a, ya verás que la pieza es más resistente de lo que parece.

Siguiendo con los parámetros "Gradual Infill" se refiere a que hará un relleno progresivo (de menos a más) a medida que vaya llegando a la parte superior de la pieza, puedes marcarlo si quieres ahorrar algo de material y tiempo.

Por otro lado, vamos a "Support". Imagina que tienes que imprimir la letra "T", el bastón de en medio se imprime bien, pero los laterales no. A la impresora 3D no se le da bien imprimir cosas en el aire, ya que es como si hicieras una tarta e intentaras poner la nata sobre la nada, se caería.

Esto no es exactamente así en las impresoras ya que el filamento se acaba solidificando, pero es bueno ponerle unos soportes para que la propia impresora 3D imprima sobre una superficie asentada.

Para ello, la impresora determina que a partir de un ángulo con respecto a su eje vertical pone soportes, por defecto a 50º. Mira cómo queda.

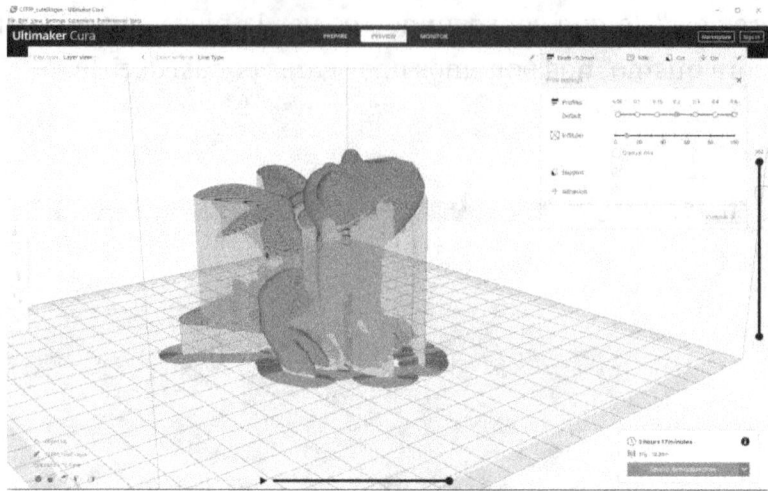

Soportes para la impresión de la pieza efectiva y sus voladizos

A veces, lo soportes son un poco traicioneros y al quitarlos puedes romper partes de la pieza, pero en general nos ayudan mucho a imprimir bien las piezas y que no aparezcan "churros colgantes" por su superficie.

Finalmente "Adhesion" hace referencia a una superficie generada para que la pieza se pegue mejor en la cama ¿te acuerdas de que en el capítulo 3 hablábamos del "warping" o contracción térmica del material? Pues cuando se da, puede hacer que la pieza se despegue de la cama. Por eso ponemos más adhesión.

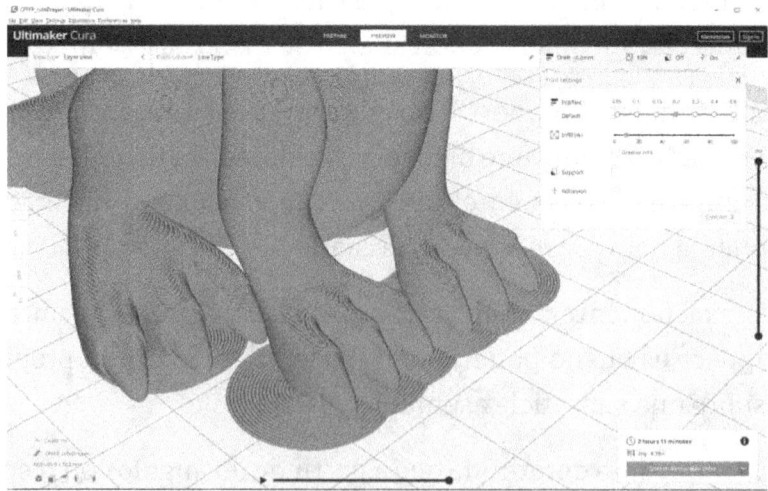

Configurando la adhesión de la pieza para piezas con mucho warping

CAPÍTULO 4

Una vez puestos los parámetros que queremos para imprimir, solo falta exportarlo para metérselo a nuestra impresora 3D.

4.4- Lo tercero, exporta el modelo

Para exportar el modelo solo hay que dar a un botón.

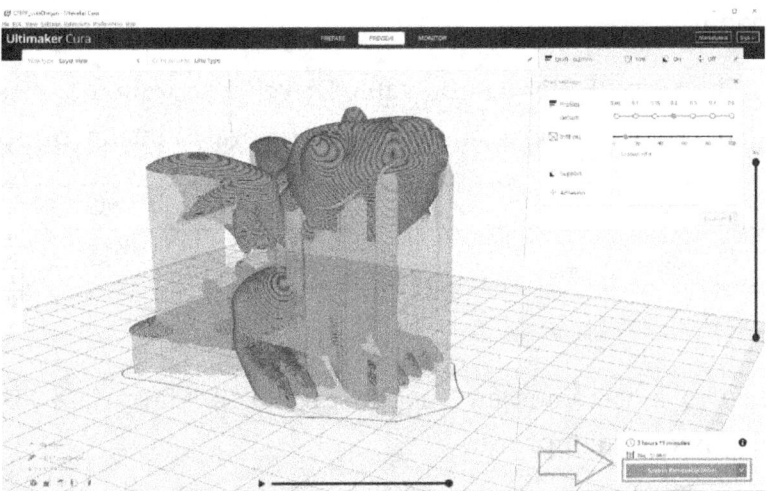

Exportando modelo final al formato G-Code

Pero antes de nada quiero que veas más de cerca algunos detalles.

Parámetros de impresión principales: Tiempo y Material

Como ves en la primera parte, nos da la cantidad de horas y minutos que tardará la impresión. Este valor no es del todo real salvo que tengas una impresora 3D de Ultimaker, los creadores de Cura. Esto es debido a que Cura tiene en cuenta las aceleraciones y velocidades de sus impresoras, pero no las del resto, que no son tan altas.

Por lo tanto, suma en torno un 5% este valor para saber cuánto tardará.

Por otro lado, tenemos la cantidad de gramos que utilizaremos de filamento y los metros de rollo también. Este valor no es "clavado del todo" ya que los gramos dependen de la densidad del filamento que nos dé el fabricante, no obstante, es muy aproximado.

Dicho esto, damos a "Save to Removable Drive" y guardamos nuestro archivo, el cual será un archivo G-Code que nuestra impresora 3D puede interpretar.

Archivo G-Code visto desde Windows

Este archivo lo meteremos en nuestra tarjeta SD, la tarjeta SD en nuestra impresora 3D y listo para imprimir.

4.4-1. Algunos apuntes más sobre el GCODE

Antes de nada, quiero que pruebes una cosa con el archivo de GCODE: quiero que lo intentes abrir con el bloc de notas.

Código interno de Archivo G-Code

Aquí puedes ver todos los comandos que hay, por ejemplo, vamos a ver la siguiente línea:

G1 F1800 X114.253 Y59.842 E0.03287

- **G1**: Determina que ese movimiento será lineal.
- **F1800**: La velocidad del movimiento lineal en [mm/min]
- **X114.253**: La posición final del eje X
- **Y59.842**: La posición final del eje Y.
- **E0.03287**: Los milímetros que el motor del extrusor se moverá extruyendo filamento.

Este es el ejemplo de una línea de comandos que lee la impresora, pero hay miles de líneas y cientos de comandos.

Si te apetece ver más y aprender de ellos, puedes verlos todos en la siguiente página web [https://marlinfw.org/meta/gcode/].

4.5- El cuarto paso, primera parte, preparamos la impresión e imprimimos la pieza

Una vez hemos metido la tarjeta SD en nuestra impresora, lo más importante es afinarla bien para imprimir. Esto lo vamos a ver un poco más a fondo en el Capítulo 8 pero quería tocar por encima unas buenas prácticas básicas para que la impresión salga bien.

Y dicho esto, para mí lo más importante con diferencia es nivelar bien la cama.

Nivelar bien la cama supone que:

- La pieza se va a quedar bien pegada durante la impresión.
- El flujo de plástico va a salir fluido sin riesgo a atascos.

No te puedes hacer a la idea la cantidad de problemas que surgen cuando esto no se hace bien, y es realmente fácil. La cama tiene 5 putos de nivelación: las 4 esquinas y el centro. En realidad, es un "plano" y tenemos que verificar que dicho plano está paralelo a la base y a una altura correcta con respecto a la boquilla del hotend.

Si la base fuera triangular cogeríamos las 3 esquinas del triángulo, pero para que esto quede bien necesitamos por lo menos 4.

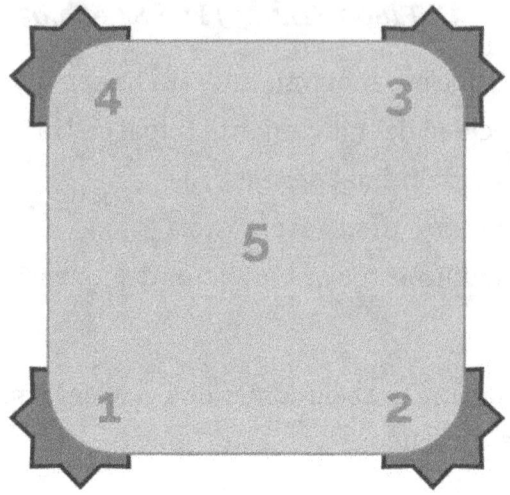

Cuatro puntos de nivelación de la cama caliente

Lo que haríamos sería lo siguiente:

1. Hacemos un "homing" o retorno al punto 0 del eje Z.
2. Desactivamos los motores a través de la pantalla para poder moverlos manualmente.
3. Llevamos el hotend al punto 1 y giramos la rueda hasta que la cama toque con la boquilla del hotend (sin apretar, el primer toque).
4. Giramos la rueda de esa esquina 1/8 de vuelta hacia el otro lado, necesitamos dejar una distancia de entre 0,1 y 0,2[mm] entre la cama caliente y la boquilla del hotend.
5. Colocamos un papel entre ellos y vemos a ver si roza:
    a. El papel tiene 0,2[mm] de grosor, por lo que si roza algo es que la distancia es menor a su grosor.
    b. Si roza demasiado es que la distancia es muy pequeña. Tiene que notarse el roce, pero sin necesidad de hacer mucha fuerza.
6. Hacemos lo mismo con los puntos 2,3 y 4.
7. Verificamos la altura correcta con el punto 5.

Nivelando base de impresión mediante un papel y el tacto

Lo siguiente que habría que hacer si tienes cristal (si tienes base rugosa en teoría no haría falta), sería añadir un fijador para la pieza, o sea, algún tipo de laca.

Hay muchos fijadores en el mercado que puedes utilizar, pero los más famosos son:

- Laca Nelly (versión cutre)
- 3DLac
- Dimafix

Un par de tiradas del fijador y con una buena nivelación, la pieza no se despegará en toda la impresión (toma pareado).

4.6- El cuarto paso, segunda parte, quita todos los soportes

En este paso vamos a preparar nuestra pieza para que quede tal y cómo la concebimos, y esto requiere quitar todos los soportes que anteriormente le pusimos en Cura para que se imprimiera mejor.

A veces lo soportes suelen estar en zonas delicadas de la pieza, o estar en zonas internas de la misma (normalmente esto lo intentaremos evitar), por lo que coge un par de alicates de punta larga y quita todos con cuidado.

Un dato informativo es que muchas veces los soportes pueden ser incluso un 30% de una pieza final, o sea, un 30% del plástico utilizado por la impresora para hacer la pieza se va a ir en soportes.

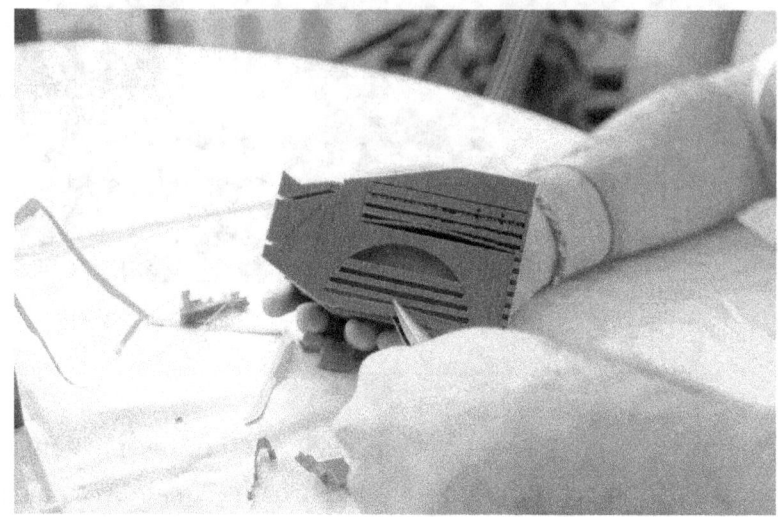

Retirando soportes de impresión de una pieza

Por ello aprender a optimizarlos y colocarlos bien es algo que en un futuro merece mucho la pena ponerse a aprender, realmente es una de las cosas más útiles que aprenderás.

Y enhorabuena, ya tienes tu pieza impresa y bonita:

CAPÍTULO 4

Pieza final terminada (Fuente: Thingiverse / Sebastian_v650)

CAPÍTULO 5: DÓNDE CONSEGUIR TUS MODELOS 3D.

Los bancos de piezas es una de las cosas de las que más me enorgullezco dentro de la comunidad de impresión 3D, miles de personas subiendo sus modelos y compartiéndolos de forma gratuita para que tu o yo nos los podamos imprimir. Es algo simplemente genial.

Dentro de estos bancos te puedes encontrar lo que quieras, desde un macetero con la cara de Yoda hasta la pata de un teclado Logitech K120.

Tampoco hay que hacerse ilusiones en ese sentido, no está todo, todo, hay modelos que los diseñadores ponen de pago u otros que nadie se ha puesto a diseñar y, por lo tanto, no existen.

En este capítulo vamos a destripar los bancos de piezas que yo utilizo para diferentes propósitos y que creo que mejor te van a venir.

Vamos con ellos.

5.1- Thingiverse, el mejor banco de piezas gratuito

El primer banco de piezas que te quiero enseñar es Thingiverse, el mayor banco de piezas para imprimir en 3D, prácticamente todos los archivos que tiene son .stl, o sea, modelos sin color ni texturas pensados para laminar e imprimir.

DÓNDE CONSEGUIR TUS MODELOS 3D

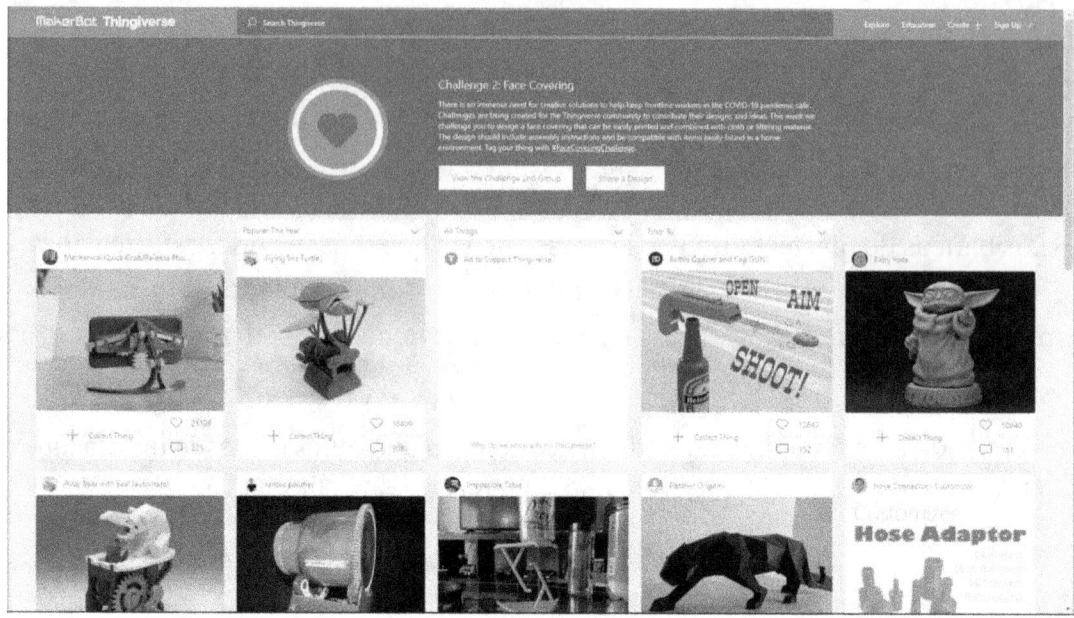

Página principal de Thingiverse

Lo primero que te quiero enseñar es la cantidad de cosas que tiene Thingiverse para navegar, para ello vamos a la barra superior:

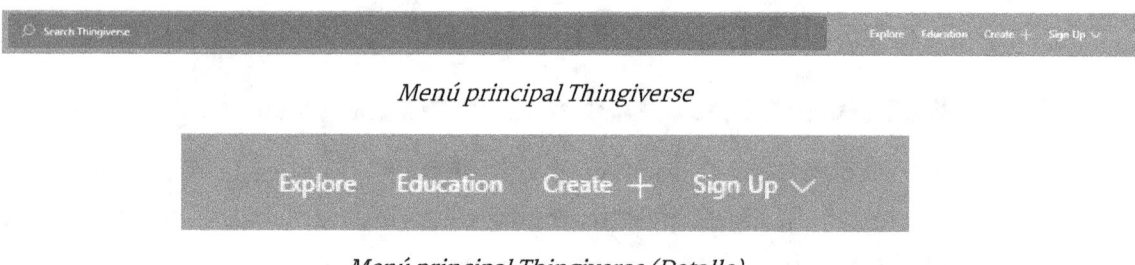

Menú principal Thingiverse

Menú principal Thingiverse (Detalle)

Como se puede ver el menú de navegación es el siguiente:

- **Explore**: Sirve para ver todo el contenido de Thingiverse, está subdividido en las carpetas: Things, Designers, Groups, Customizable Things.
- **Education**: Recursos para clase.
- **Create**: Para importar tus modelos.
- **Signup**: Para loguearse en la plataforma.

CAPÍTULO 5

Vamos a meternos en cada uno de los puntos, a ver qué se cuece.

5.1-1. Explorando y descargando los modelos en Thingiverse

Cuando nos vamos a "Explore/Things", vamos a encontrarnos los objetos de la pantalla de inicio.

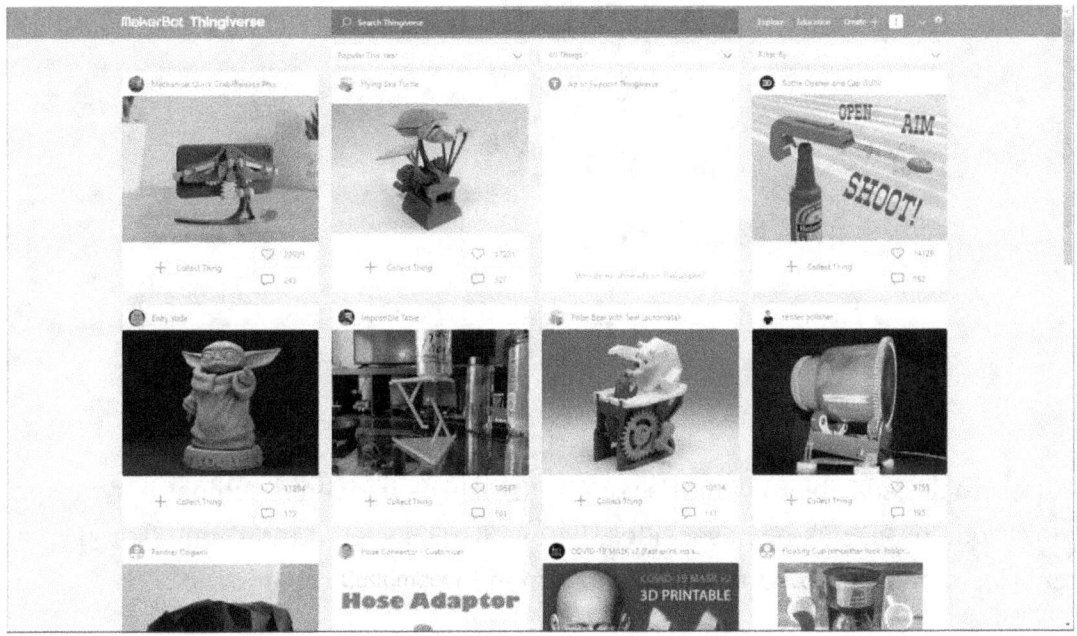

Pestaña "Explore" en Thingiverse

En cada objeto podemos ver su título, el número de "likes" que tiene, y el número de comentarios. Esto sirve para hacernos una idea de lo que le ha gustado a la gente dicho objeto.

Por ejemplo, vamos a meternos en la "Mechanical Quick Grab/Release Phone Stand" de Arron_mollet22 que se ve en la imagen.

DÓNDE CONSEGUIR TUS MODELOS 3D

Modelo Mechanical Quick Grab/Release Phone Stand de Arron_mollet22

Dentro de cada objeto vamos a ver un carrusel de imágenes subidas por su autor y los modelos 3D que hay asociados. Éstos últimos suelen tener un visor 3D para ver si los modelos nos convencen o no tienen lo que esperábamos.

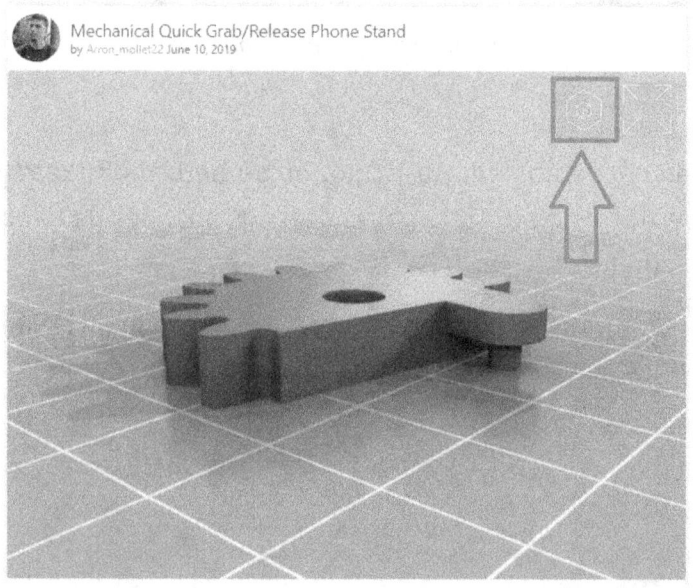

Imagen de una de las piezas integradas en el modelo

CAPÍTULO 5

Con el ratón podemos rotar el modelo y verlo en todas sus posiciones.

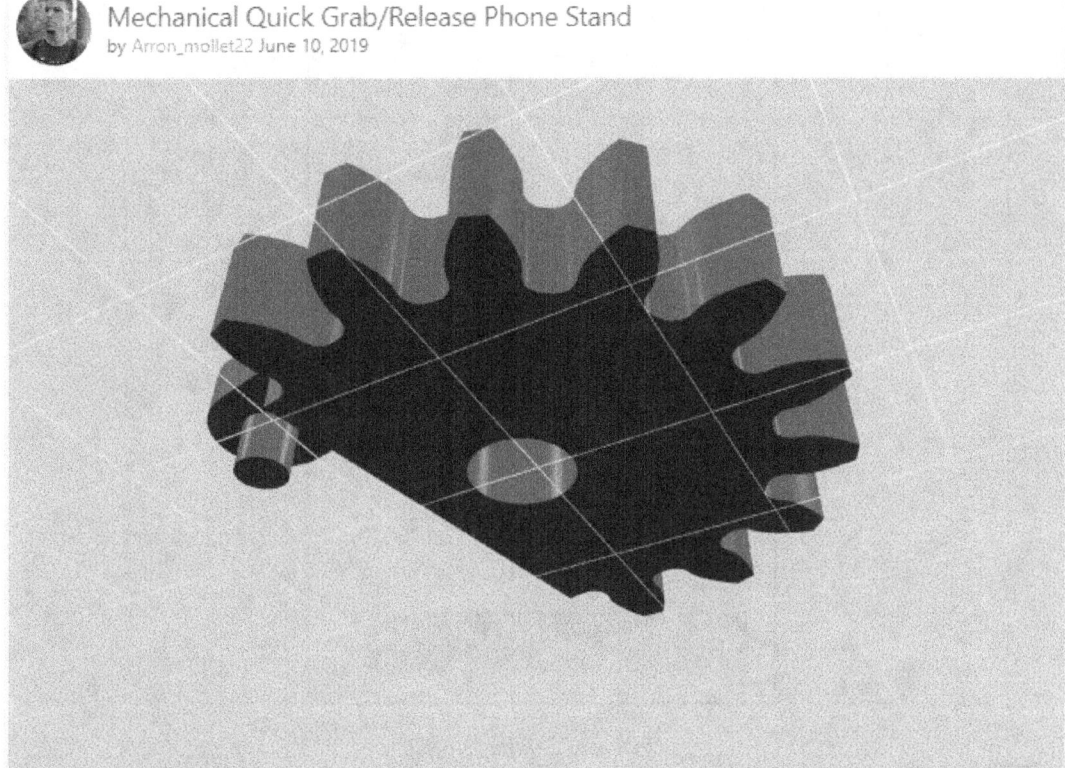

Visión 3D de una de las piezas integradas en el modelo

En la parte de la derecha tenemos muchas opciones para hacer diferentes cosas:

DÓNDE CONSEGUIR TUS MODELOS 3D

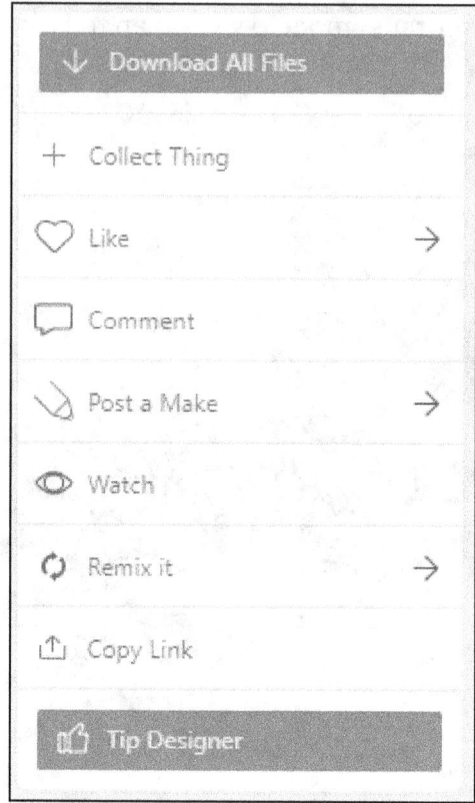

Opciones del modelo 3D

En un primer momento, todo el mundo tiene ganas de darle al botón "Download All Files", pero por favor, tú no lo hagas. Ese botón descargará todos los archivos asociados al modelo, pero esto no es bueno siempre, ya que muchas veces si hay 3 modelos, 2 de ellos son versiones anteriores y a nosotros solo nos interesaría la última versión ¿para qué descargar todo entonces? Veremos cómo hacerlo un poco más adelante.

Después tenemos la opción de "Collect Thing" para guardarlo en alguna carpeta para tenerlo para más adelante.

CAPÍTULO 5

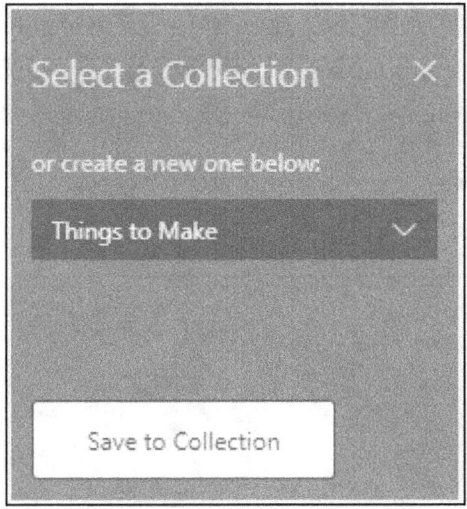

Guardar en colección el modelo 3D

Tú solo seleccionas la carpeta dónde lo quieres guardar y listo.

"Comment" para comentar, "Post a make" para enseñar un modelo tuyo ya fabricado y subido basado en este modelo original.

La opción de "Watch" me da la sensación de que es para decir que has visto el modelo, pero no funciona demasiado bien. La estuve probando y no me aparecía ningún mensaje de "modelo visto", a veces no se dejaba clicado, no hay ningún sitio dónde tengas un registro de modelos vistos... nada.

"Remix it" es para decir que vas a hacer otro diseño a partir del modelo, no te vas a basar solamente en él como "Post a Make" sin modificarlo, si no que vas a coger ese modelo y modificarlo a partir del original, e imprimirlo.

Finalmente "Copy Link" es para copiar el enlace del modelo y "Tip Designer" es para hacer una donación al que lo ha hecho.

A continuación, vamos a ver la parte de abajo, justo debajo de las imágenes:

Más opciones del modelo 3D

Por un lado "Thing Details" nos mostrará todo aquello que nos haya querido decir el diseñador principal sobre el objeto, ya sea un resumen de su función, un registro de versiones, enlaces al filamento que ha usado, lo que sea.

"Thing Files" es dónde SÍ te recomiendo descargar los objetos y dónde está la licencia de uso "Creative Commons".

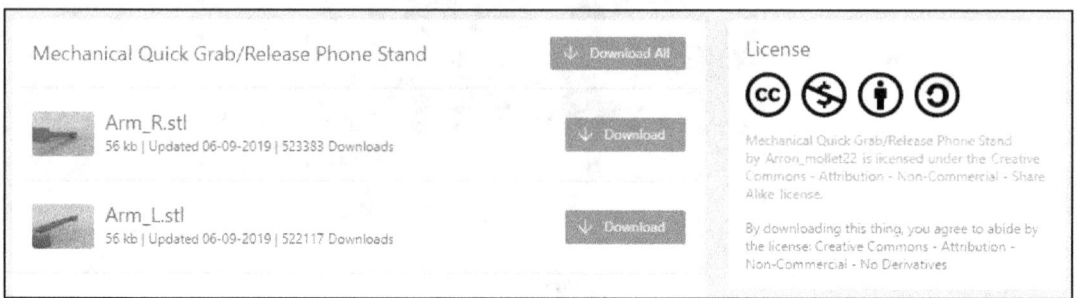

Objetos integrados en el modelo 3D

Lo ideal es ir viendo los modelos y descargar las últimas versiones o lo que te recomienda el autor en función de lo que haya dicho en el apartado "Thing Details", que a veces, no es nada, y te tienes que buscar la vida intentando ver que narices se le pasó por la cabeza.

"Comments", "Makes", "Remixes" hacen referencia a las opciones que vimos más arriba, para ver los modelos o comentarios que ha hecho la gente en el propio objeto.

Las "Apps" son comunes a todos los modelos, tengo la sensación de que son como aplicaciones patrocinadas que si te las instalas Thingiverse se lleva una comisión. Yo personalmente nunca he utilizado ninguna.

5.1-2. Seguimos explorando: Diseñadores, Grupos y Modificables

En Thingiverse también puedes seguir a grupos o diseñadores concretos que hagan cosas interesantes, en vez de estarte metiendo en carpetas todos sus modelos.

CAPÍTULO 5

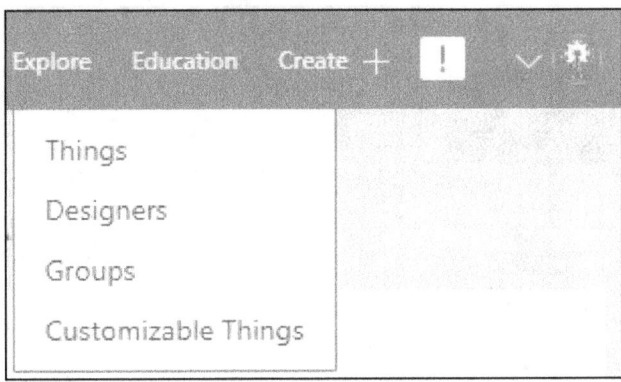

Menú de Exploración de Thingiverse

Para ello vamos a "Designers".

Apartado de diseñadores de Thingiverse

Yo por ejemplo sigo a uno llamado Arian Croft, que hace unas figuritas chulísimas de tipo fantástico. Dentro de su panel de usuario (cuando tú te hagas una cuenta tendrás uno igual), verás todo lo que tiene en su interior:

DÓNDE CONSEGUIR TUS MODELOS 3D

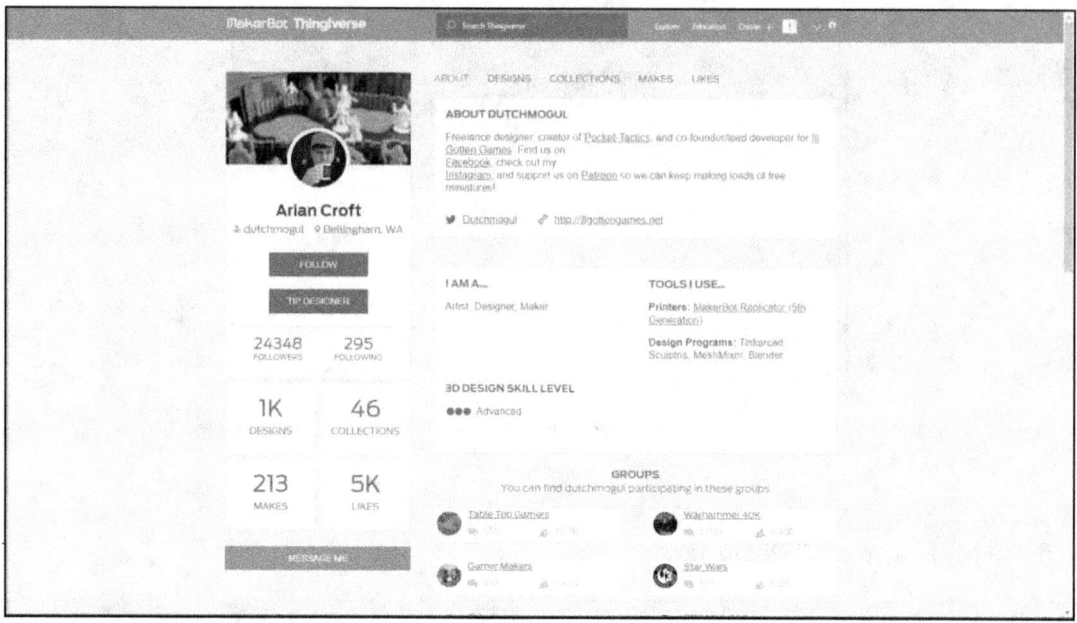

Arian Crfot, uno de mis diseñadores favoritos de Thingiverse

A qué se dedica, sus diseños, sus colecciones, sus proyectos (aquí se llaman "makes") y los likes que tienen sus modelos en total.

Te enseño por encima alguno de sus modelos para que los veas, son una verdadera maravilla:

CAPÍTULO 5

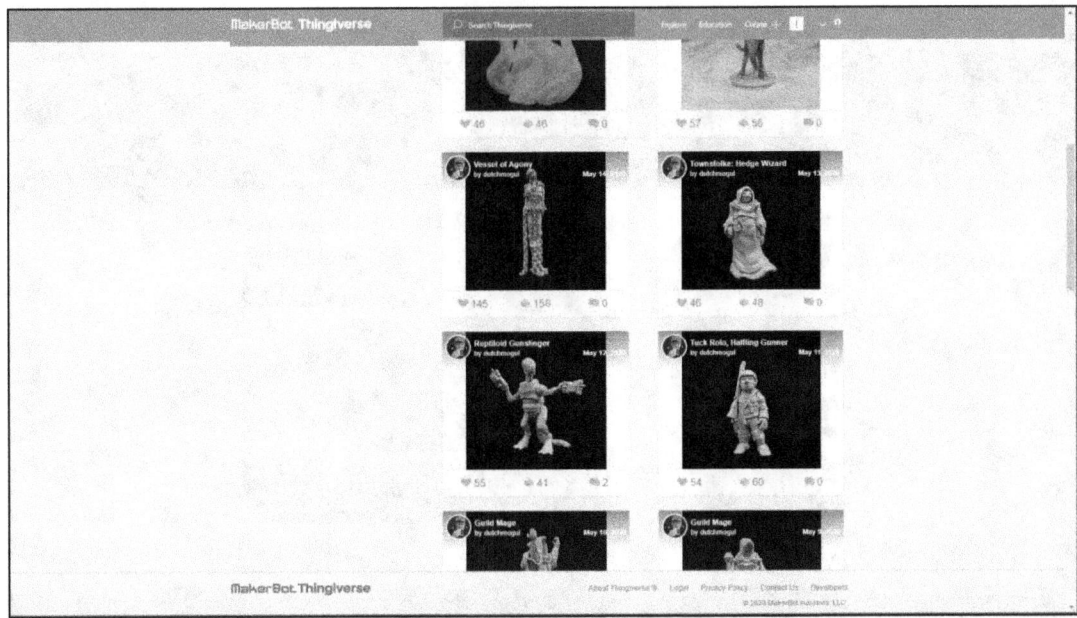

Modelos de Arian Croft en Thingiverse

Como diseñador freelance, lo malo de Thingiverse es que dependes de las donaciones, un modelo que en E.E.U.U. se lleva bastante mejor que en otros países como España, pero también puede ser un sitio dónde des tu trabajo a conocer y después tus modelos más premium los vendas en otro lugar. Es otra opción.

A continuación, vamos a la pestaña de "Groups".

DÓNDE CONSEGUIR TUS MODELOS 3D

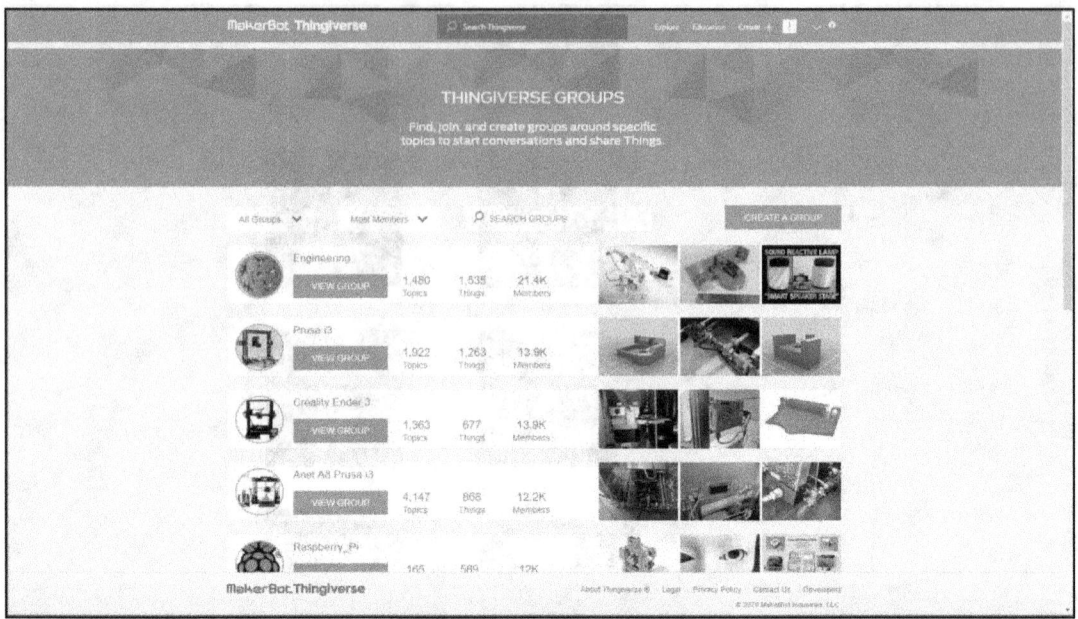

Grupos de Thingiverse

Hay grupos de todo, desde drones, juegos de mesa, Arduino, impresoras como la Ender 3 o la Anet A8 o incluso Star Wars.

Si nos metemos dentro del grupo podemos ver sus foros, sus objetos, sus miembros o un poco de información adicional.

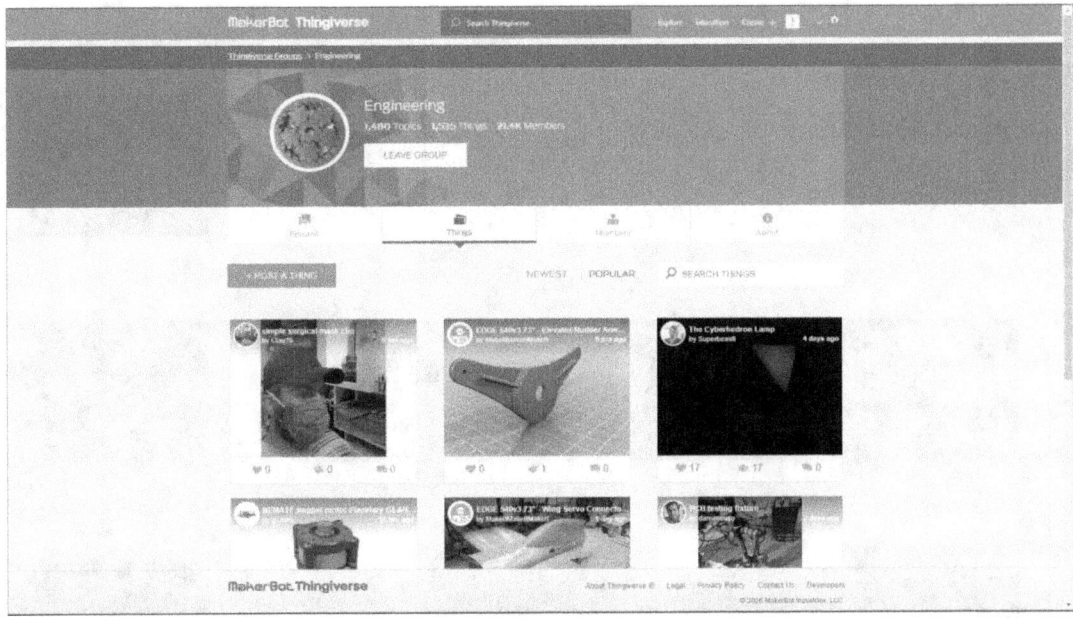

Detalle de grupo "Engineering"

Realmente no veo que haya demasiada interacción en los grupos en general, si no que sirven más para categorizar objetos y tenerlos todos en una misma temática por así decirlo.

No obstante, eso ya me parece suficientemente interesante como para buscar uno que te guste y mirar un poco dentro.

Finalmente nos vamos a ir a "Customizable Things". Este apartado nos va a enseñar objetos que según sus creadores son paramétricos, o sea, que tú mismo/a los puedes descargar y cambiar ciertas medidas "clave", y el objeto cambiará su forma.

DÓNDE CONSEGUIR TUS MODELOS 3D

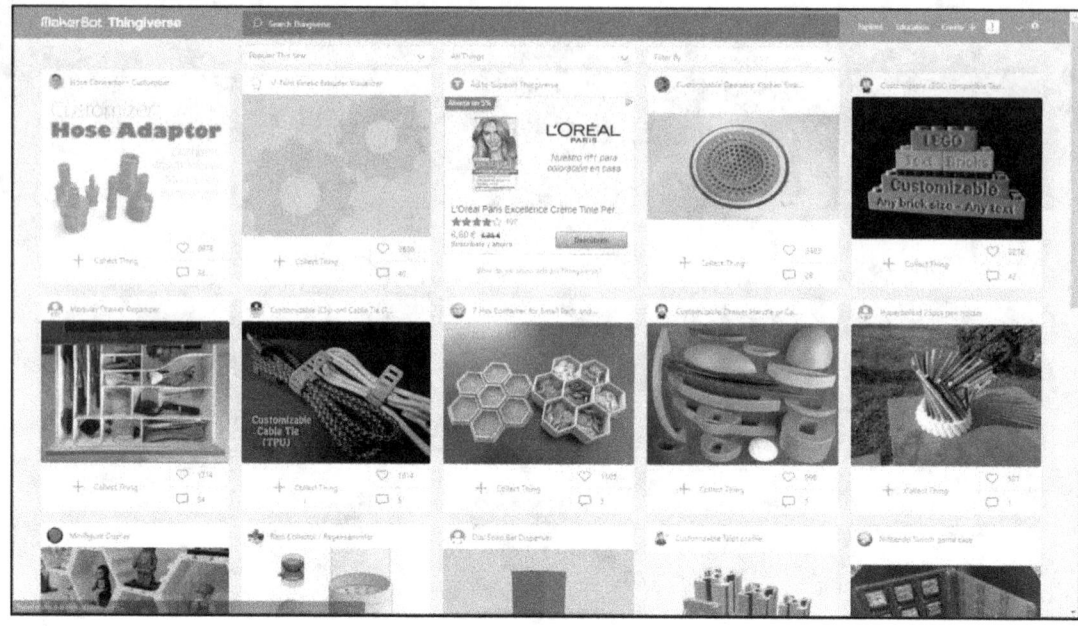

Piezas de tipo "Customizable" o Paramétricas en Thingiverse

Un ejemplo sería el objeto "Customizable Lego compatible Text Brics".

Detalle de pieza paramétrica: Lego Bricks

CAPÍTULO 5

Son ladrillos que en teoría se puede cambiar el texto y dicho texto se adaptará a la largura del ladrillo, pero ¿cómo se haría? Nos tendríamos que ir a "Thing Files" primero.

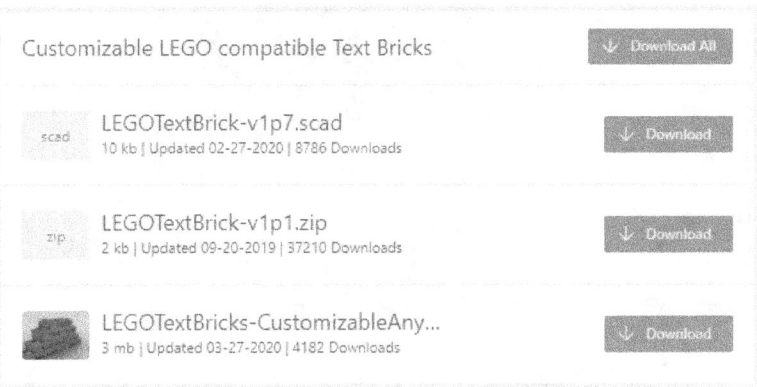

Archivos dentro del modelo paramétrico: Lego Bricks

En este punto tenemos que encontrar archivos que no sean ".stl". Los archivos ".stl" son archivos cerrados, no se pueden modificar, por lo que lo que realmente lo que han hecho los creadores de este objeto es subir algún archivo ".scad", ".jscad", ".FCStd" (para FreeCAD) o algo por el estilo, que sí son modificables.

Lo más común son los archivos .scad, que se abren con un programa gratuito especializado en modelos paramétricos llamado OpenScad [https://www.openscad.org/].

Una vez dentro veremos el código interno con el que ha sido generado la pieza

DÓNDE CONSEGUIR TUS MODELOS 3D

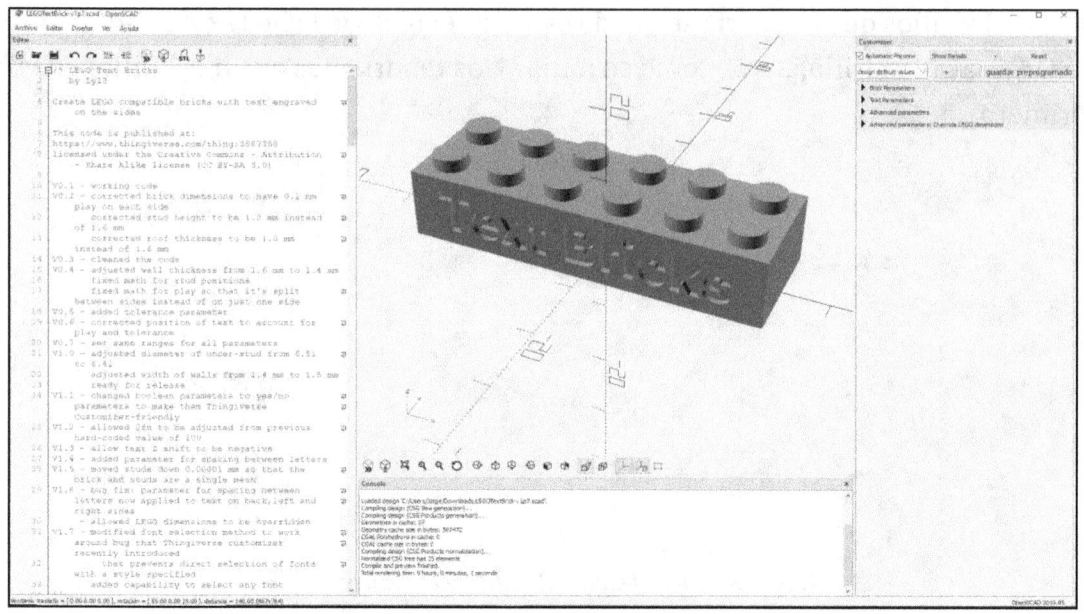

Panel de programación de pieza paramétrica en OpenScad

Dentro del programa podemos ir leyendo las líneas de código y con los comentarios hacernos una idea de lo que tenemos que cambiar para modificar el brik, yo voy a hacer un brik de 4x3 y que ponga Of3lia en el frente. Para ello toco estos parámetros según lo que veo en el código:

CAPÍTULO 5

```
41   // Brick length (specified in number of studs).
42   brickLength = 4; // [1:1:48]
43
44   // Brick width (specified in number of studs).
45   brickWidth = 3; // [1:1:48]
46
47   // Brick height (specified in LEGO height units: 3
         is normal brick height, 1 is plate height).
48   brickHeight = 3; // [1:1:18]
49
50   // Studs on top of the brick?
51   withStuds = "yes"; // [yes,no]
52   createStuds = (withStuds=="yes") ? true : false;
53
54   // Under-studs on underneath of skinny bricks?
         Skinny bricks that are only one unit wide have
         smaller solid cylinders (under-studs)
         underneath instead of the usual hollow
         cylinders. These have a tiny footprint and may
         not stick to the build-plate, so you may want
         to avoid printing them.
55   withUnderStuds = "no"; // [yes,no]
56   createUnderStuds = (withUnderStuds=="yes") ? true :
         false;
57
58
59   /* [Text Parameters] */
60
61   frontText = "Of3lia";
```

Las variables paramétricas que vamos a modificar

Doy a renderizar modelo o F6 y aquí tenemos el resultado:

DÓNDE CONSEGUIR TUS MODELOS 3D

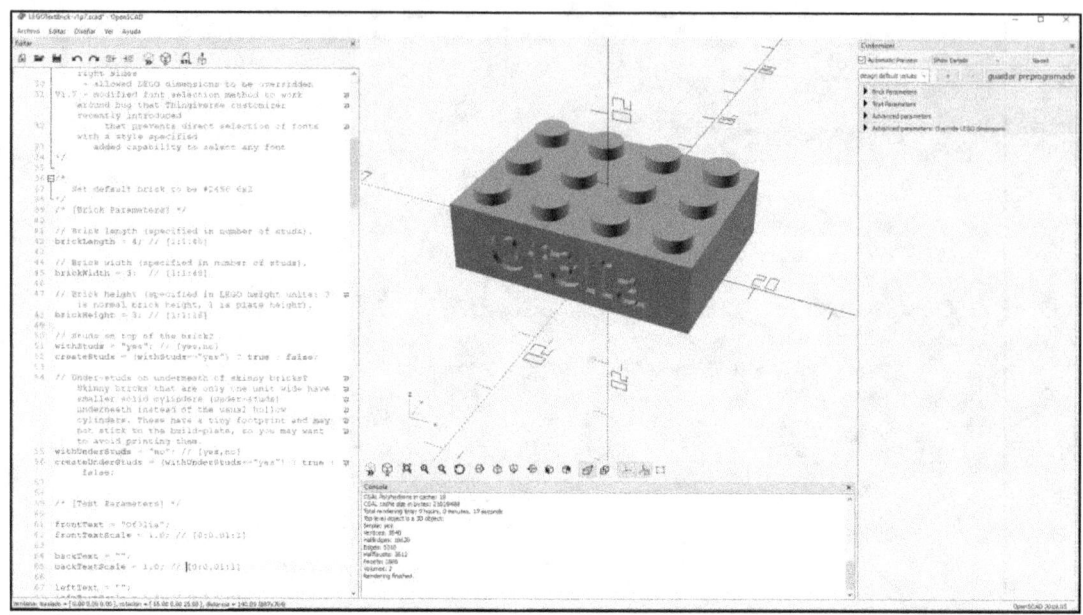

Modelo 3D paramétrico modificado en OpenScad

Y así con todos los modelos de Thingiverse customizables.

Thingiverse es una plataforma estupenda para descargar modelos 3D preparados para imprimir y con la mayor base de datos de todas, ahora vamos a irnos a ver alguna de enfoque más profesional, por si quieres hacer proyectos de alto nivel.

Ah y se me olvidaba, Thingiverse de vez en cuando hace retos a sus usuarios, una vez fue del diseño más pequeño impreso en 3D, otros el diseño más complejo sin soportes, hay muchísimos. Te enseño por ejemplo el que se hizo para la crisis del Coronavirus, para hacer mascarillas.

CAPÍTULO 5

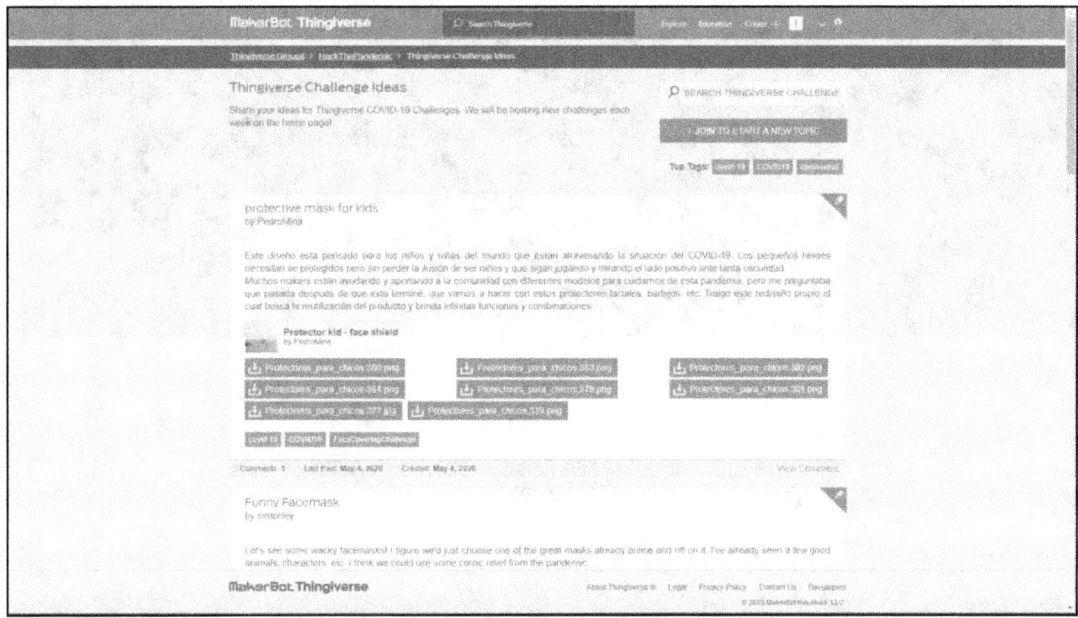

Retos semanales/mensuales en Thingiverse

Ahora sí que sí, ya has visto todo de Thingiverse, pasemos a lo siguiente.

5.2- GrabCAD y los modelos de impresión 3D profesionales

GrabCAD está pensado como una comunidad de ingenieros y diseñadores profesionales en dónde compartir tus modelos y poder trabajar en proyectos colaborativos. Es el banco de piezas más profesional que existe hoy en día y es propiedad de Stratasys, una de las empresas punteras en impresión 3D profesional.

DÓNDE CONSEGUIR TUS MODELOS 3D

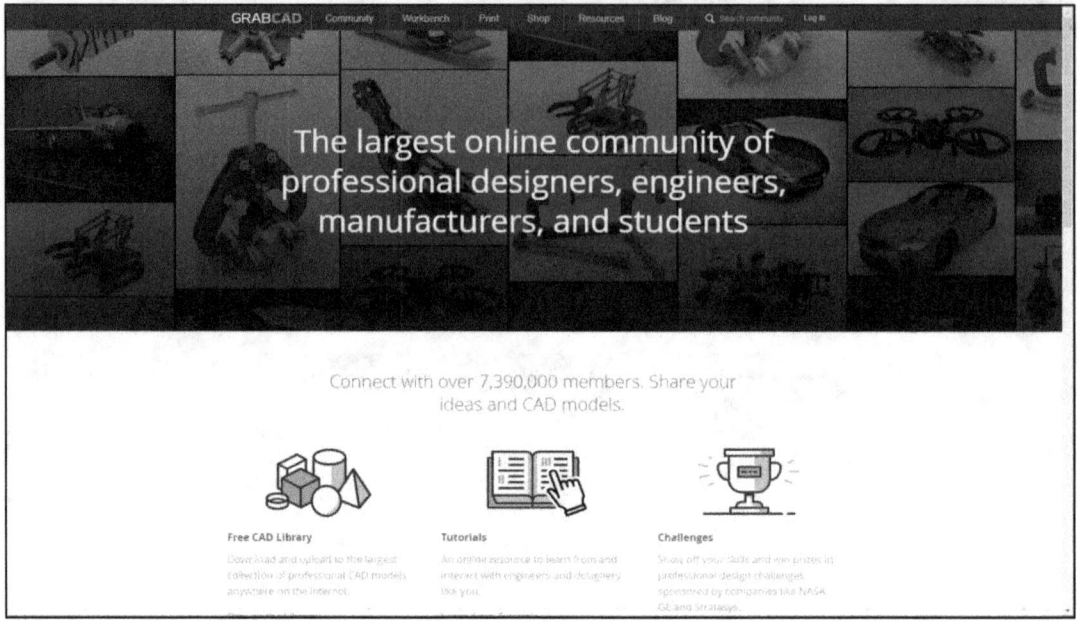

Página principal de GrabCAD

Su modelo de negocio se basa en lo siguiente:

- Vender un software de gestión de impresiones en 3D a empresas.
- Vender un laminador especializado para impresoras Stratasys.
- Su repositorio.

Vamos a hablar un poco por encima del software y el laminador ya que me parece interesante, aunque no los vayamos a utilizar, ya que están enfocados a empresas con mucha pasta en sus arcas, y después nos meteremos de lleno ya en las piezas.

5.2-1. Los softwares de GrabCAD: El Workbench y el GrabCAD Print

Como hemos dicho antes, GrabCAD tiene dos tipos de software, uno basado en su modelo colaborativo y el otro un laminador para sus impresoras.

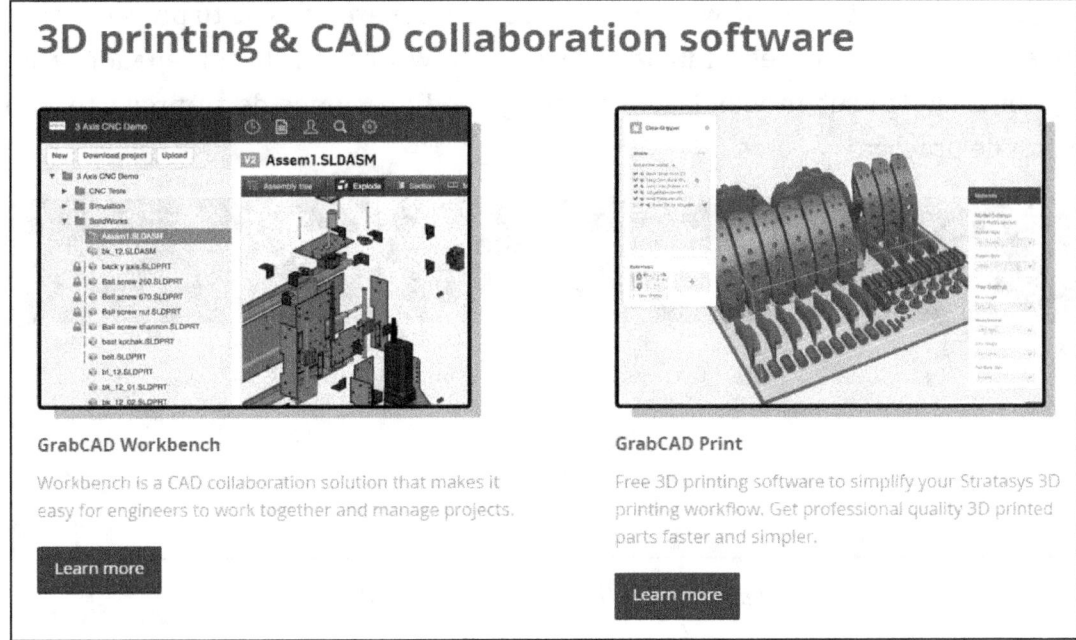

Softwares de GrabCAD para profesionales enfocados a impresoras Stratasys

El "Workbench" es una plataforma para trabajar proyectos en equipo, que en esencia es:

- Trabajar un modelo de comunicación entre departamentos.
- Tener una gestión de versiones de los archivos.
- Poder trabajar con proyectos anteriores sin liarla parda.

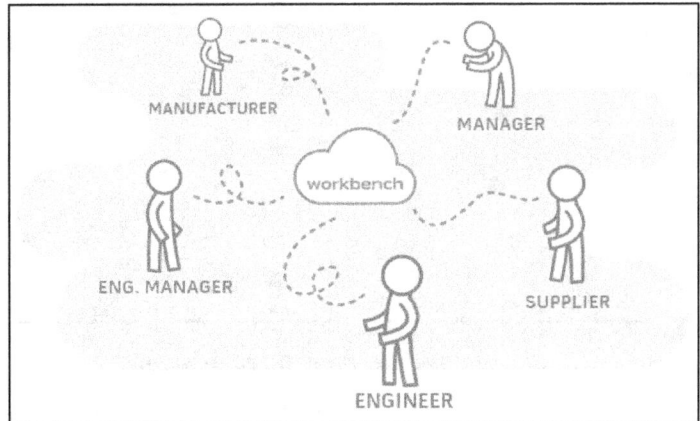

El flujo de información del Workbench de GrabCAD (Fuente: Grabcad.com)

Tiene una especie de software para sincronizar los archivos de tu proyecto en la nube, o sea, tú puedes trabajar desde SolidWorks en tu ordenador y su sincronizador te sube todas las versiones y modificaciones de tu proyecto a tu gestor de proyectos.

Página principal del Workbench de GrabCAD

Y así es como se vería tu gestor de proyectos interno.

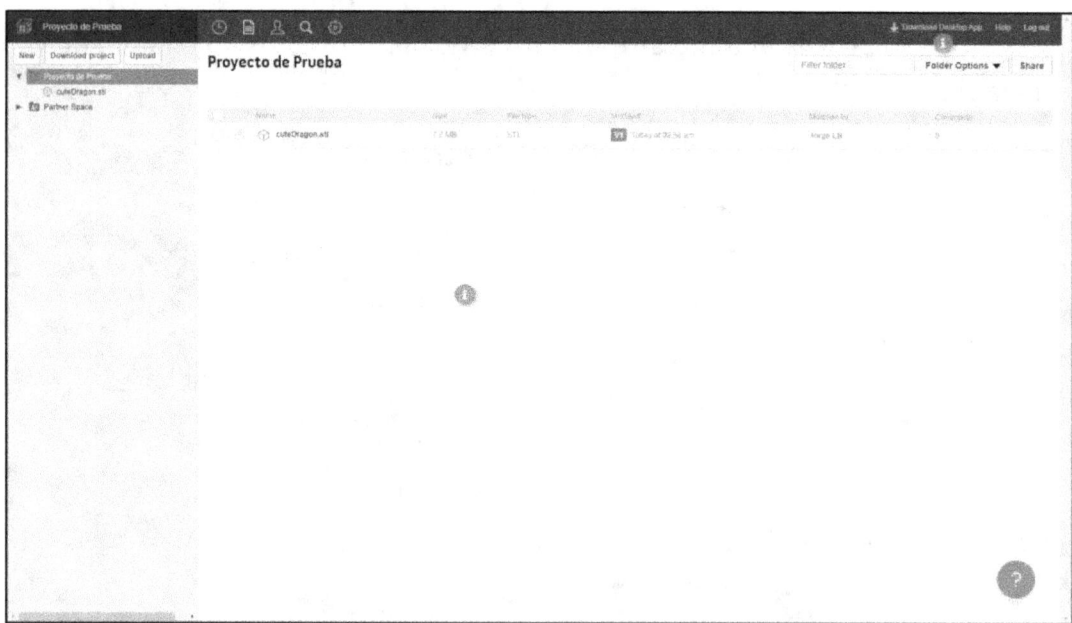

Visión interna de un proyecto en GrabCAD

Por otro lado, tendríamos el gestor de proyectos, una especie de plataforma que se conecta los pedidos de los clientes con la plataforma de pagos y con la impresora 3D (de Stratasys por supuesto).

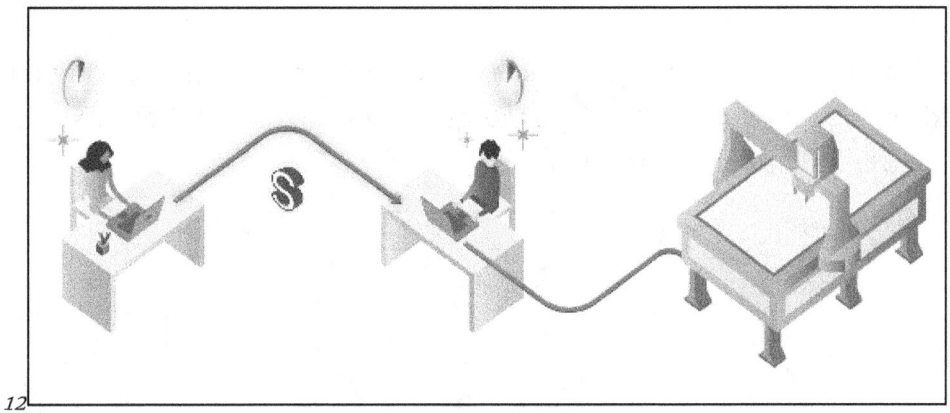

Proceso de trabajo desde que el cliente pide la pieza hasta que se gestiona e imprime

Y la guinda del pastel se la lleva el laminador, un laminador para sus impresoras FDM, Polyjet o incluso una para una impresora 3D especializada en anatomía. Esta impresora 3D, por ejemplo, crea el patrón de relleno de un hueso, poroso como los huesos de verdad).

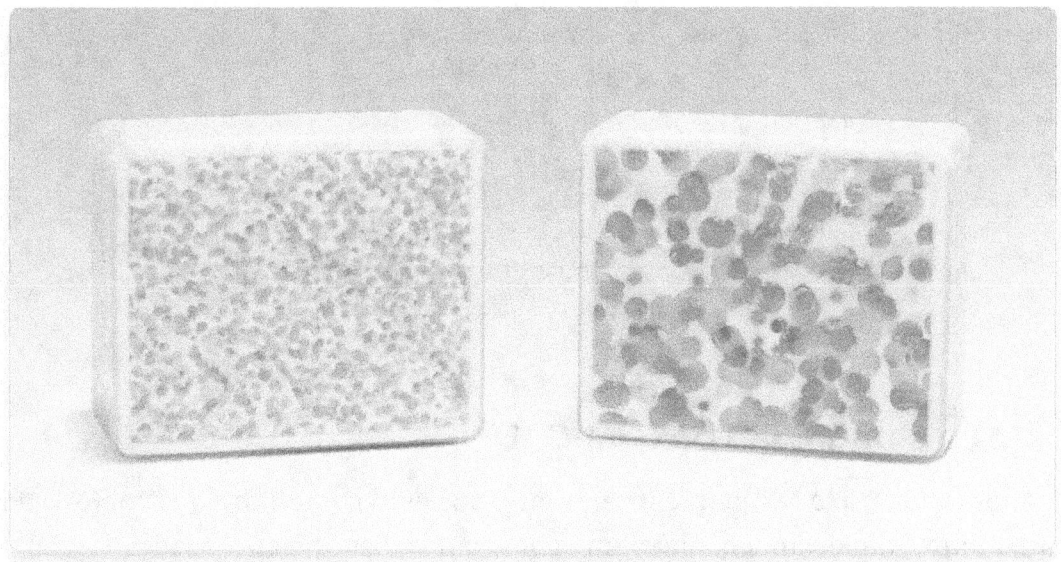

Relleno de un hueso de la impresora corporal de Stratasys (Fuente: GrabCAD)

DÓNDE CONSEGUIR TUS MODELOS 3D

Para ver todo esto te tienes que hacer una cuenta en su Workbench como empresa, pero ya no te deja acceder tan fácilmente a los modelos, por lo que no te recomiendo que te la hagas. Aun así, es muy fácil borrarla y volver a tu cuenta original.

No obstante, una vez que la has hecho te pondrá como página web original la de "Workbench" y te volverá loco, por lo que te puedes ir a "Profile settings" y cambiar la configuración de tu cuenta.

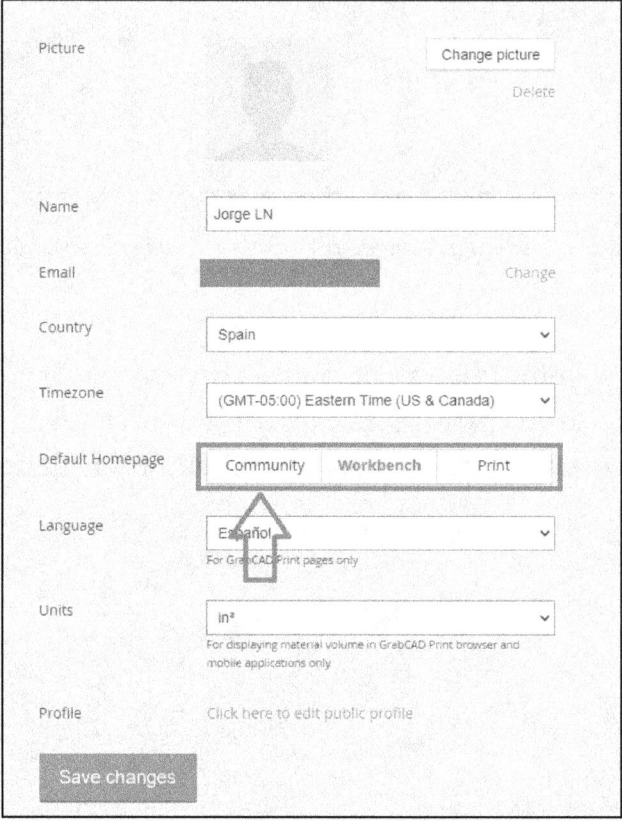

Opciones de cuenta de GrabCAD

5.2-2. La comunidad de GrabCAD

Ahora vamos a lo realmente interesante, que es la comunidad de GrabCAD. En este punto, tienes muchísimos modelos a tu disposición, puedes seguir a diseñadores que te gusten, puedes hacer post en su blog o incluso acceder a tutoriales que la gente va haciendo. Al igual que en Thingiverse también tenemos una pestaña de "challenges" o desafíos.

Para todo ello vamos al menú superior y comenzamos con la librería, "Library".

Menú principal de GrabCAD

Cuando estamos en la página principal, tenemos varios filtros de categorías temporales, industriales o del tipo de software que se usó para modelar la pieza.

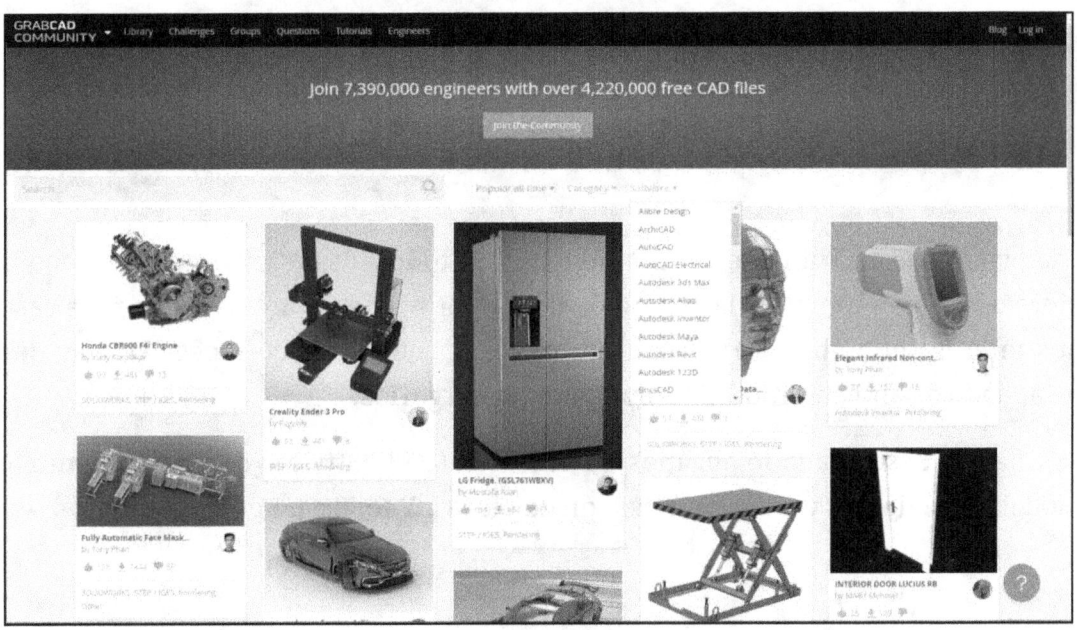

Librería de GrabCAD

Vamos a poner el filtro de FreeCAD y "Popular all time", para ver los modelos que hay. Vamos a echar un ojo a "Hydarulic motor" de James Bond.

DÓNDE CONSEGUIR TUS MODELOS 3D

Modelo 3D de un motor Hydraulico en GrabCAD del usuario James Bond

Al igual que en Thingiverse, debajo tenemos todos los archivos que contiene la pieza o también tenemos la opción de descargar todos los archivos. En este caso nos interesa el archivo "HydraulicMotor.fcstd" que es el de FreeCAD. Hay que estar dado de alta en GrabCAD para poder descargarlos.

Una vez descargado lo abrimos en FreeCAD (o el software correspondiente al modelo) y podemos ver su composición de piezas. Y todo a un golpe de clic.

CAPÍTULO 5

Motor hidráuluico descargado y abierto en FreeCAD

Este apartado es muy útil también, si queremos diseñar modelos en 3D de nuestras impresoras, por ejemplo, 3DCampy, tiene muchos modelos propios hechos a partir de muchos componentes de este repositorio, como motores paso a paso, extrusores, o incluso sensores inductivos.

En el apartado de "Challenges", podemos ver restos de todo tipo desde retos educativos hasta como crear una tostadora más sostenible.

DÓNDE CONSEGUIR TUS MODELOS 3D

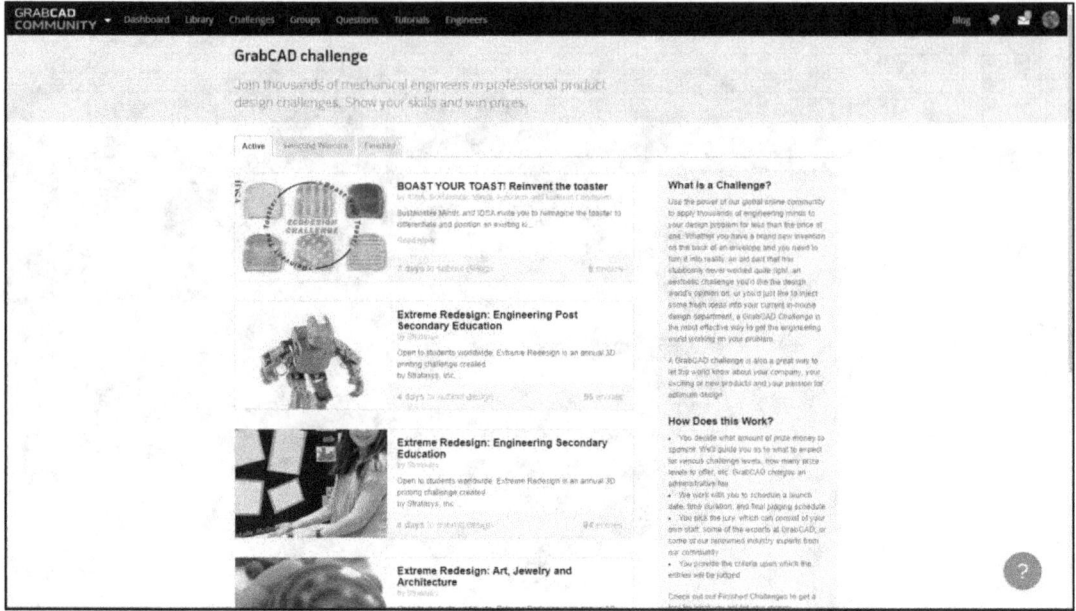

Retos del GrabCAD

En la parte de Grupos, todo agrupado por temáticas como en Thingiverse.

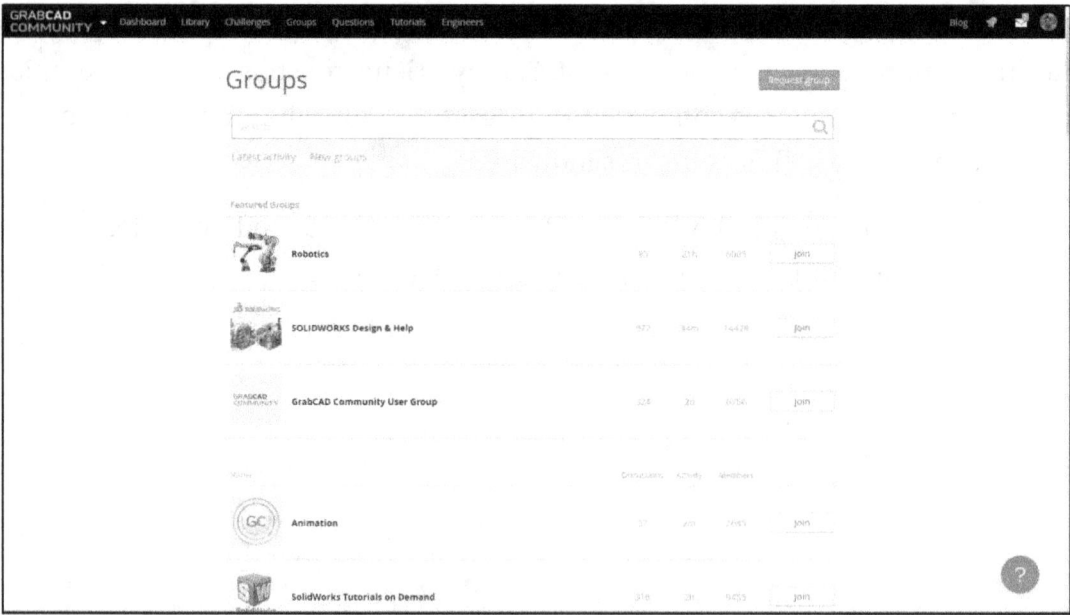

Grupos en GrabCAD

Básicamente los grupos son foros de discusión de temáticas sobre el diseño 3D, no tienen un apartado concreto de piezas. El apartado "Questions" del menú principal, es un poco más del o mismo.

Ahora vamos a la segunda parte que creo que tiene más jugo de esta plataforma, y son los tutoriales. La gran mayoría son de "Solidworks", pero si filtramos por un software que nos pueda interesar... ¡voilá!

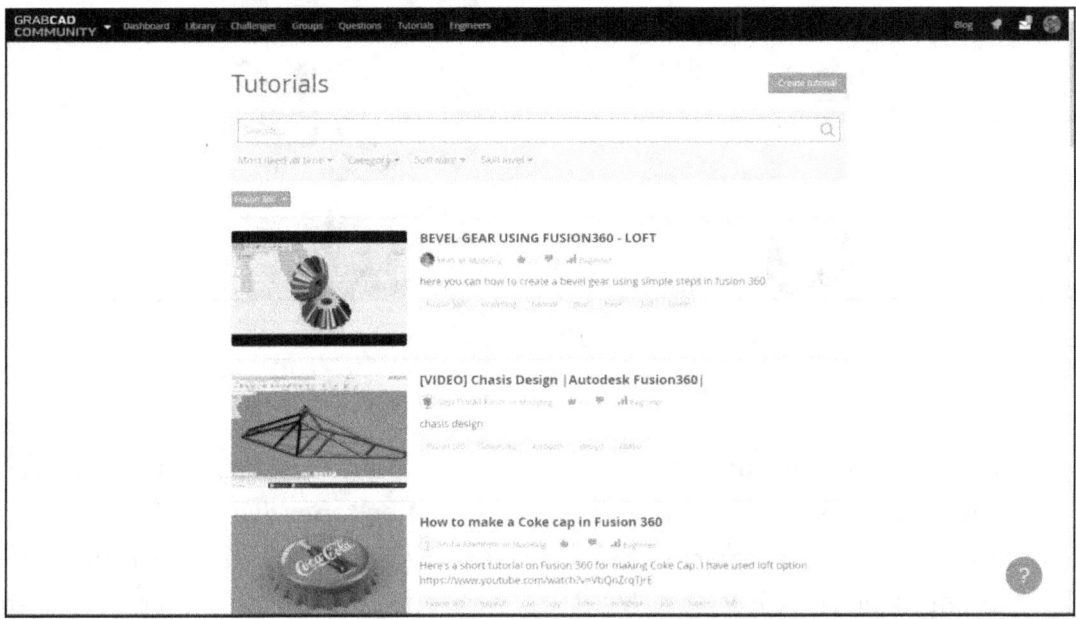

Tutoriales de Fusion 360 de GrabCAD

Tutoriales hechos por expertos ingenieros sobre el software sobre el que queremos aprender. He de prevenirte que hay algunos que no son tutoriales al uso, sino que solo enseñan el modelo ya hecho y lo usan como porfolio, pero la gran mayoría se lo han tomado enserio en este sentido.

Por último, y no por ello más importante, tenemos las fichas de ingenieros (es una forma de llamar a los diseñadores), con todos sus modelos, los tutoriales que han hecho, sus premios o sus especialidades.

DÓNDE CONSEGUIR TUS MODELOS 3D

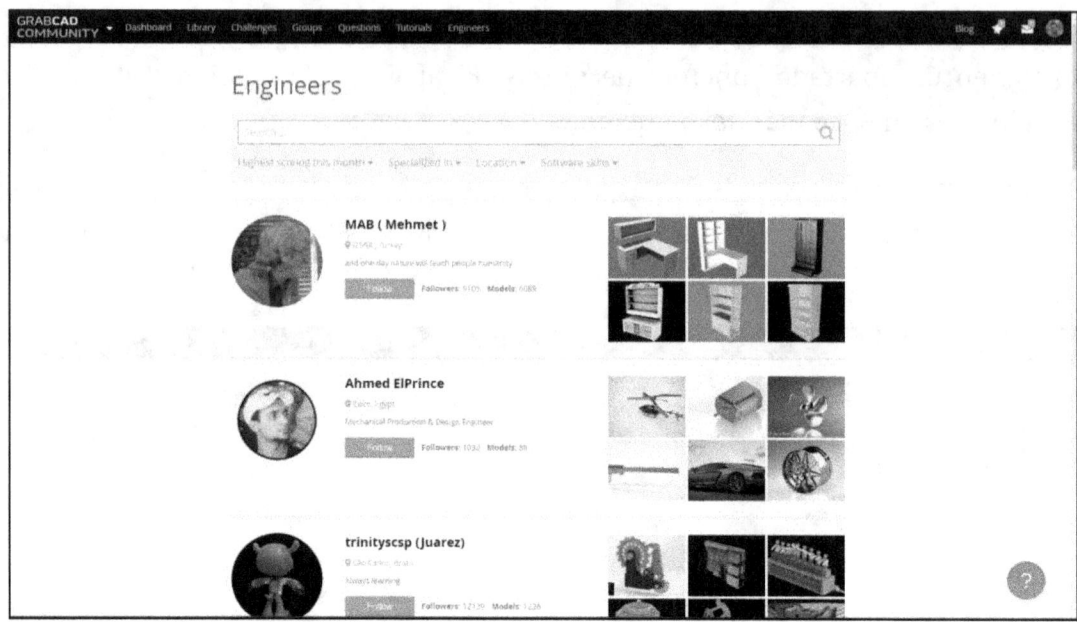

Ingenieros en GrabCAD (o diseñadores mejor dicho)

Lo que más interesante me parece en este punto es que los ingenieros especializados en algo como "MAB (Mehmet)", suelen tener diseños de un tipo en concreto para poder trabajar, o sea, que, si te dedicas al diseño de interiores, seguramente todos los diseños de MAB te sirvan, en vez de buscar directamente en la librería.

Y esto es todo lo que te puedo contar de GrabCAD, el mejor banco de piezas para profesionales que existe hoy en día.

5.3- Myminifactory y la comunidad de diseñadores y artistas

Myminifactory es la web con modelos de pago orientados a impresión 3D más cuidada y completa a nivel artístico que existe, es la comunidad de diseñadores de modelos 3D profesionales artísticos por excelencia.

CAPÍTULO 5

Al estar orientada a ganar dinero, se nota que su interfaz está mucho más cuidada que otras como Thingiverse, y, aunque haya muchos modelos que sean de pago, también hay otros muchos que no lo son.

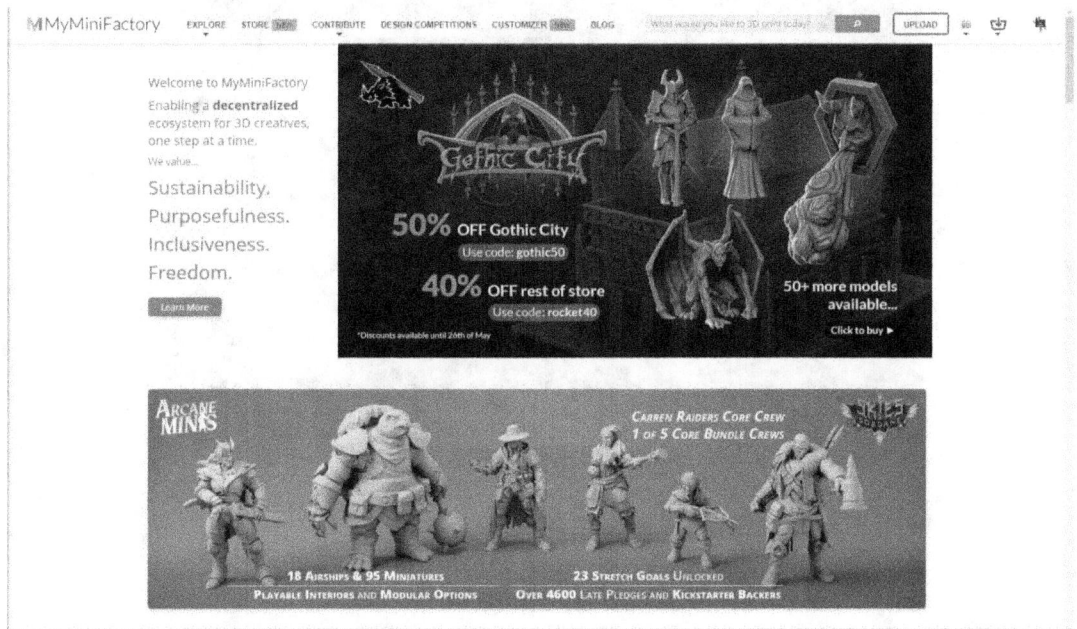

Página principal de Myminifactory

No voy a detenerme demasiado en cada uno de los puntos que tiene esta página, solo los que creo que te pueden ser más de utilidad, y como todo buen banco de piezas, vamos a comenzar por el módulo "Explore".

5.3-1. Descargando nuestros modelos de Myminifactory

Si le damos a la pestaña superior "Explore", vamos a ver la cantidad de categorías que tiene esta web:

Categorías de piezas en Myminifactory

Uno de mis puntos preferidos es "Fan Art", dónde encontraremos modelos de todo tipo basados en películas o series de ficción de compañías como Marvel o StarWars.

CAPÍTULO 5

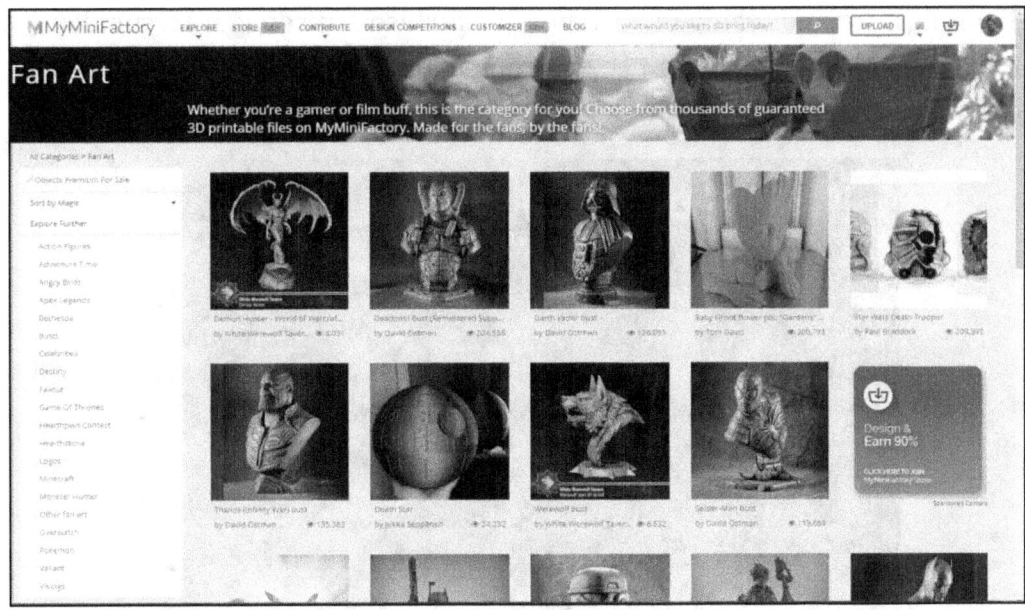

Modelos 3D de David Östman, uno de mis diseñadores favoritos

Aquí es dónde se encuentra mi diseñador favorito y del que estoy seguro de que has visto algún modelo alguna vez, David Östman, veamos un Deadpool que hizo hace unos cuantos meses:

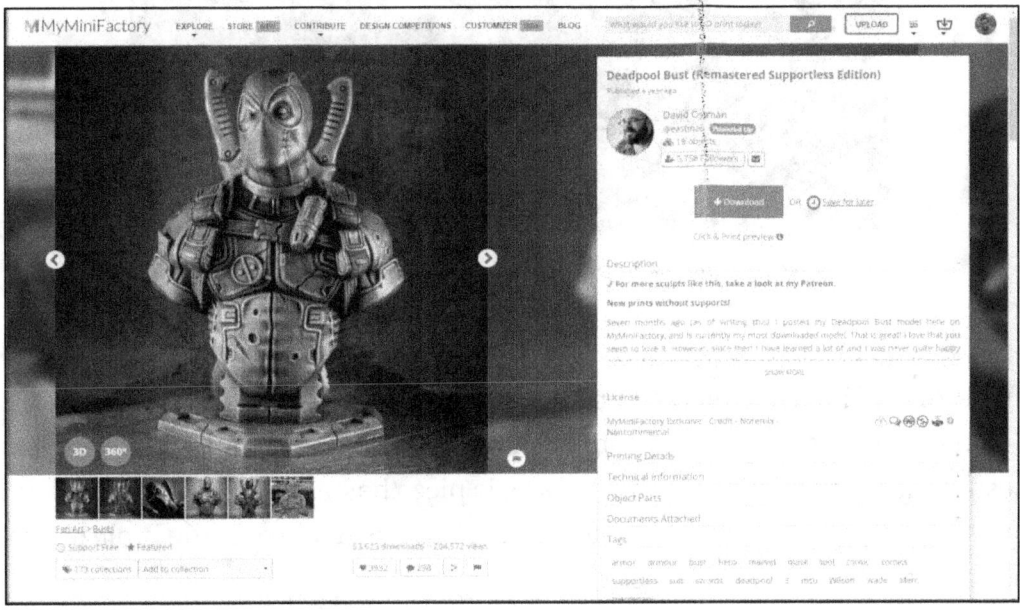

Deadpool Bust preparado para imprimir sin soportes de David Östman

DÓNDE CONSEGUIR TUS MODELOS 3D

Si nos descargamos el modelo, vemos que incluso el diseñador ha subido un pdf con instrucciones sobre cómo hacerlo y, obviamente, un poco de publicidad (de algo tiene que vivir).

Instrucciones de impresión del modelo (no todos lo tienen)

Este diseñador en concreto enfoca algunos de sus modelos 3d para que se puedan imprimir sin soportes, como este Deadpool que acabamos de ver. Östman ha estado analizando todos los ángulos de la pieza hasta que no superaran un valor concreto y así poder hacerlo sin soportes. Si hubiera alguna parte de la pieza grande y horizontal ¡tendríamos que ponerlos!

CAPÍTULO 5

Podemos ver su página de Myminifactory solo con pulsar su nombre, y ver todos sus modelos, los que son de pago, y los que no.

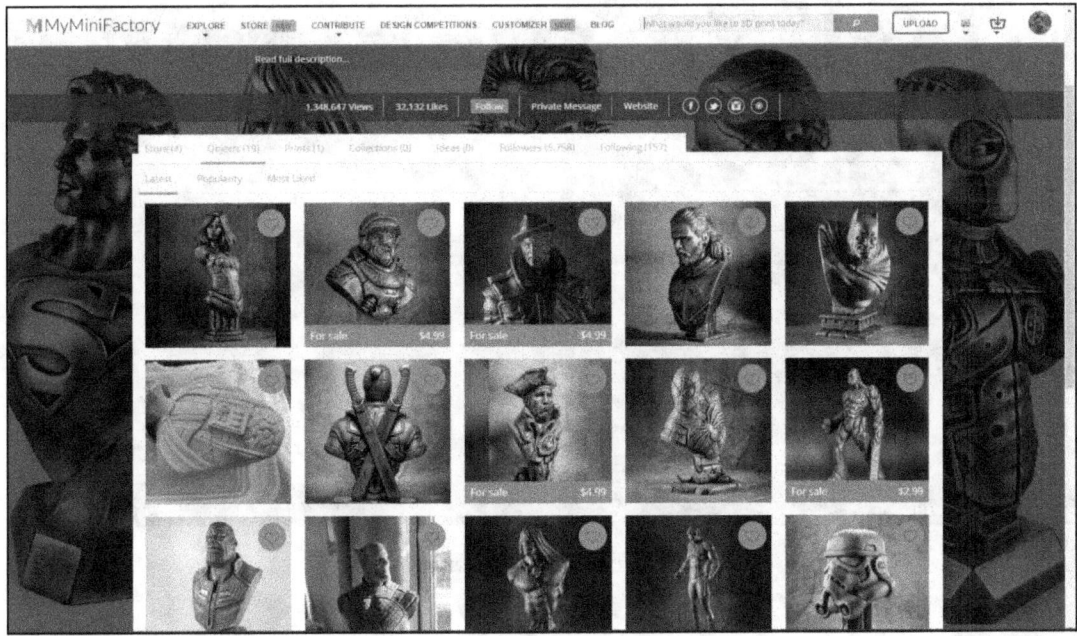

Todos los modelos de David Östman

La verdad es que el tío se los trabaja de tal manera que se vean bien con un fondo bonito, una luz que le va muy bien, una maravilla.

5.3-2. Como contribuir en Myminifactory

En Myminifactory puedes interactuar con la plataforma de diferentes formas como abriendo una tienda para vender tus productos (ellos se llevan el 10% de la comisión de venta aproximadamente), o, por ejemplo, ayudándoles a "curar" los modelos 3D.

Esto significa que la gente va subiendo fotos de modelos a la plataforma y hay que descartar si son modelos reales o han subido una foto de su gato en el sofá.

DÓNDE CONSEGUIR TUS MODELOS 3D

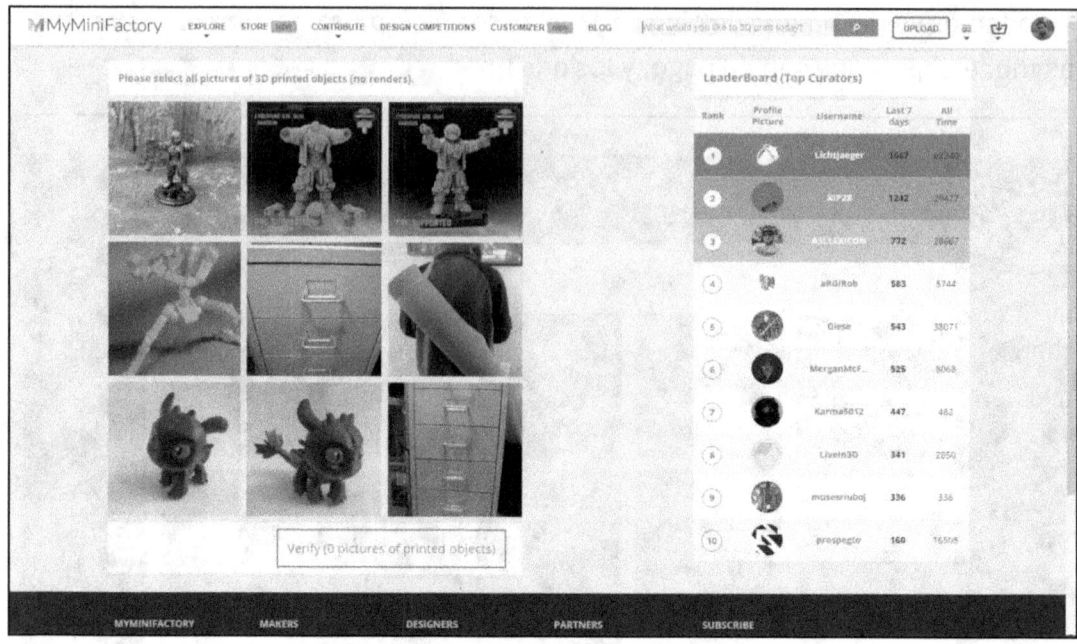

Curado de modelos en Myminifactory

Es una forma de ayudar a la plataforma y tras unos cuantos curados ya no te dejan hacer más hasta el día siguiente. Es entretenido.

Finalmente, un punto que es muy interesante es que te hacen ellos mismos los modelos 3D a partir de escaneados hechos con fotogrametría. La fotogrametría básicamente es sacar modelos 3D a partir de fotografías hechas con una cámara o con el móvil.

Ellos te enseñan cómo les debes mandar la foto para que quede bien, y puedan sacar el modelo 3D correctamente. Hacerlo no es nada fácil, por ello me sorprende que tengan diseñadores 3D haciendo este trabajo de forma gratuita.

CAPÍTULO 5

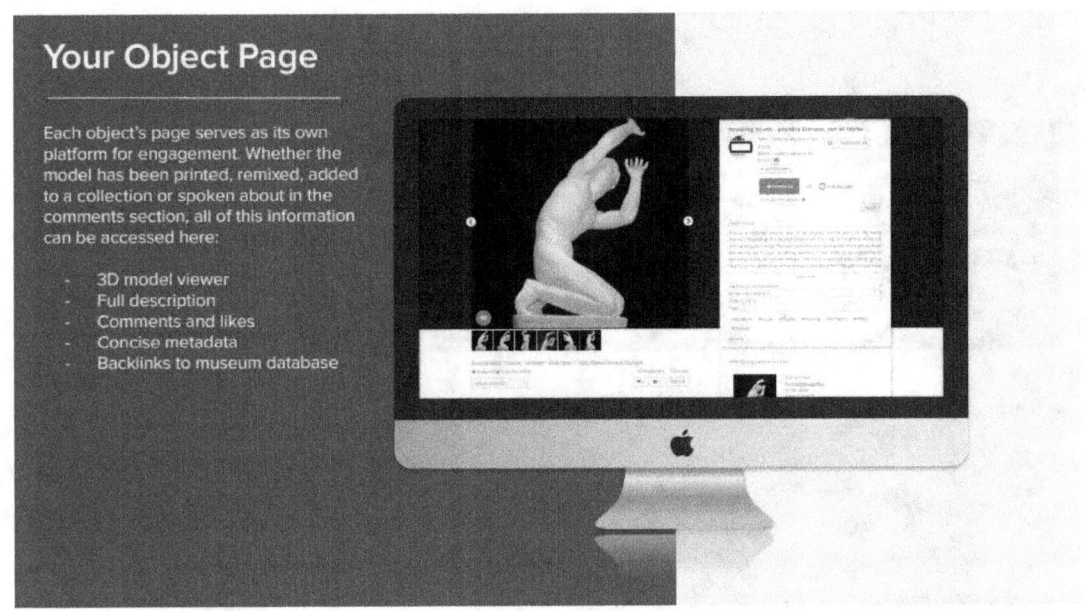

Instrucciones para el escaneado de modelos 3D para Myminifactory

Por lo que comentan, es para engrosar su base de datos de objetos que de alguna forma son útiles para la humanidad, o sea, de forma artística.

5.3-3. Competiciones y el "Customizer"

En Myminifactory también hay competiciones de diseños, una que me ha llamado la atención es la que estaban haciendo sobre cascos de soldados imperiales de StarWars.

DÓNDE CONSEGUIR TUS MODELOS 3D

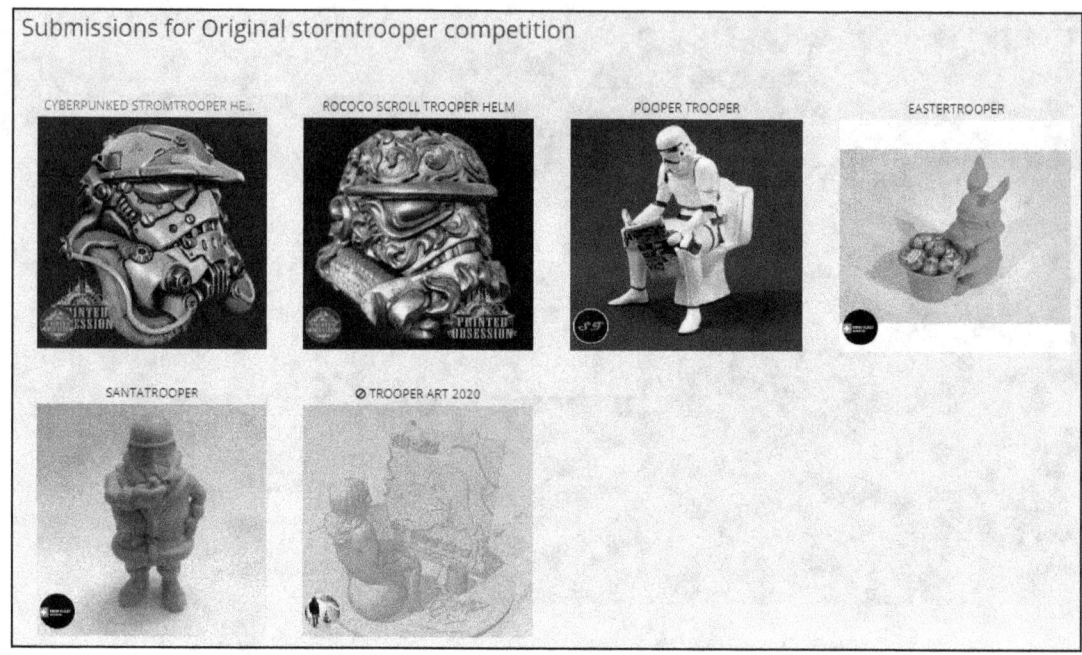

Concurso de cascos de Stormtrooper de Myminifactory

El del soldado imperial plantando un pino en el baño, no tiene desperdicio.

Y finalmente, te traigo la "creme de la creme" en Myminifactori, una versión pulida y bonita de los modelos paramétricos de otras plataformas, todo en el apartado "Customizer".

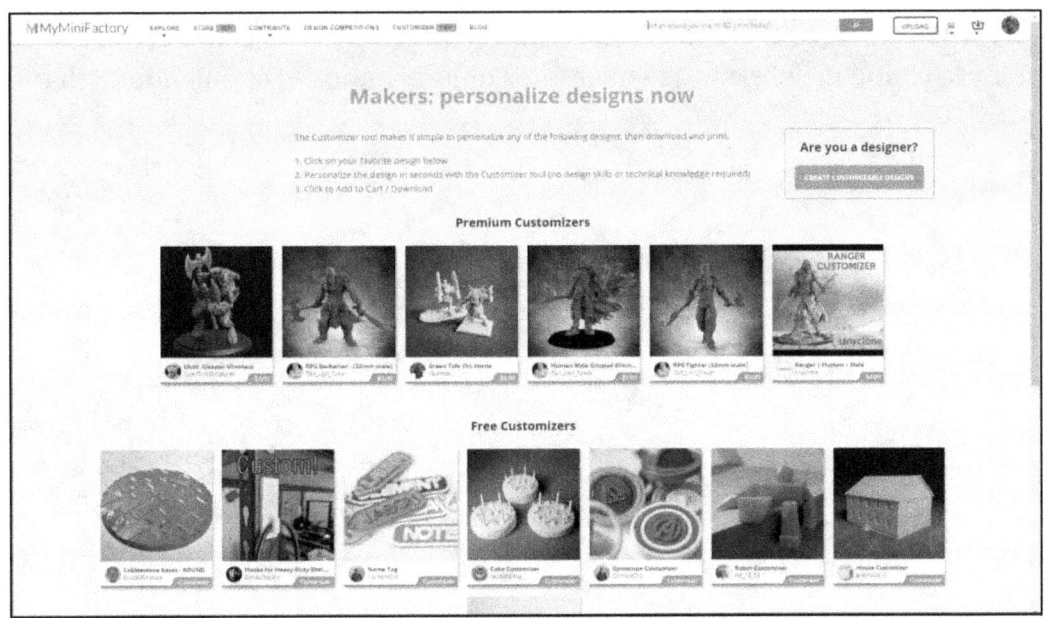

Modelos Paramétricos de Myminifactory

Esta parte no tiene modelos paramétricos en archivos 3D de programas paramétricos, sino que te lo hace Myminifacotri directamente. Por ejemplo, vamos a ver un modelo llamado "Name Tag".

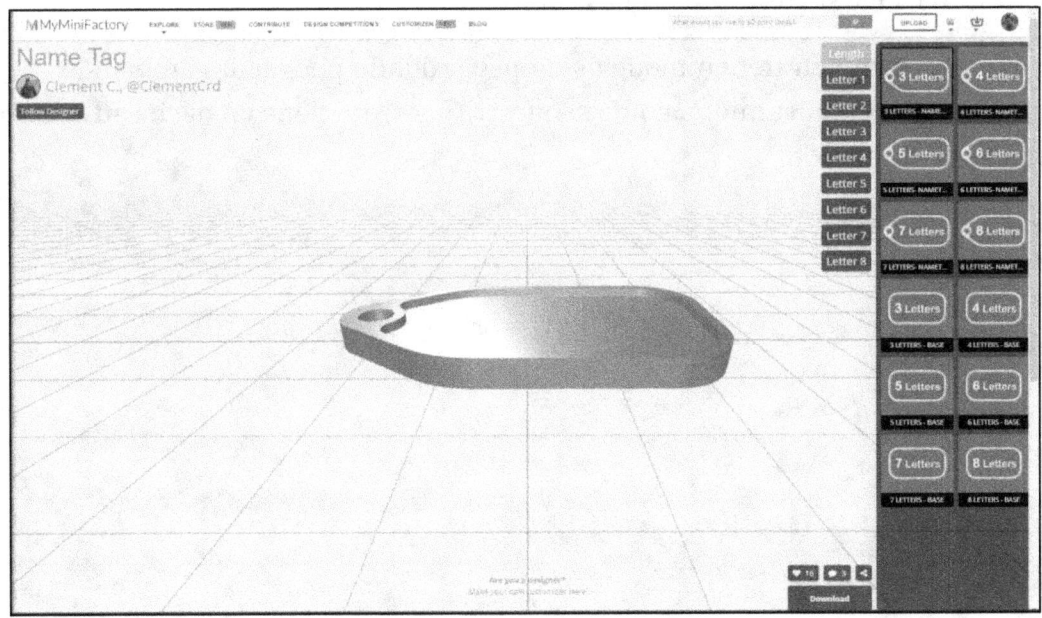

Ejemplo de modelo 3D paramétrico I

En él tenemos a la derecha varios parámetros como las letras que podemos meter y la cantidad de letras que queremos meter, vamos a ir poniendo Of3lia.

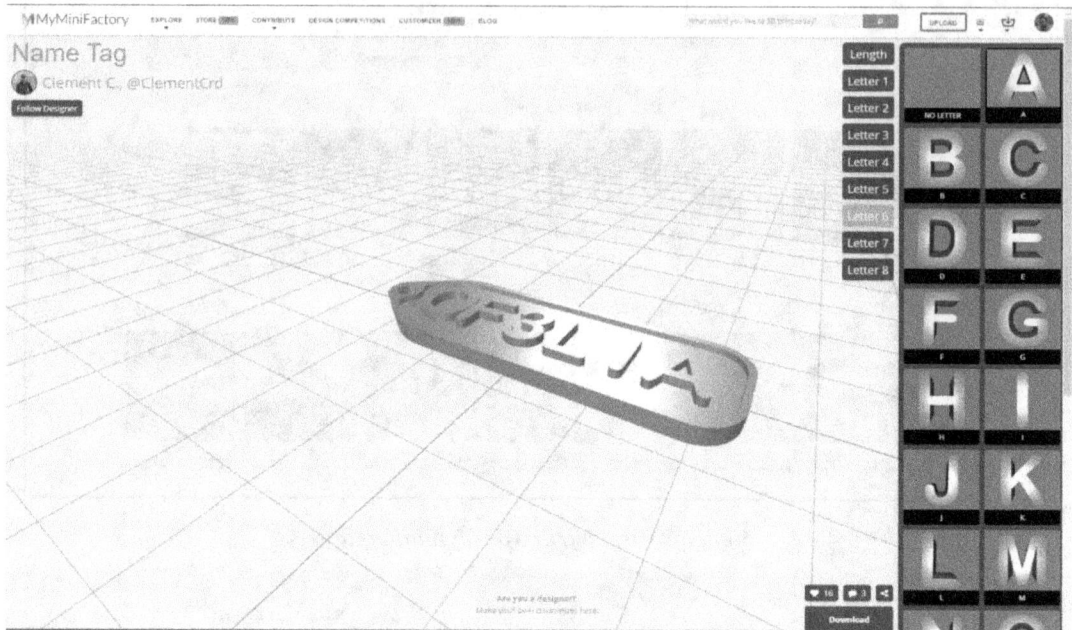

Ejemplo de modelo 3D paramétrico II

Y así de fácil y sin usar programas externos.

Además, también tienen modelos de pago, dónde puedes ir cambiando otras cosas a gusto del consumidor, como si nuestro guerrero tiene un hacha en la mano derecha o una espada.

Ejemplo de modelo 3D paramétrico de pago

Por otro lado, también tienes zonas más técnicas con modelos 3D para impresoras y demás, pero dónde realmente reluce esta plataforma es en sus modelos 3D fantásticos listos para imprimir.

5.4- Sketchfab y Free3D: Modelos 3D artísticos

Antes de terminar con un listado de bibliotecas de modelos 3D más secundarios para mí, quería enseñarte bibliotecas de modelos 3D orientadas a diseños 3D artísticos, no a imprimir.

Mientras que lo que hemos visto anteriormente eran modelos sin texturas ni color (ya que eso a la impresora 3D le da igual), lo que hay en esta biblioteca está pensado para hacer modelados 3D ya sea para carteles, animaciones o trabajos creativos.

Estos bancos son muy útiles para complementar tus diseños en Blender si te gusta la animación, aunque al no estar orientados a la impresión 3D vamos a pasar por encima (yo ni siquiera tengo cuentas creadas en ellos).

DÓNDE CONSEGUIR TUS MODELOS 3D

Por un lado, Sketchfab tiene el típico explorador con todas las categorías que suelen tener este tipo de bancos, veamos la de vehículos.

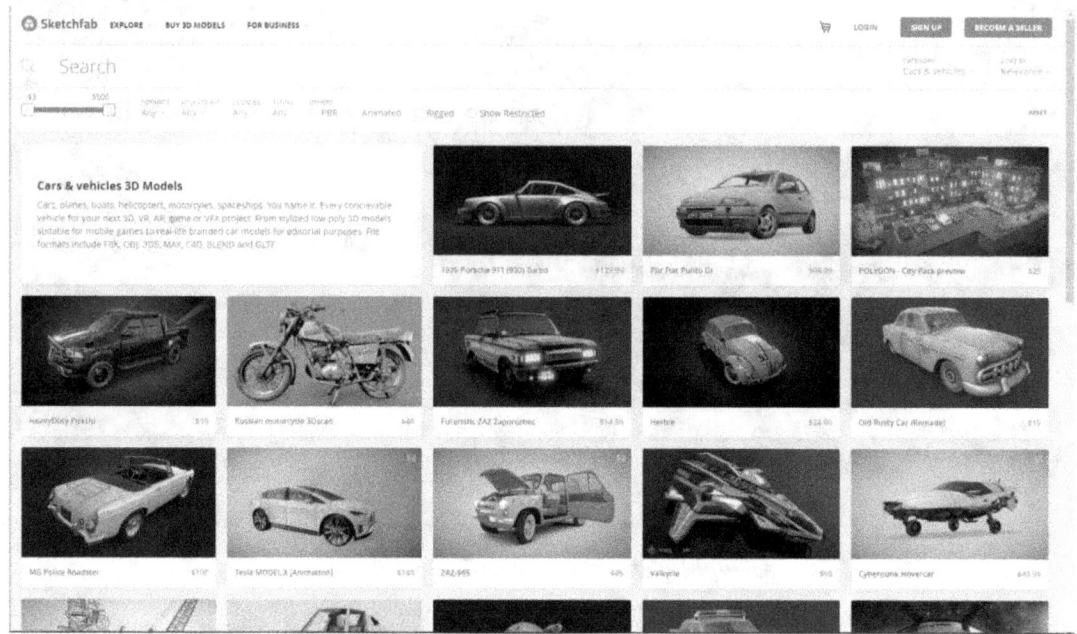

Coches y automóviles en Sketchfab

Como puedes ver todos sus modelos 3D son de pago.

Algo que me sorprende de esta plataforma es su renderizador y visor de modelos 3D. Cargar este tipo de modelos y poder visualizarlos y moverlos, en un ordenador normal consumiría muchos recursos e incluso podría ir bastante lento, pero aquí va todo rapidísimo en el navegador. El modelo 3D se mueve en un abrir y cerrar de ojos.

CAPÍTULO 5

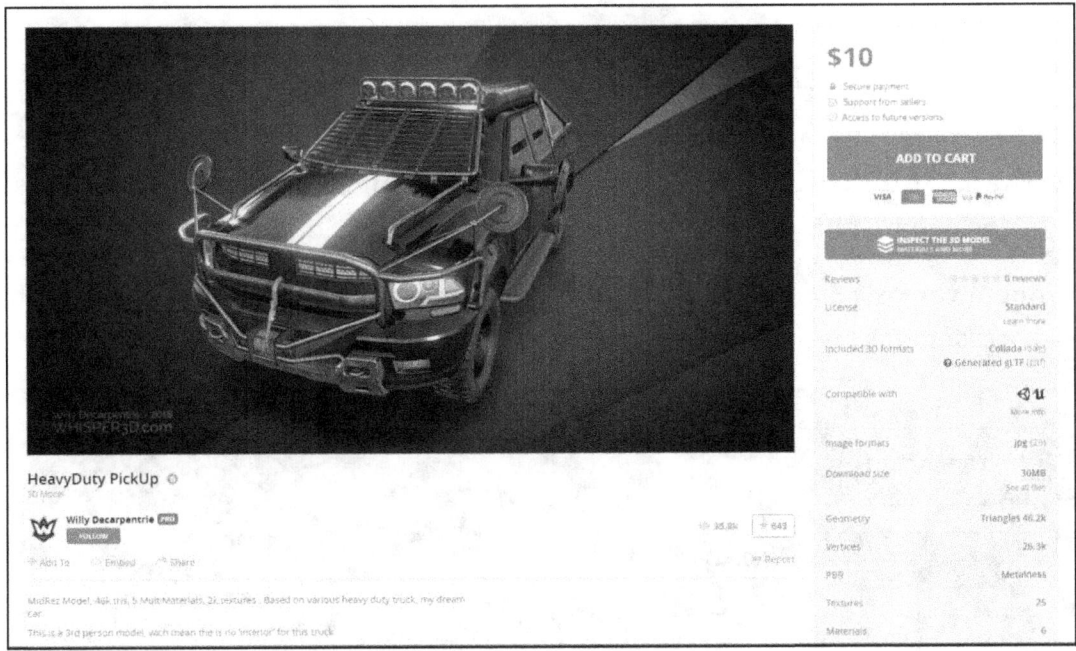

Modelo 3D de coche en Sketchfab

En el propio renderizado podemos ver también los materiales que hay, o los canales de texturas.

Texturas, materiales y controles de renderizado del modelo

El modelado 3D artístico es muy complejo como ves, hay que tener en cuenta muchas cosas para que la luz incida correctamente sobre el modelo y parezca realista. El resto que tiene es orientado a empresas como ecommerce en 3D, visores en 3D. Es como GrabCAD pero para modelos 3D artísticos orientados a animación.

Ahora vamos a Free3D, que es como la versión más nivel usuario de Sketchfab, ya que casi todos los modelos aquí son gratis y también orientados a animación.

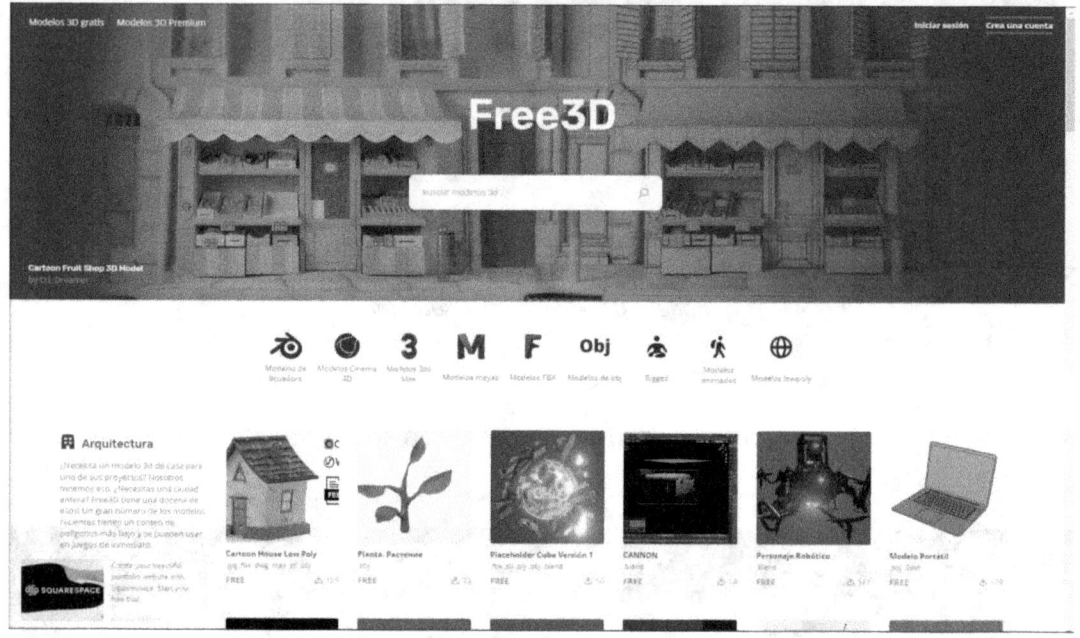

Página principal de Free3D

La verdad es que tiene modelos muy chulos también, hay gente muy entusiasta que ha subido modelos 3D que son una verdadera pasada como este Bugatti Chiron.

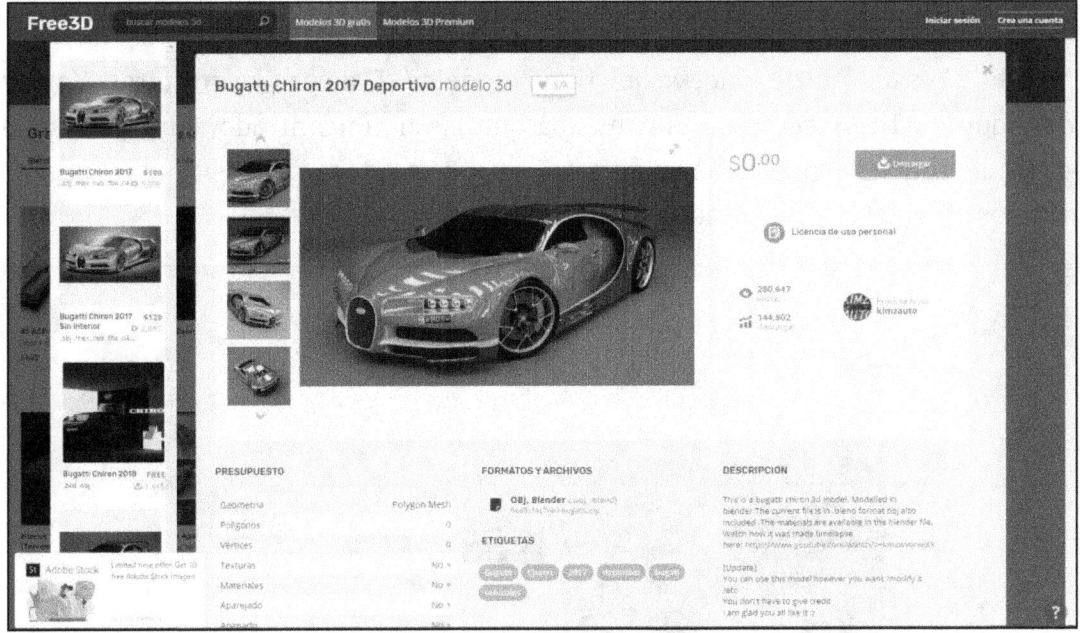

Modelo 3D Bugatti Chiron en Free3D de kimzauto

No tiene el visor que tenía Sketchfab, pero con las fotos nos podemos hacer una idea de lo que es.

Y con esto acabamos los bancos de piezas artísticos, realmente son otro mundo algo alejado de la impresión 3D, pero dónde nuestra imaginación puede llegar hasta donde queramos.

5.5- Más bibliotecas de modelos 3D

Vamos a hacer ahora un breve repaso de más bibliotecas de modelos 3D conocidas dentro de internet. Que no las haya metido aquí no significa que no sean buenas, el tema está en que personalmente me parecen "copias" o bibliotecas que no aportan mucho más que las que hemos visto ya. Ahí van.

DÓNDE CONSEGUIR TUS MODELOS 3D

5.5-1. Cults 3D

Cults 3D es un mix de todo, ya que tiene modelos 3D de pago y gratuitos. Yo hay cosas que en Thingiverse no encontraba que las he encontrado aquí, ya que se podría decir que después de Thingiverse, es el segundo y mejor sitio para buscar modelos 3D gratuitos orientados a impresión 3D.

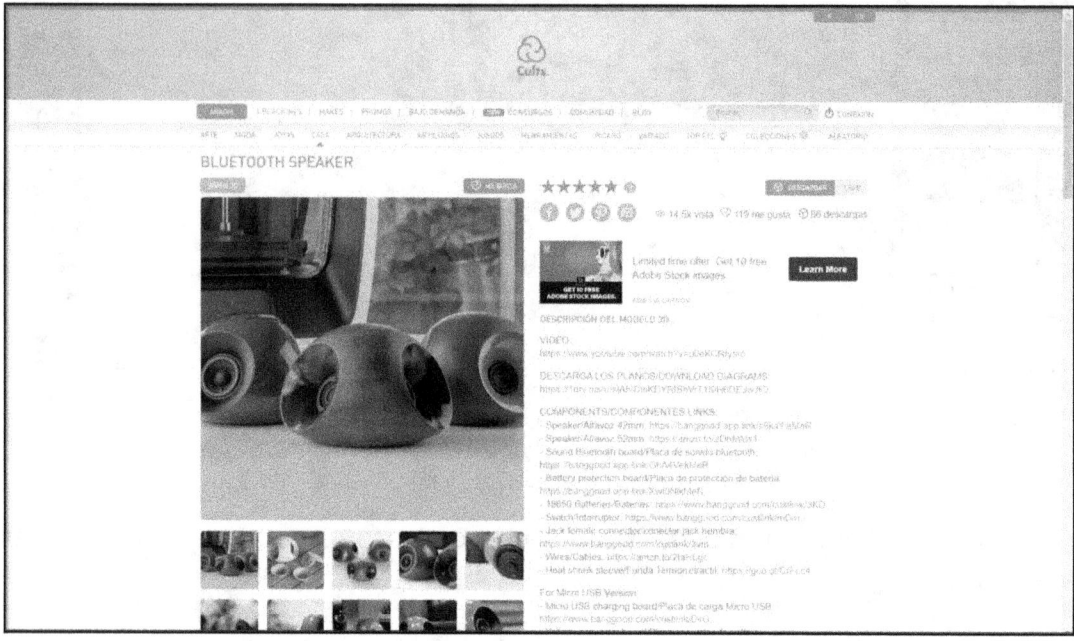

Bluetooth Speaker de DukeDocs en Cults3D

5.5-2. YouImagine

YouImagine entra dentro de la categoría de Cults 3D, es del estilo. Si hay algo que pueda destacar es su visor de modelos 3D, algo más potente que el de Thingiverse, aunque los modelos se vean un poco más rudos. No tiene categorías definidas, sino que las ha definido el propio usuario a través de etiquetas.

CAPÍTULO 5

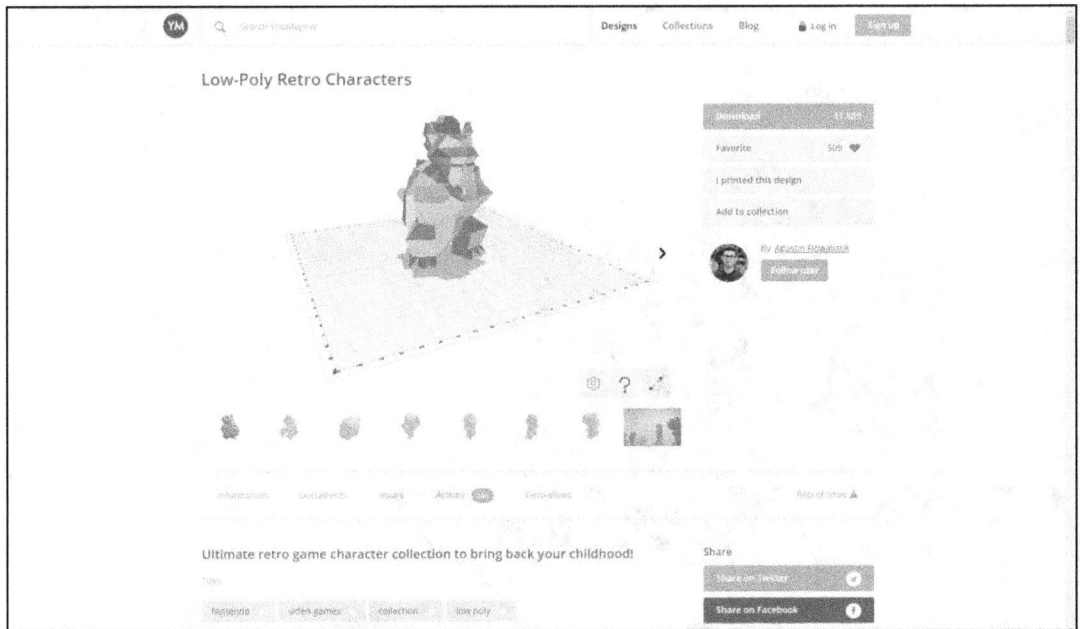

Modelo 3D lowpoly de Flowalistic en Youimagine

5.5-3.Pinshape

Otro banco de piezas similar a Thingiverse, más orientado a modelos 3D gratuito (como YouImagine también). Algo a destacar son sus guias de impresoras 3D (para ganar dinero a través de afiliación sin duda) y sus categorizaciones de piezas por impresoras 3D, algo que es difícil de encontrar.

DÓNDE CONSEGUIR TUS MODELOS 3D

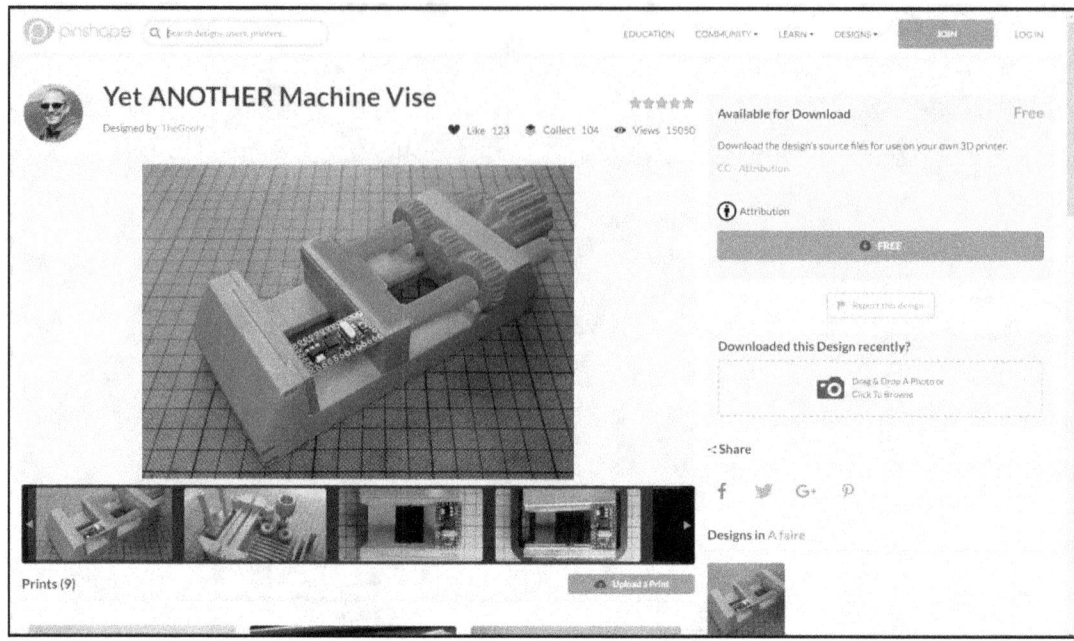

Ejemplo de modelo 3D en Pinshape – Yet another machine vise de TheGoofy

5.5-4.STLFinder

STLFinder no es un banco de piezas en sí, sino un buscador de modelos 3D. Cuando metes un término, busca todos los modelos con ese término en el nombre en los bancos de piezas que tiene integrados. Los puedes filtrar por modelos 3D de pago o gratuitos.

CAPÍTULO 5

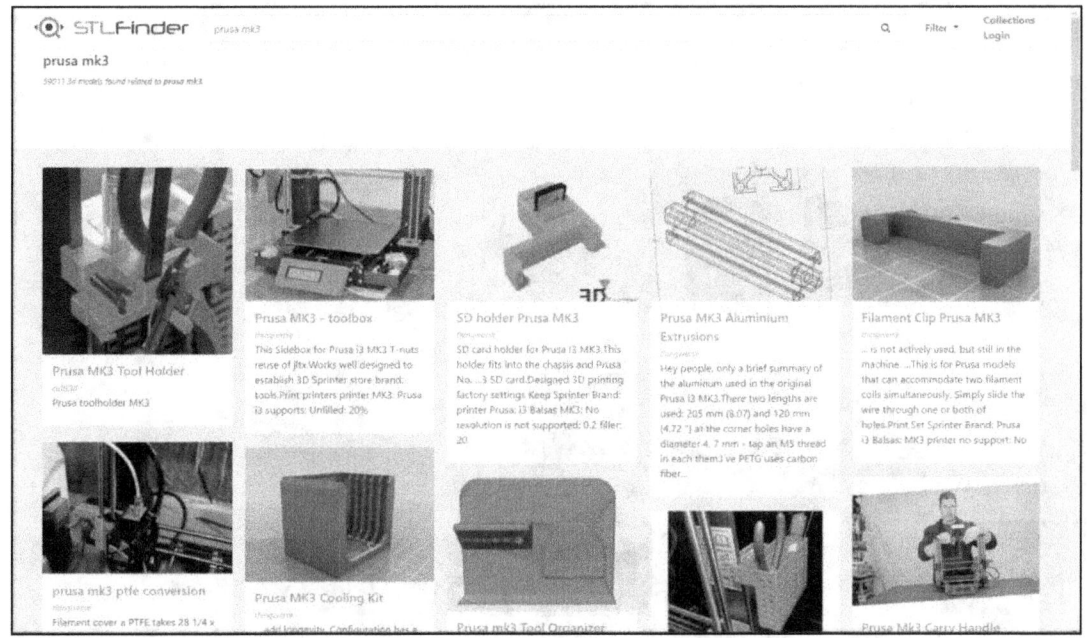

Buscador STLFinder buscando modelos de Prusa mk3

5.5-5.Yeggi3D

Yeggi3D es otro buscador como STLfinder pero con más opciones. Puedes ver términos relacionados, o guardar en una lista de deseos. Su modelo de negocio está orientado a que, si quieres imprimir el modelo, uses su servicio de impresión 3D desde los botones "Print now".

DÓNDE CONSEGUIR TUS MODELOS 3D

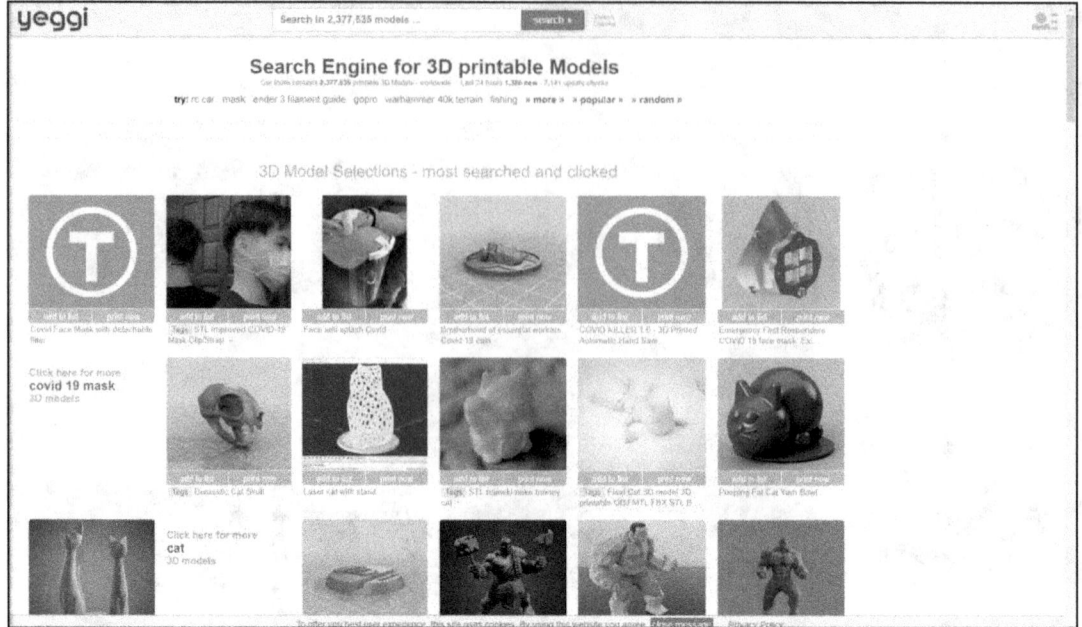

Buscador de Yeggi en su página principal

5.5-6. 3DWarehouse

Finalmente vamos a ver el banco de modelos 3DWarehouse, un banco orientado exclusivamente a modelos 3D de Sketchup. Necesitas estar dado de alta en la web para hacerlo.

CAPÍTULO 5

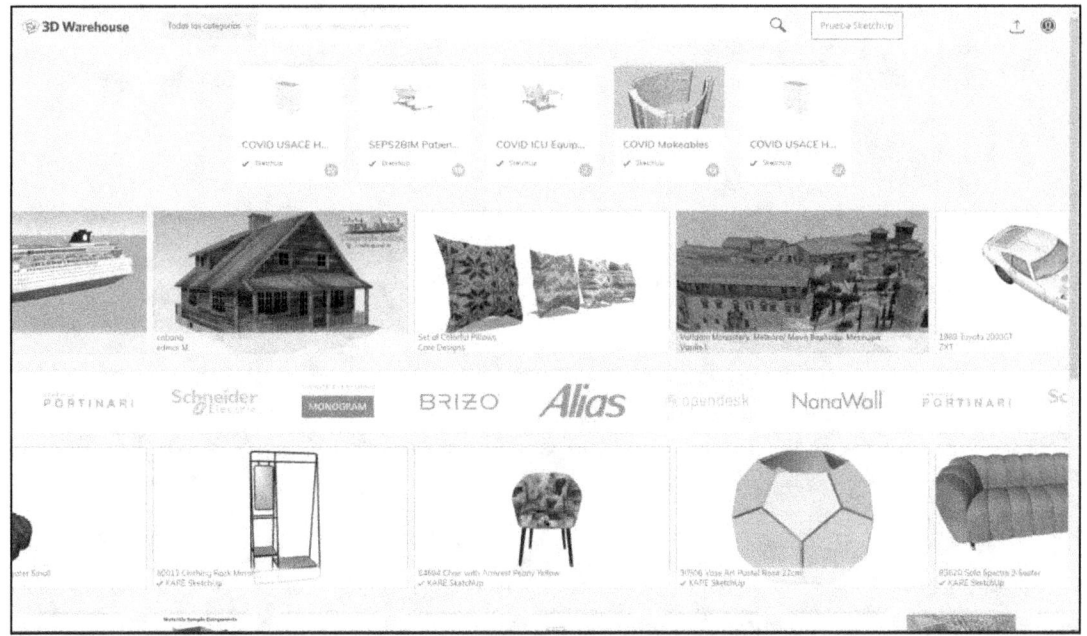

Ejemplo de 3DWarehouse especializado en SketchUp

Y eso es todo, ahora toca animarse a diseñar algo en 3D ¿qué te parece? Si has dicho bien, genial, pasa al capítulo siguiente, y si has dicho mal, genial, pasa al capítulo siguiente.

CAPÍTULO 6: INTRODUCCIÓN AL DISEÑO 3D

En este capítulo vamos a ver por encima los principios del diseño 3D y cómo te recomiendo que empieces a trabajarlo.

Diseñar en 3D es muy sencillo, en cualquier programa básico como TinkerCAD o FreeCAD puedes tener hecho tu primer llavero en unos 20 minutos, pero aquí no te quiero mostrar cómo hacer llaveros, te quiero enseñar a pensar como un/a ingeniero/a.

Por ello, lo primero que quiero que hagas es irte cogiendo un papel y un lapicero, y también que te instales el software "open source" FreeCAD [https://www.freecadweb.org/], del que ya hemos hablado en capítulos anteriores. Por otro lado, además, hazte una cuenta en TinkerCAD [https://www.tinkercad.com/], también es gratuito.

El esquema que vamos a seguir es el siguiente:

- Desarrollo de la visión espacial en 2D.
- Diseño 3D lowpoly y operaciones booleanas.
- Diseño mediante croquizados.
- Profundización en croquizados.
- Programas de diseño 3D avanzado.

¿Suena bien no? ¿Ya tienes el papel, el boli y los programas?

Pues vamos para allá.

6.1- Desarrollando tu visión espacial con el 2D

Este es un punto que nadie suele hacer y que es súper importante, de hecho, en las ingenierías estamos los dos primeros años puliendo solo este tema y ya el tercero empezamos con programas de diseño 3D. Me refiero al desarrollo de tu visión espacial.

El sentido de esto es que seas capaz de imaginarte lo que quieres hacer y plasmarlo en un papel de forma rápida, y además que se vea bien. Si no dominas esto ¿cómo serás capaz de dibujarlo después en ordenador? Diseñar en 3D requiere de visión espacial e imaginación, no lo olvides.

Te pongo un par ejemplos de cómo sería un ejercicio de este tipo:

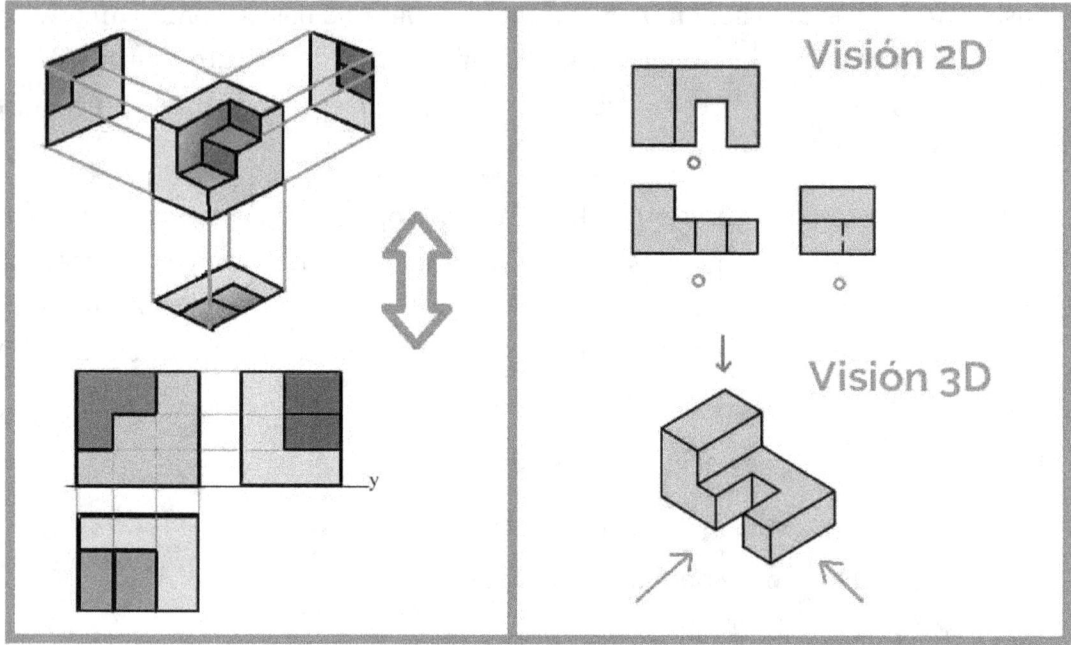

Ejemplos de ejercicios para mejorar tu visión espacial

El ejercicio consiste simplemente en partir de una de las dos visiones (2D o 3D) y llegar a la otra a través de tu visión espacial, un papel y un lápiz.

Aunque te pueda parecer una tontería, es súper útil, ya que te permitirá poder dibujar en papel objetos en 3D con una perspectiva que te ayude interpretarlo a posteriori para pasarlo a tu programa 3D.

Ahora, vamos con unos ejercicios para que practiques, con las soluciones más adelante.

CAPÍTULO 6

6.1-1. 1ᵉʳ Ejercicio: del 2D al 3D

En este ejercicio tienes las 3 caras de un objeto en 2D y tienes que dibujar el objeto en 3D. Fíjate en las flechas, el dibujo central sería viendo el objeto desde la flecha abajo-derecha (alzado), el dibujo de abajo sería viendo el objeto desde la flecha superior (planta) y el dibujo de la derecha sería viendo el objeto desde la flecha abajo-izquierda (perfil).

Esta forma de poner los dibujos se llama sistema europeo, los americanos los ponen al revés, lo que está arriba abajo y lo que está a la izquierda a la derecha. Bueno, llegó la hora de intentarlo.

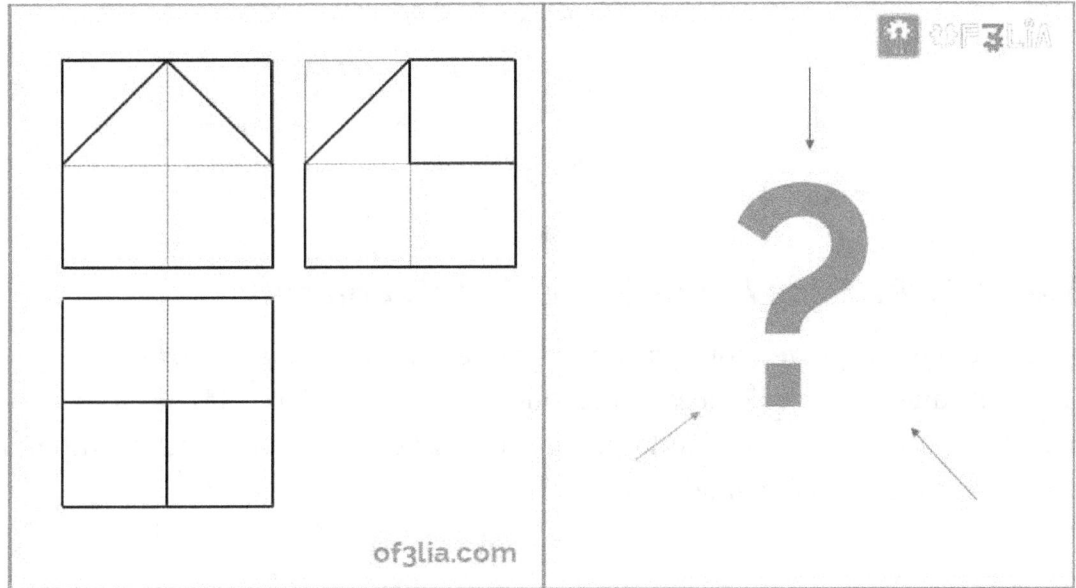

Ejercicio Nº1

6.1-2. 2º Ejercicio: del 3D al 2D

Este ejercicio es similar al anterior, pero tienes que conseguir pasar las caras del objeto a sus proyecciones en el plano. Parece más sencillo que el anterior, pero no te engañes, coger la zona exacta dónde termina cada línea, requiere de mucha observación. ¡Inténtalo!

INTRODUCCIÓN AL DISEÑO 3D

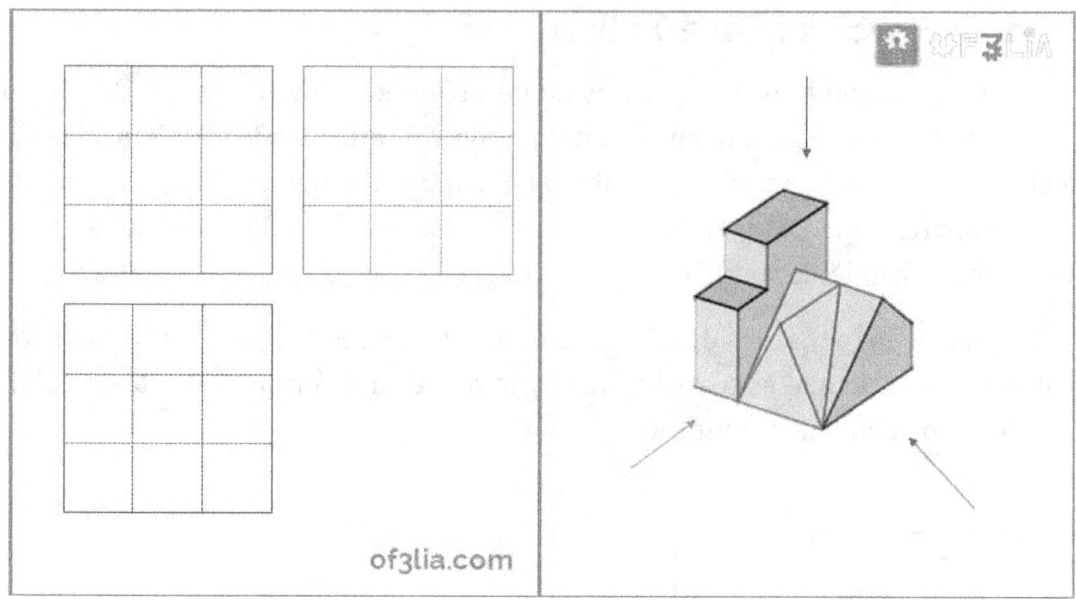

Ejercicio Nº2

6.1-3.3er Ejercicio: Vamos a intentar alguna curva

Aquí tienes las proyecciones de un helicóptero y quiero que lo dibujes en 3D. A la hora de dibujar curvas la cosa se complica, ya que las referencias se pierden un poco más (aunque a través de la geometría las podemos sacar todas). Intenta hacerlo a mano alzada a ver que sale.

CAPÍTULO 6

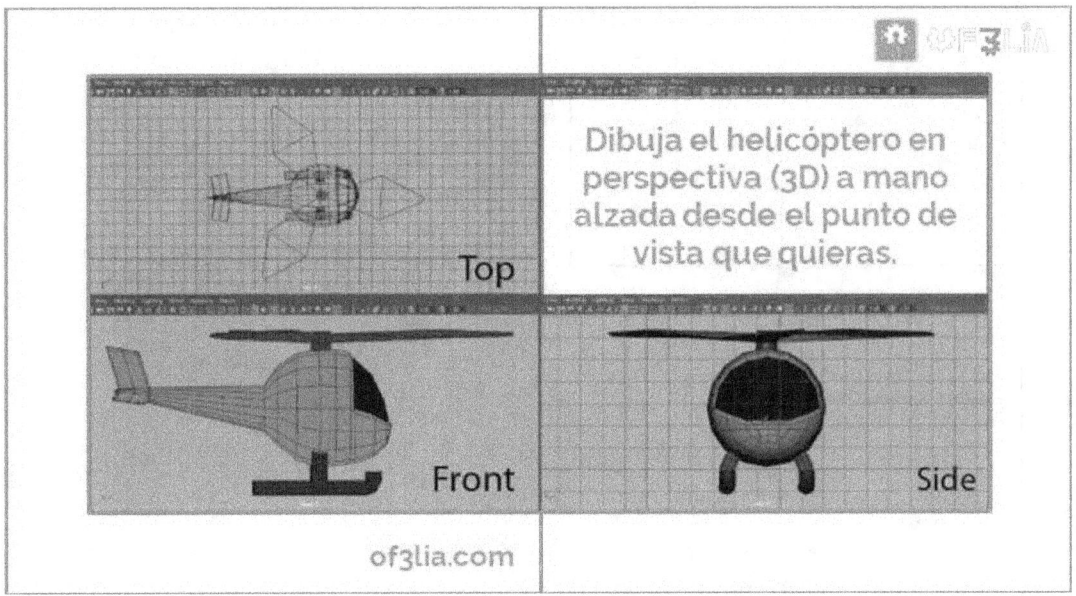

Ejercicio Nº3

6.1-4.Soluciones ejercicios 1, 2 y 3

Te dejo las soluciones de los ejercicios 1, 2 y 3 por aquí a ver que tal te ha salido la cosa. Si quieres seguir practicando tienes muchos ejercicios de este tipo en internet, a mí me encantaba hacerlos y son la mejor forma con diferencia de desarrollar tu visión espacial.

SOLUCION EJERCICIO 1:

INTRODUCCIÓN AL DISEÑO 3D

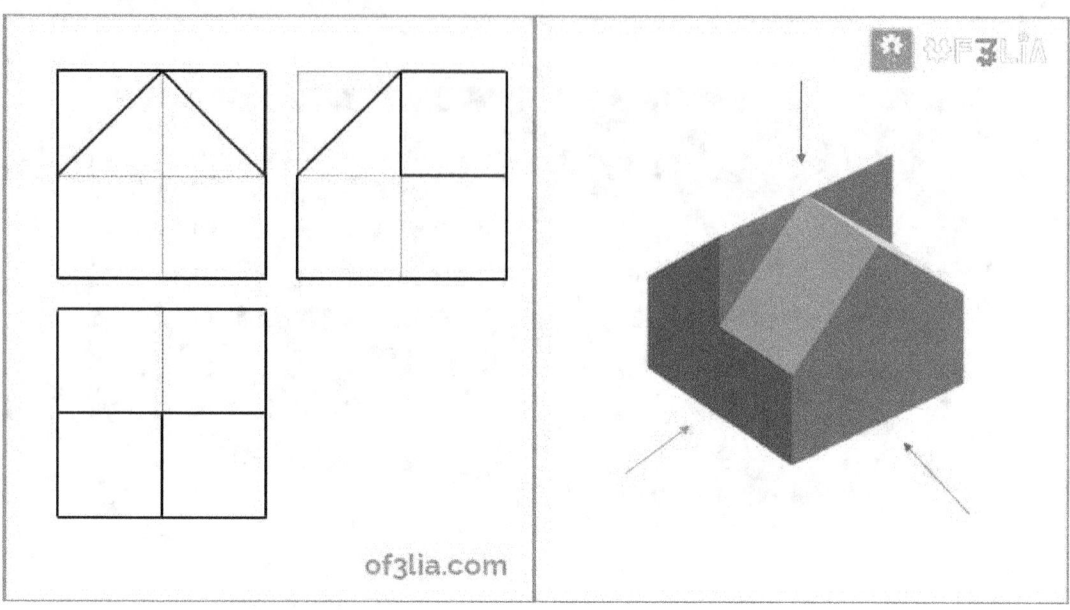

Solución Ejercicio Nº1

SOLUCION EJERCICIO 2:

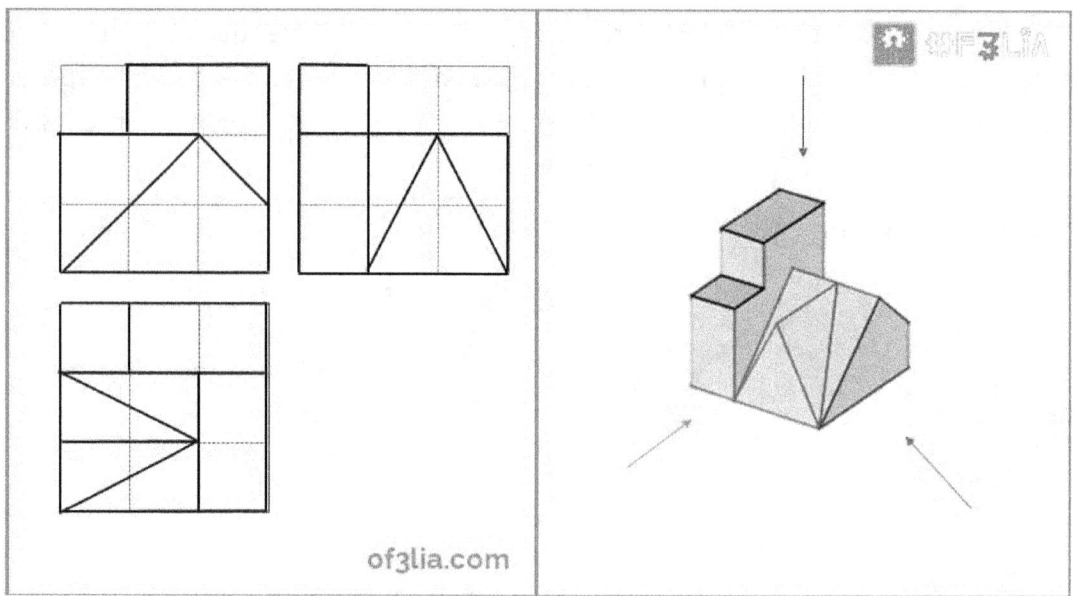

Solución Ejercicio Nº2

CAPÍTULO 6

SOLUCION EJERCICIO 3:

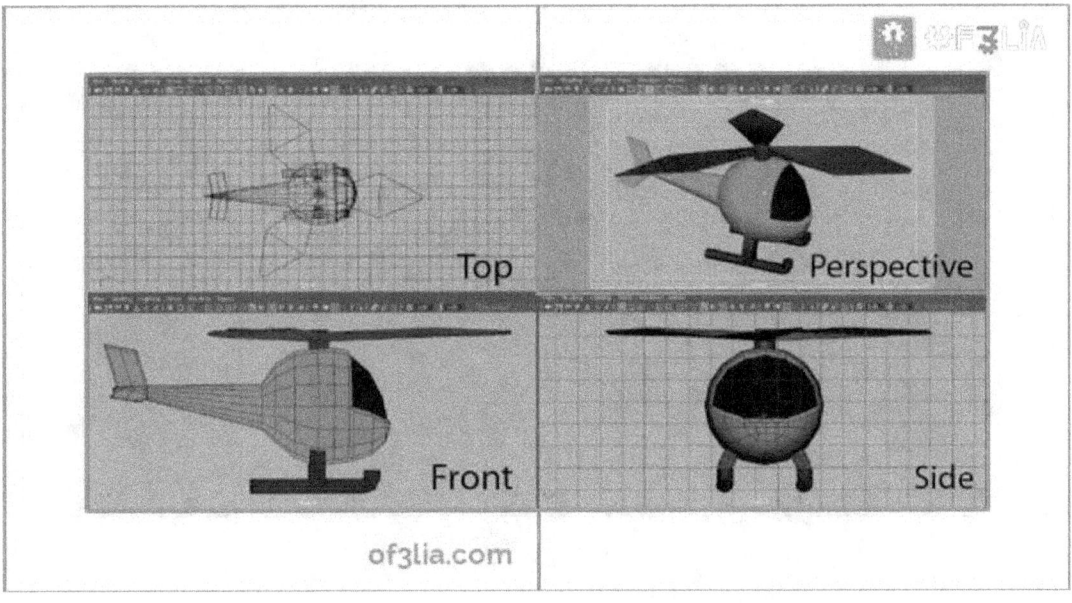

Solución Ejercicio Nº3

6.2- Piezas lowpoly y operaciones booleanas

Llegó la hora de usar TinkerCAD, el programa estrella para diseñadores principiantes. Es gratuito, es online y muy potente, la única pega es que no se pueden hacer diseños mediante croquis, pero eso ya lo veremos más adelante.

Lo primero que tienes que hacerte es una cuenta y darle a 'Crear Diseño'. Lo siguiente que te aparecerá será una interfaz de usuario con mogollón de objetos para poder usar: figuras, caracteres, números, un esqueleto completo etc...

INTRODUCCIÓN AL DISEÑO 3D

Algunos ejemplos de piezas disponibles en TinkerCAD

Ahora vamos a ver el potencial que tiene haciendo un ejercicio.

Lo primero que tienes que hacer es poner una estrella en medio del tablero de trabajo, y a continuación un cilindro, una esfera y un cubo. Estos tres últimos tendrás que seleccionar la opción 'hueco'.

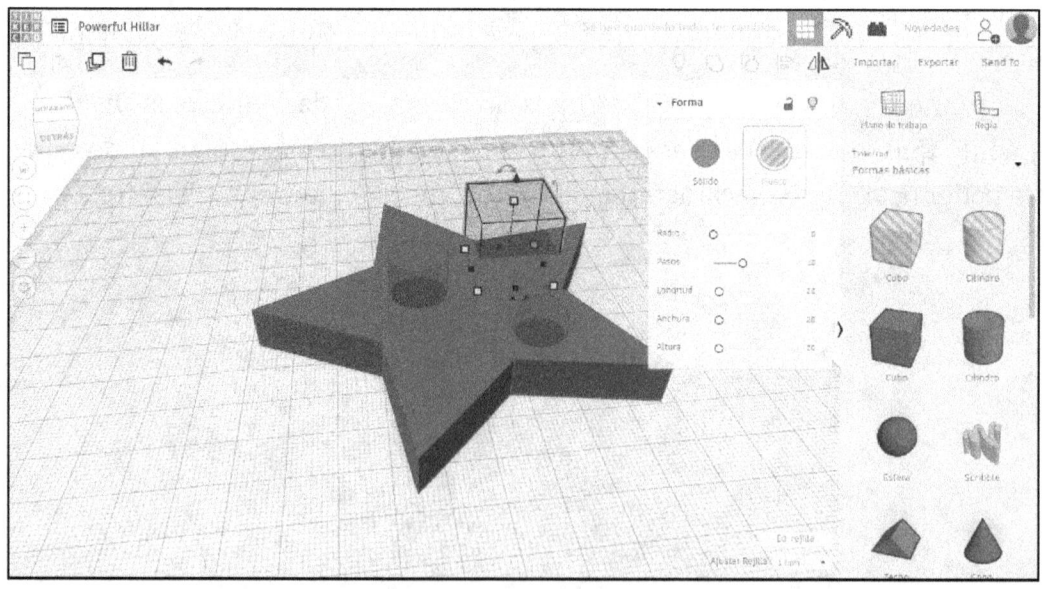

Introduciendo piezas sólidas y huecas al panel de trabajo de TinkerCAD

A continuación, le damos a agrupar y…

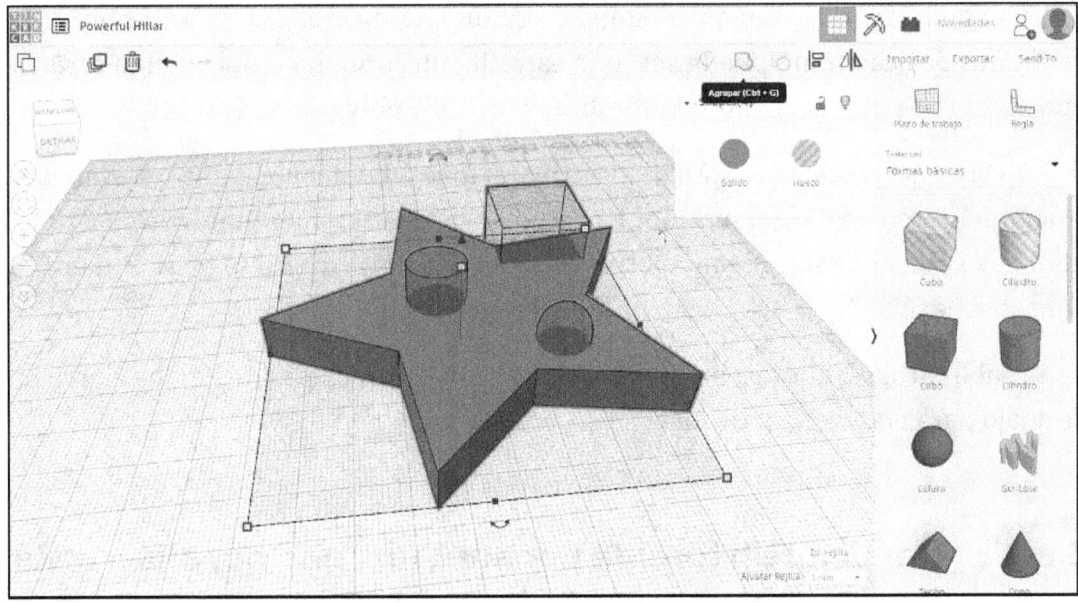

Agrupando todas las piezas de nuestro proyecto

Enhorabuena, ya sabes hacer una figura lowpoly con operaciones booleanas.

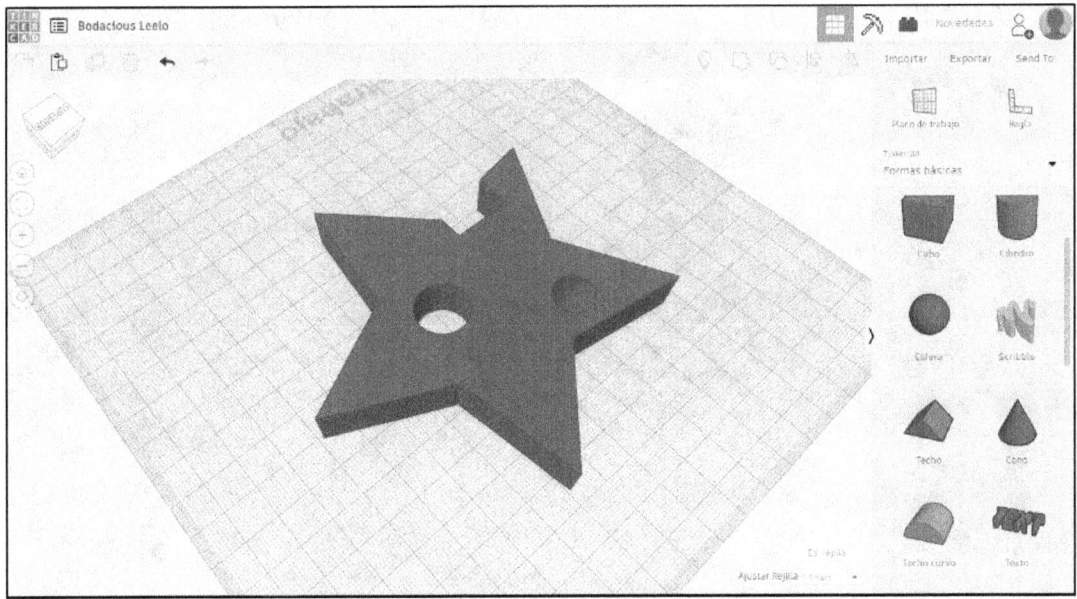

Combinando los sólidos para conseguir un nuevo sólido

INTRODUCCIÓN AL DISEÑO 3D

Una figura lowpoly, como ves, consiste en una figura creada por la combinación de figuras básicas como puede ser: una estrella, un cono, un cilindro, una esfera o una estrella. Se llaman así por la combinación "low polygon" en inglés.

¿Y cómo se hace esto? Mediante operaciones booleanas, que pueden ser: adición, diferencia o intersección. Es como si los objetos fueran números y tú los pudieras sumar o restar creando otros objetos entre sí, en esto se basa TinkerCAD para trabajar.

Ya sabes la base, ahora a investigar. Una vez lo domines pásate por los ejercicios de abajo para poder pasar de fase.

6.2-1.4º Ejercicio: Un toroide por aquí, un cubo por allá y voilá!

Me he puesto a hacer este ejercicio en TinkerCAD combinando distintas figuras de su interfaz. Con esto me gustaría que investigaras cómo mover las figuras, cómo agruparlas e incluso cómo alinearlas. Toquetea hasta que consigas un diseño similar al mío (o más bonito, que no es difícil).

Ejercicio Nº4

6.2-2. Solución al ejercicio 4

La figura ha sido creada con un paralelepípedo (cubo deformado), con 4 ruedas como cilindros las cuales les hemos recortado le interior con 4 esferas.

Le hemos añadido dos focos con dos toroides ,y le hemos hecho una rejilla de ventilación con 4 paralelepípedos más, además de una chaflán (corte en una esquina) con un paralelepípedo inclinado hacia delante 22,5°.

Solución Ejercicio Nº4

La parte superior es una esfera con un cono dado la vuelta incrustado y una calavera que encontrarás en la sección "esqueleto". Si has hecho todo, mis felicitaciones, eres un/a crack, puedes pasar al siguiente punto.

6.3- Diseño 3D mediante croquizados y extrusiones

Una vez ya has dominado las figuras 3D básicas, estás preparado para los croquizados y las extrusiones.

Cuando nosotros queremos hacer una figura más compleja como un llavero con un logotipo concreto, hacerlo mediante figuras básicas puede ser un suicidio. Para poder hacerlo bien y rápido necesitamos poder dibujar el logotipo, y tirar de él hacia arriba para que coja volumen (lo que se llama extruir un plano), veámoslo.

Lo primero que tienes que hacer es instalar FreeCAD en tu ordenador, ejecutarlo y crear una nueva hoja de trabajo (la hoja en blanco de arriba a la izquierda) e ir a "Part Design", que es el módulo de los croquis. Como ves, hay más módulos como "Part" que es para hacer piezas "lowpoly" con operaciones booleanas (¿te suena verdad?) o "Drawing" para crear planos y acotarlos.

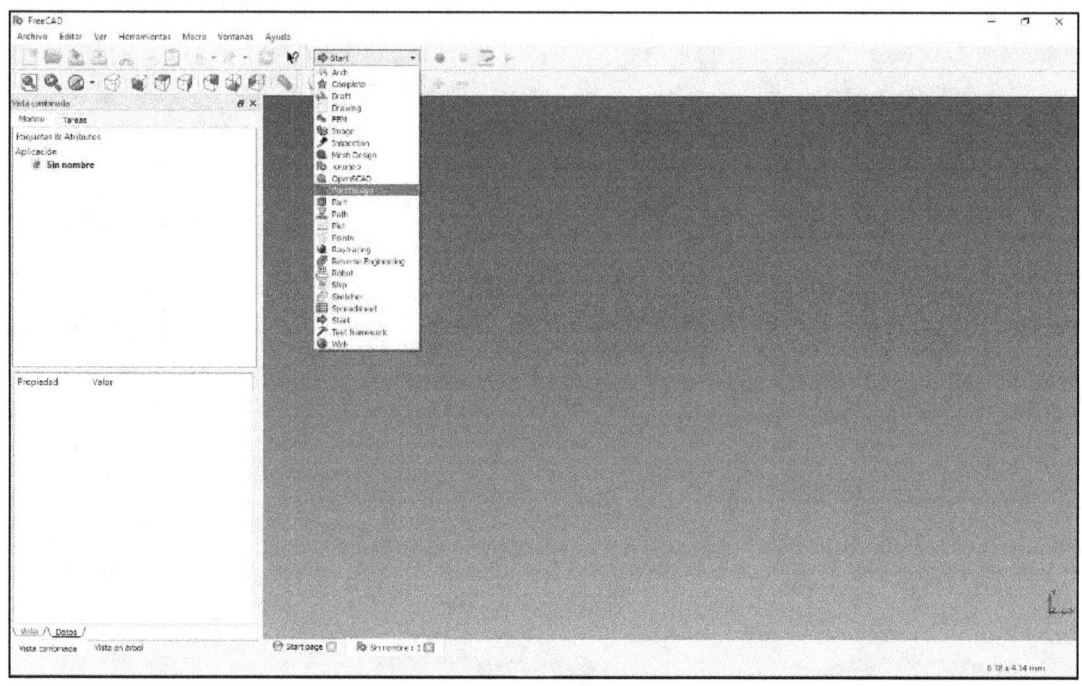

Los módulos de trabajo de FreeCAD

Ahora crearemos un nuevo croquis (arriba a la izquierda) sobre el plano XY, o sea, el suelo.

CAPÍTULO 6

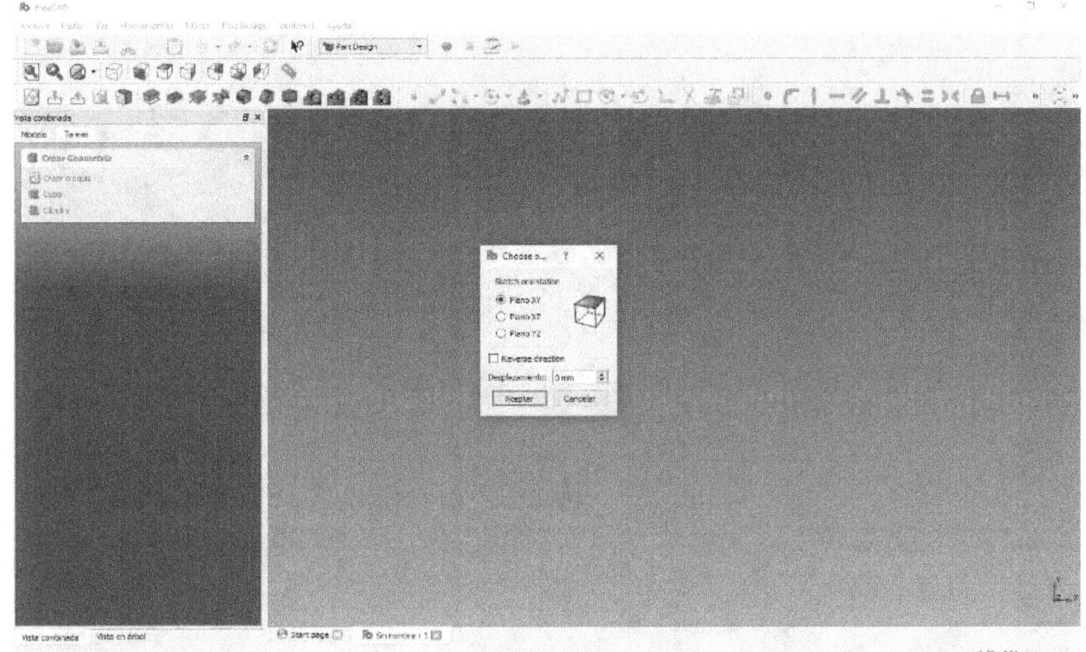

Creando croquis en planos de trabajo

Para crear nuestra figura le vamos a dar a la opción "polilínea", la cual nos dejará construir una línea detrás de otra (está en la barra de arriba, una que son tres líneas quebradas unidas por tres puntos rojos) y vamos a crear otra estrella. Para unir los puntos finales se tienen que haber puesto en amarillo.

INTRODUCCIÓN AL DISEÑO 3D

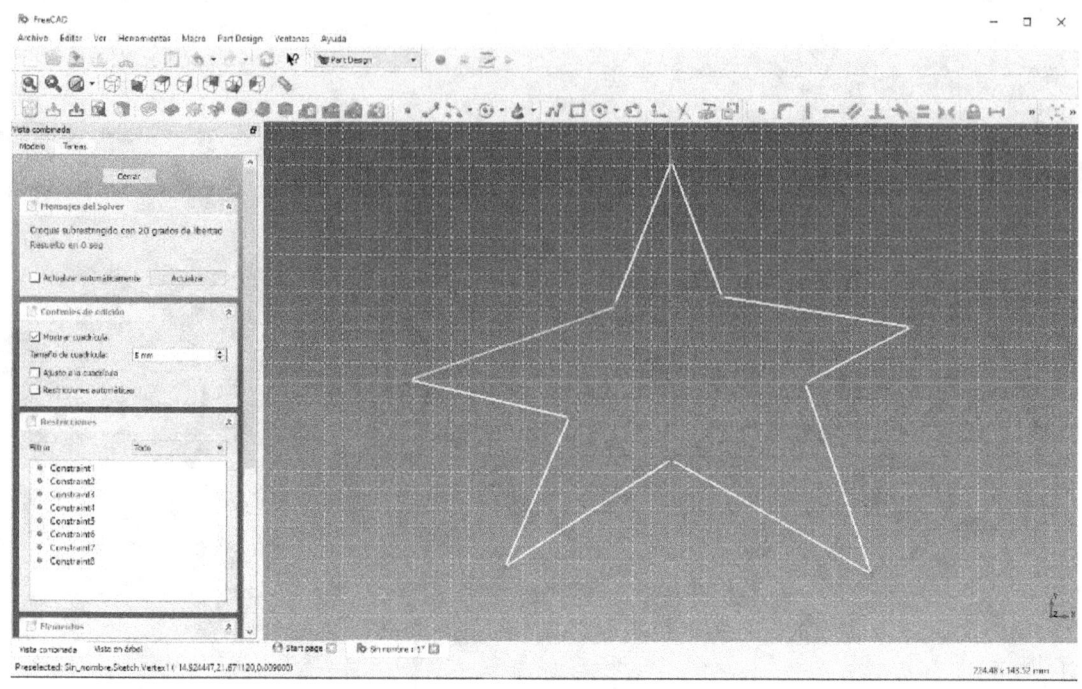

Croquizado básico de una estrella a mano alzada

También le vamos a meter un cuadrado dentro, para ello puede utilizar la polilínea otra vez o una opción para hacer cuadrados que hay en la parte superior.

CAPÍTULO 6

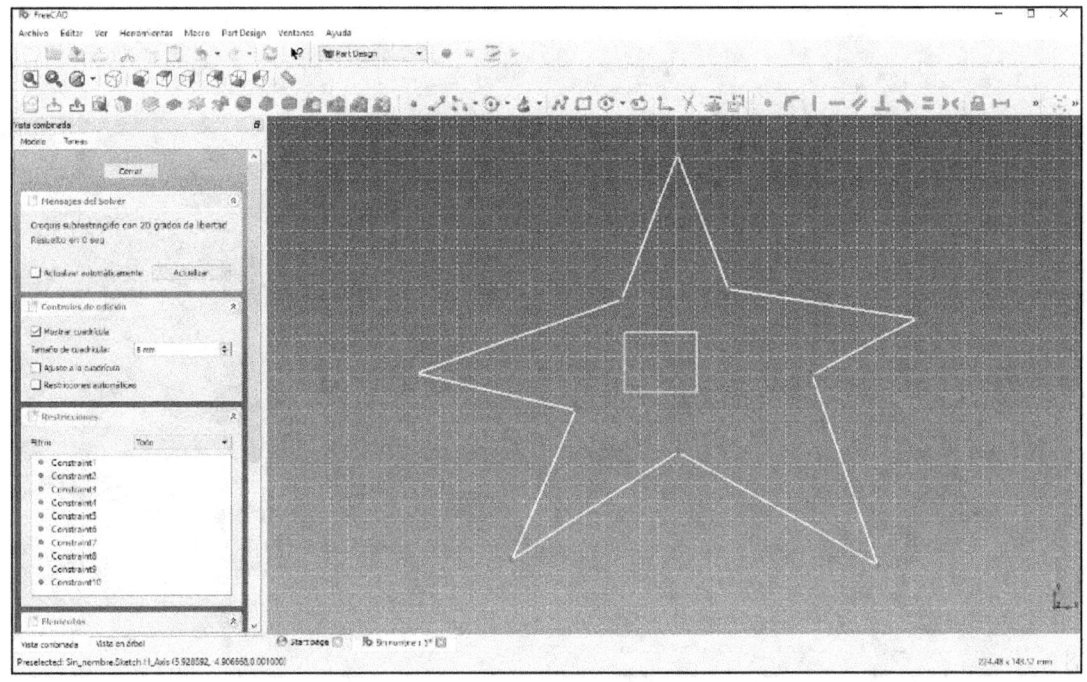

Croquizado básico de estrella + rectángulo a mano alzada

A continuación, salimos del croquis y pulsamos sobre "extruir croquis". Seleccionamos, le damos 10[cm] y aceptamos.

INTRODUCCIÓN AL DISEÑO 3D

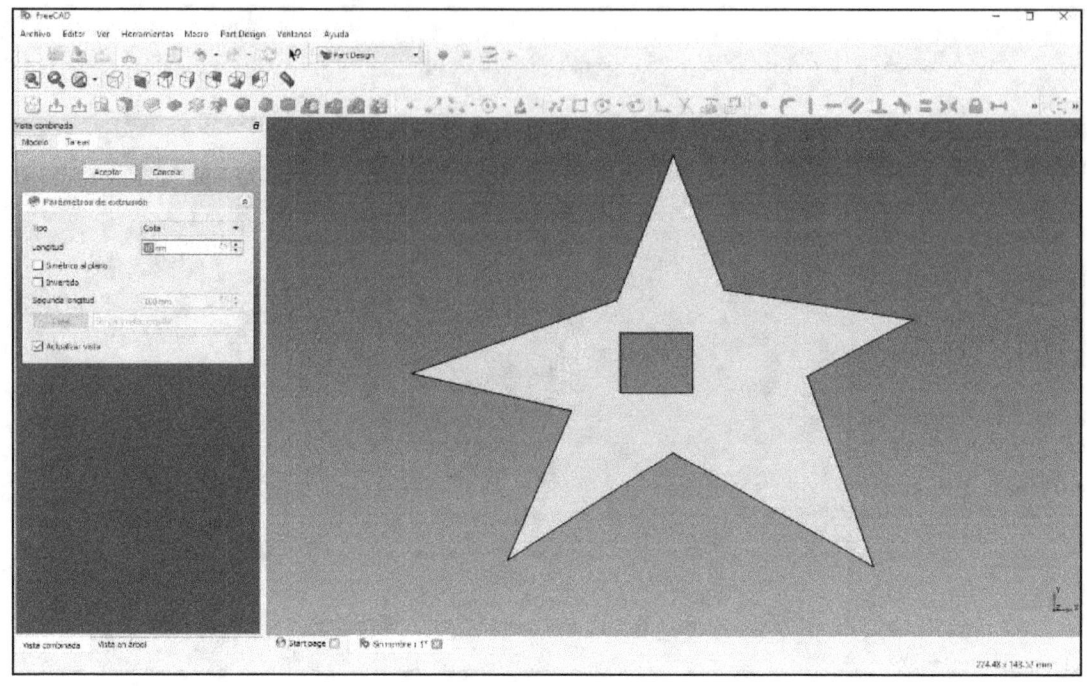

Extrusión del modelo 2D

Ya tenemos nuestra estrella hecha, y con lo que antes habíamos tenido que hacer dos objetos (la estrella y el cubo para restar), ahora solo tenemos que hacer uno. También se puede hacer un croquis para restar a una figura (como la resta de la operación booleana) o una pieza de revolución. Lo que quieras.

CAPÍTULO 6

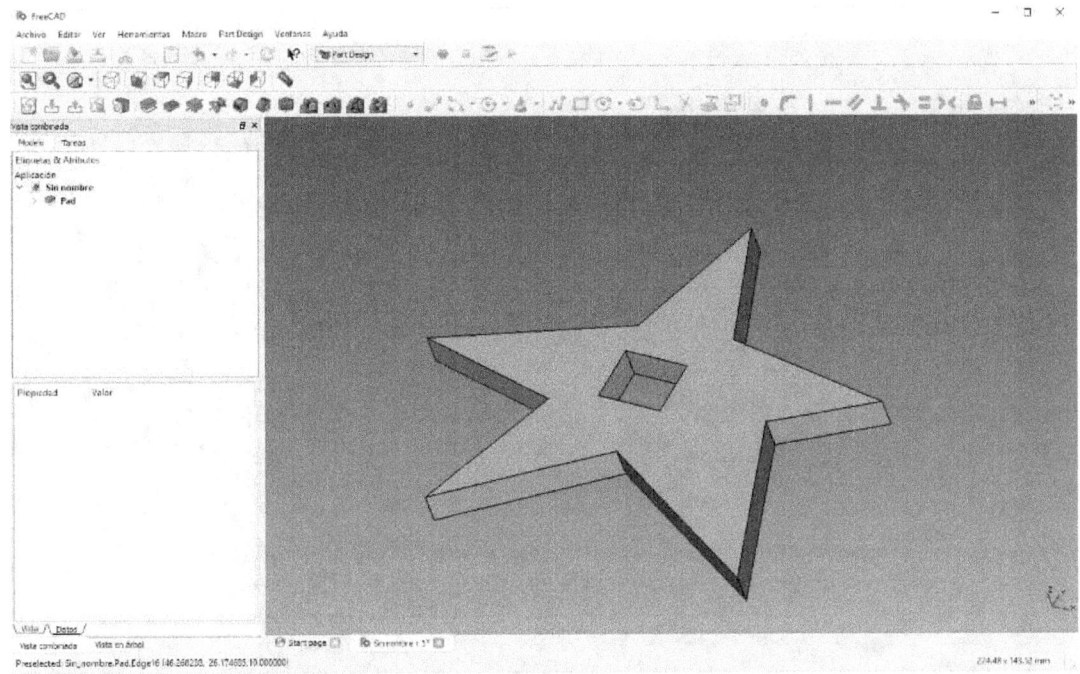

Modelo 3D en vista isométrica (en 3D, vamos)

Ahora practica con otra figura, ya verás como poco a poco le vas cogiendo el puntillo. Ahora vamos a seguir un poco más con los croquizados.

6.4- Mas croquizados y extrusiones: acotación y restricciones

Antes del siguiente ejercicio, vamos a aprender a acotar los croquis para darles medidas concretas. Para ello damos doble clic sobre el croquis que hemos hecho para volver a acceder a su edición.

INTRODUCCIÓN AL DISEÑO 3D

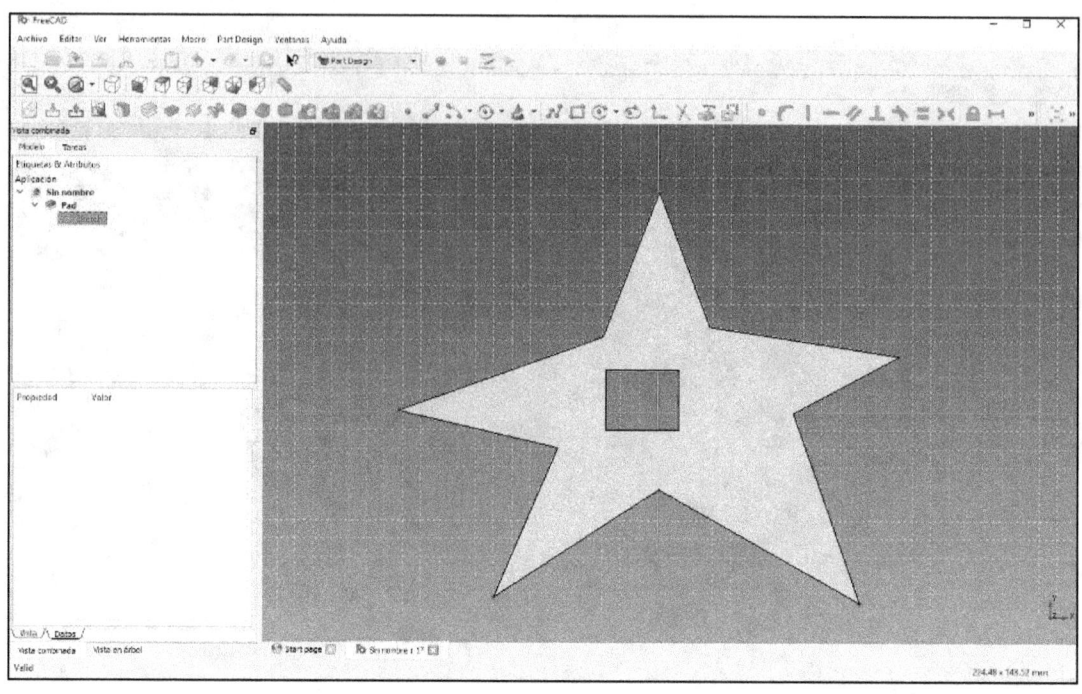

Ampliación de croquizados: modelo base

Seguidamente seleccionamos el punto superior de la estrella, y el inmediatamente inferior por la derecha con la tecla "Mayus". Verás que arriba a la derecha unas opciones nuevas se han puesto con color rojo. Le damos a la de acotar horizontalmente (el símbolo que parece una I con palitos arriba y abajo, tumbada).

CAPÍTULO 6

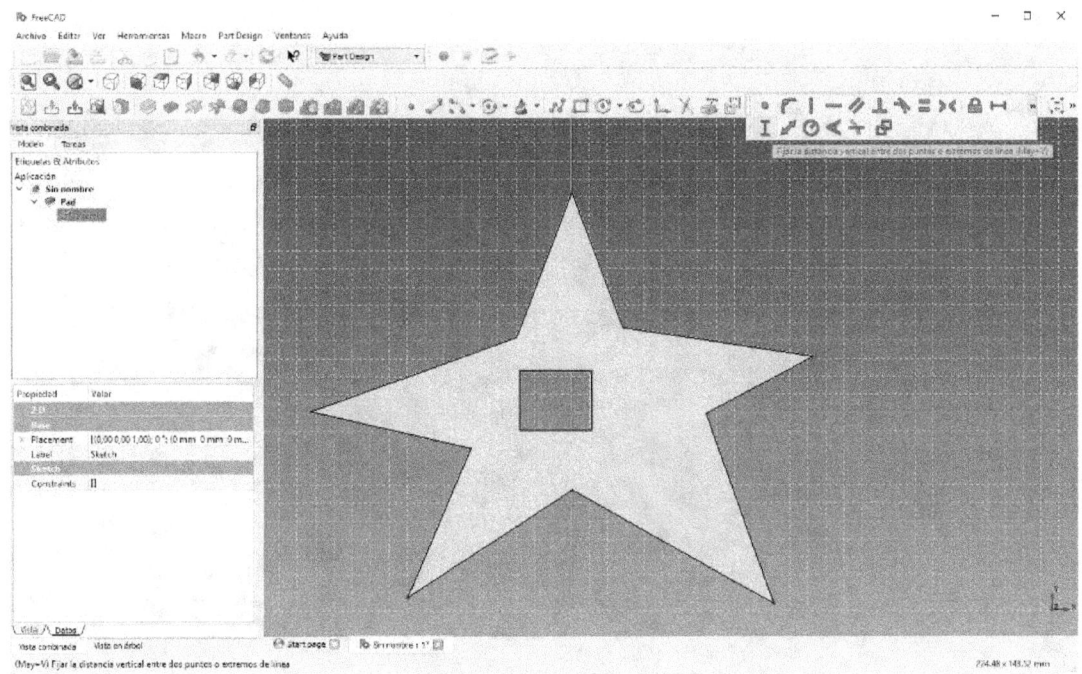

Ampliación de croquizados: restricciones

Nos preguntará cuanto le queremos acotar, y le damos a 40 cm. Ya está, tienes tu primera cota.

INTRODUCCIÓN AL DISEÑO 3D

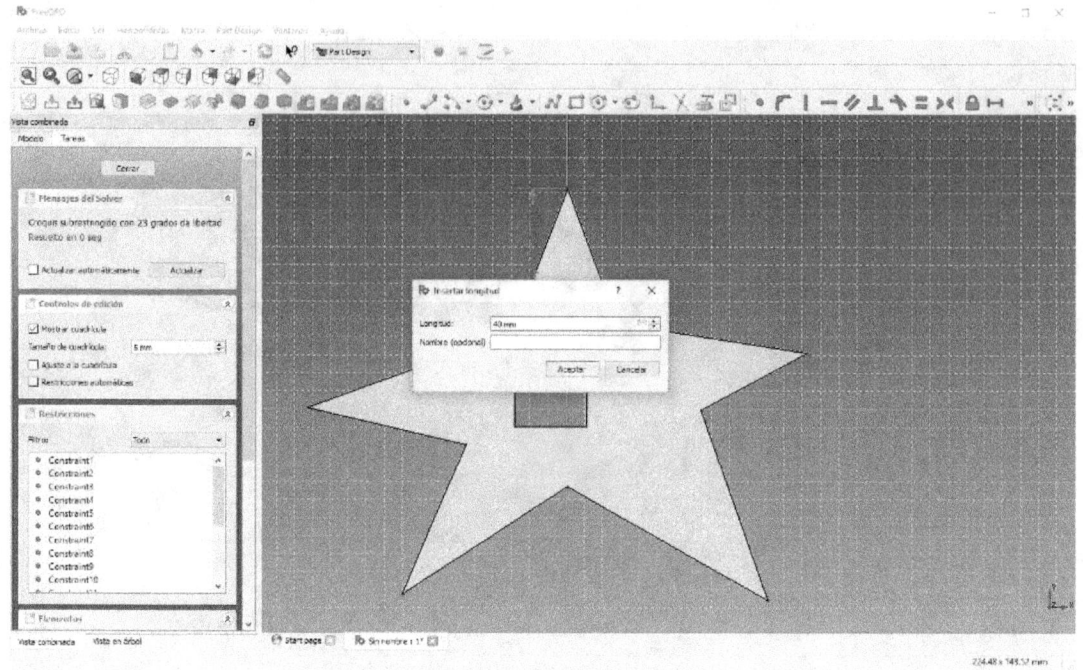

Ampliación de croquizados: restricciones

Ahora intenta acotarla entera, hasta que se quede en verde. Para quitarte el objeto 3D tan molesto que no te deja ver el croquis, pulsa sobre él y da la tecla "espacio", así desaparece. Por cierto, he quitado el cuadrado interior por simplificar las restricciones.

CAPÍTULO 6

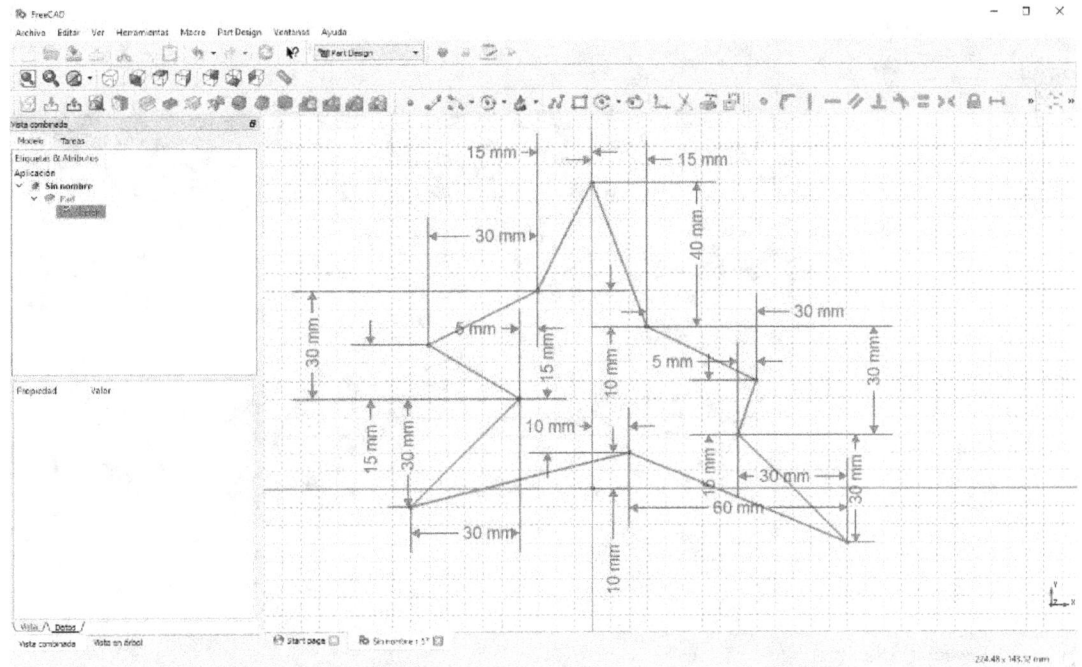

Modelo totalmente restringido mediante restricciones y cotas

El croquis se queda verde cuando ya no se puede mover nada de él, o sea, todas sus dimensiones están definidas, si intentaras mover algún punto con el ratón manualmente, no se podría (por cierto, se ve blanco porque he cambiado el fondo las opciones del programa, que sino, no se vería nada).

Si vamos ahora fuera del croquis, pulsando sobre "cerrar", veríamos que la estrella (un poco más fea que la de TinkerCAD jejej) ha cambiado.

INTRODUCCIÓN AL DISEÑO 3D

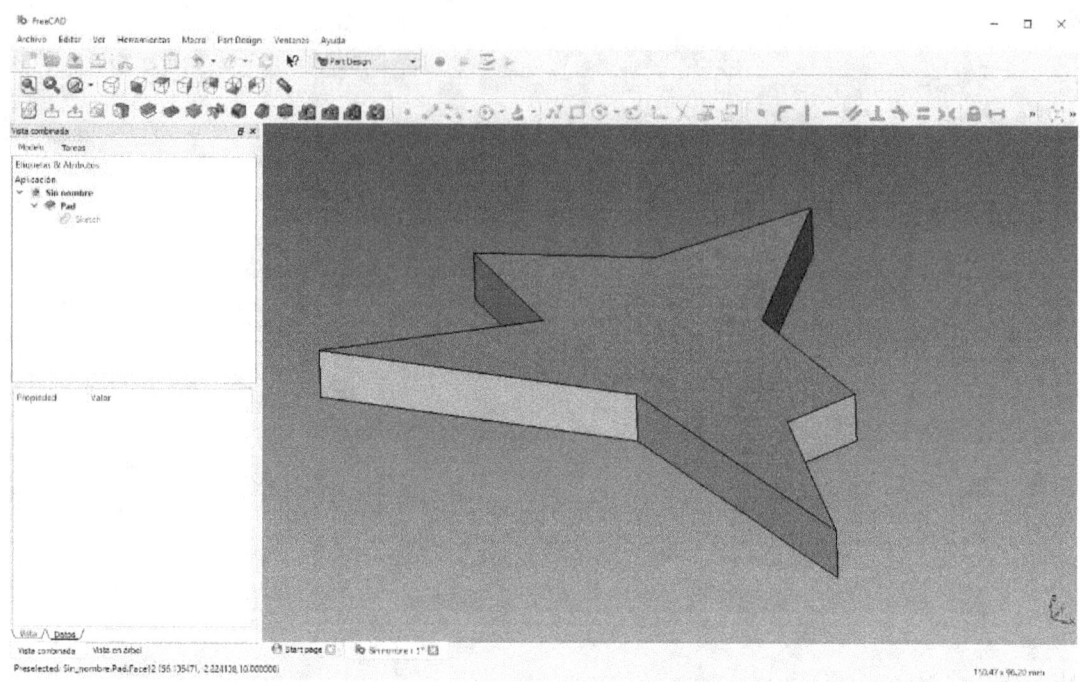

Nuevo modelo restringido extruido

Ahora solo te queda probar todas las opciones del croquis y restringirlo para que no se pueda mover. Tangencias, puntos coincidentes, radios, diámetros están a tu disposición. Una vez hecho, pasamos ejercicio número 5.

6.4-1.5º Ejercicio: ¿Te atreves con los croquis?

Este es el último paso antes de poder formar parte de la minoría que sabe diseñar en 3D lo que quiera. Esta vez te he preparado un llavero, tendrás que usar opciones que no hemos visto pero que están cerca de las que hemos usado. A ver qué tal se te da 😊

CAPÍTULO 6

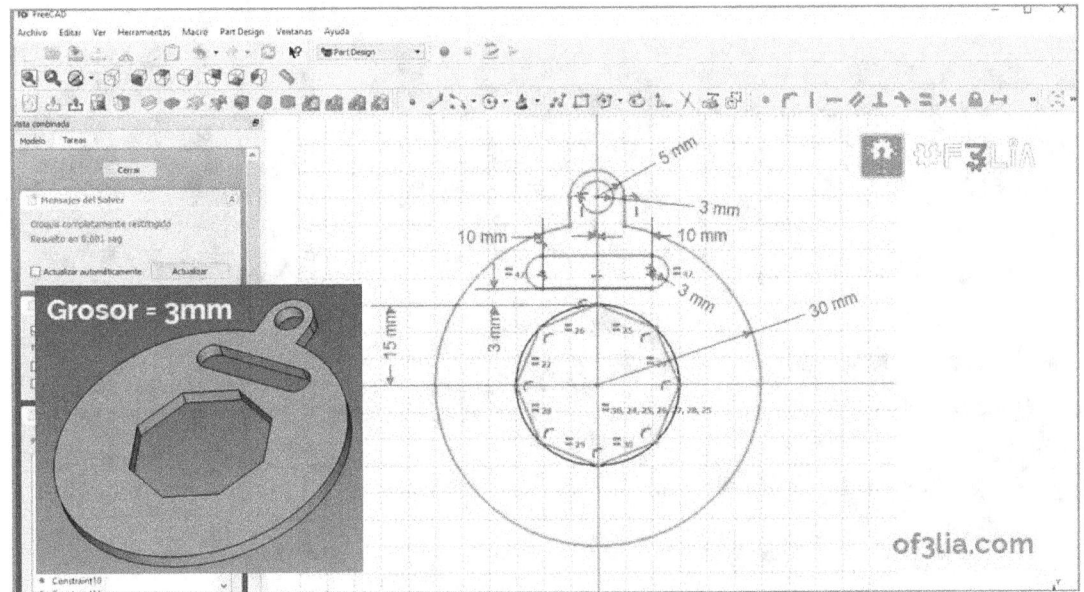

Ejercicio Nº5

6.4-2. Solución ejercicio 5

La parte más complicada de este llavero es la agarradera, primero por el posicionamiento de las circunferencias y después por el recorte de las mismas. Necesitamos un contorno cerrado por lo que la parte baja de la circunferencia superior que hemos utilizado para hacer la agarradera, debe desaparecer.

La posicionaremos de primeras haciendo que su centro coincida con la línea vertical en la que está la circunferencia mayor, así sabremos que está justo en el punto medio, y a continuación haciendo ambas circunferencias tangentes entre sí.

INTRODUCCIÓN AL DISEÑO 3D

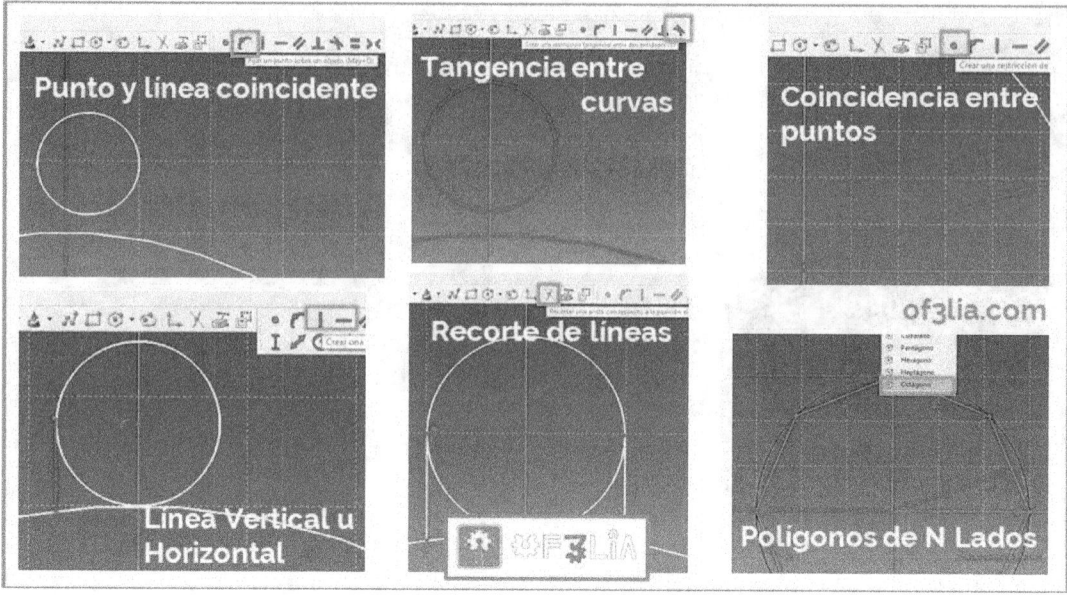

Explicación solución Ejercicio Nº5

Seguidamente haremos coincidir el centro de la circunferencia grande con el punto (0,0) del plano principal (intersección entre la línea verde y roja). Después haremos dos líneas tangentes verticales para cerrar la unión entre ambas circunferencias, y recortaremos lo que nos sobra con la herramienta de recorte.

Solo falta hacer los agujeros que serán 3: un rectángulo con lados curvos, un octógono central y una circunferencia para poder meter el llavero en el soporte. Lo extruimos 3mm y hecho, ya tenemos nuestro llavero.

Léete todos los pasos con atención las veces que haga falta, puede que las tres primeras veces te suene a chino, pero ya verás que poco a poco le irás cogiendo el truquillo. Hay mil formas de hacer lo mismo.

6.5- Programas de diseño 3D avanzado, seguimos ampliando.

Lo de enhorabuena es porque si has llegado hasta aquí es que te puedes considerar un experto del tema, ya que ahora mismo sabes bastante más que la mayoría.

CAPÍTULO 6

El resto del camino se hace caminando, y hasta el punto que quieras llegar. Yo el 90% de mis diseños los hago a partir de conjuntos de croquis complejos y si el diseño es muy sencillo, uso TinkerCAD y hago diseños lowpoly.

Si quieres seguir y profundizar más con diseños3D, te aconsejo dos cosas:

- Que aprendas Fusión 360 o Blender (en función de si quieres hacer figuras técnicas o artísticas). Ya los vimos en el capítulo de programas para impresión 3D.
- Que te compres una impresora 3D y des vida a tus modelos.

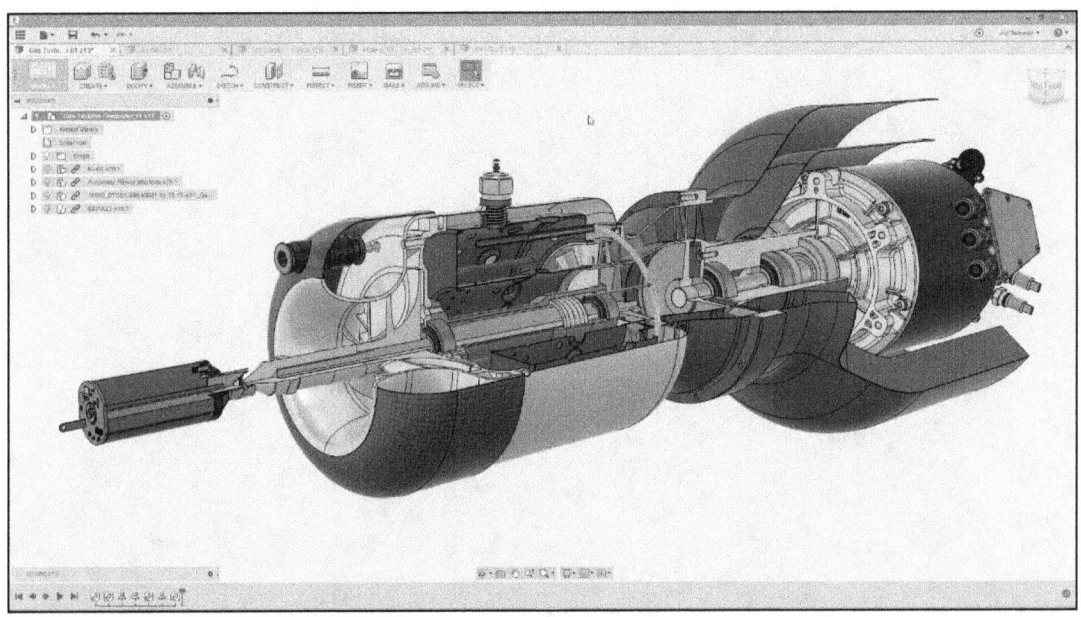

Ejemplo diseño FreeCAD (Fuente: door.decorhouse.us)

Y hasta aquí el capítulo de diseño 3D. Hemos ido viendo una visión general del mismo, tal y cómo se da en las carreras técnicas. El resto del trabajo le tienes que poner tú, y como siempre, no hay que forzarse, si te apetece bien y sino, para eso están los bancos de piezas.

Llegó la hora de laminar bien nuestros modelos, chúpate el dedo y pasa de página, que vienen curvas.

CAPÍTULO 7: PARTIENDO NUESTRAS FIGURAS EN CAPAS.

En este capítulo vamos a ver cómo utilizar nuestro software laminador, y he elegido Cura Ultimaker, ya que es gratuito, funciona bien y es muy potente.

Mucha gente hoy en día se está gastando 150€ de inversión en softwares como Simplify 3D porque no saben la potencia que tiene Cura Ultimaker, la de cosas que se pueden hacer con él o la cantidad de parámetros que se pueden tocar.

En este punto, nosotros no vamos a tocar todos, pero sí aprenderemos a modificar los básicos de manera muy correcta para que después puedas laminar tus piezas de 10.

No me entretengo más, vamos para allá 😊

7.1- Descargamos e instalamos Ultimaker Cura

Para instalar Ultimaker Cura, simplemente tenemos que irnos a la web oficial [https://ultimaker.com/es/software/ultimaker-cura] y seguir los pasos que nos dicen.

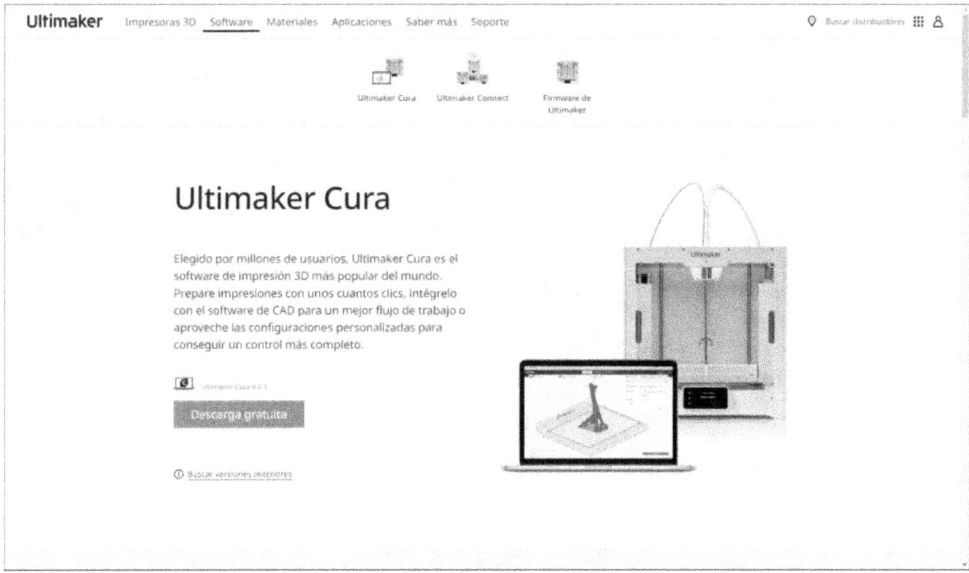

Página de descarga de Ultimaker Cura

PARTIENDO NUESTRAS FIGURAS EN CAPAS

Al abrir el programa seguimos las instrucciones que vimos en capítulos anteriores (la del tipo de impresora 3D que deberías coger).

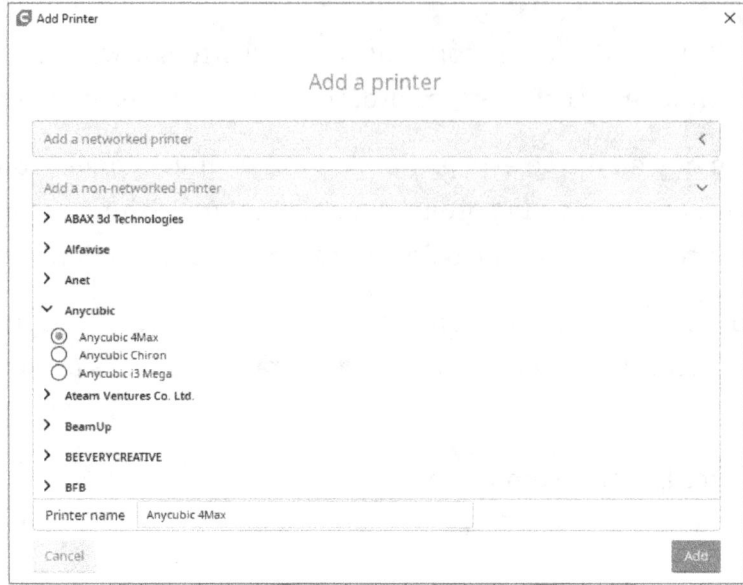

Añadiendo impresora a Ultimaker Cura

Y configurarla.

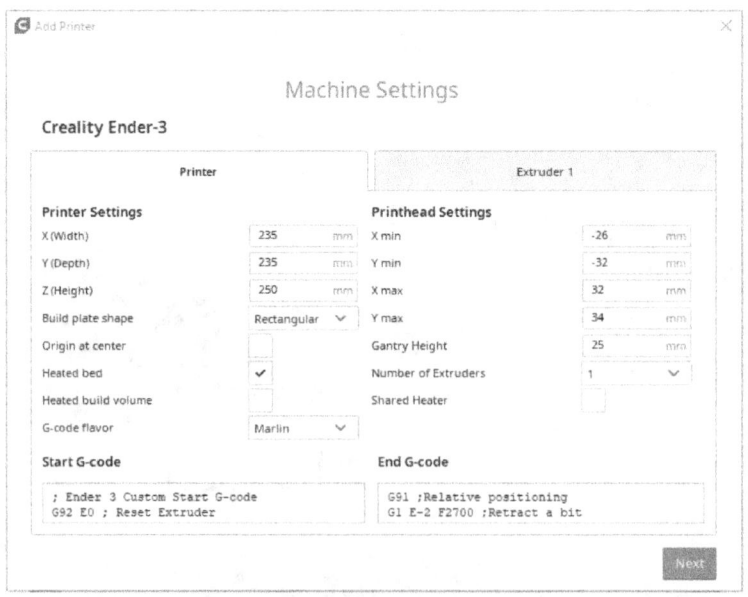

Configurando nuestra impresora 3D

CAPÍTULO 7

El paso de la configuración del volumen y el extrusor es muy importante ya que después cura te calculará los pasos del motor para hacer la pieza, y no es lo mismo un filamento de 3[mm] de diámetro que uno de 1,75[mm], sale mucha menos cantidad por paso del motor.

7.2- La interfaz de trabajo de Cura Ultimaker

Aquí te presento a la interfaz de Cura Ultimaker, nuestro software para impresión 3D y laminado. Básico y bastante intuitivo la verdad.

Es posible que cuando lo estés viendo haya cambiado un poco, pero las posibilidades serán las mismas, además casi todos los softwares de impresión 3D funcionan igual.

Ahora voy a ir punto por punto para que veas un poco de que va el tema, y después nos metemos al lío con lo que se puede hacer. Por lo tanto, estas son las partes del programa:

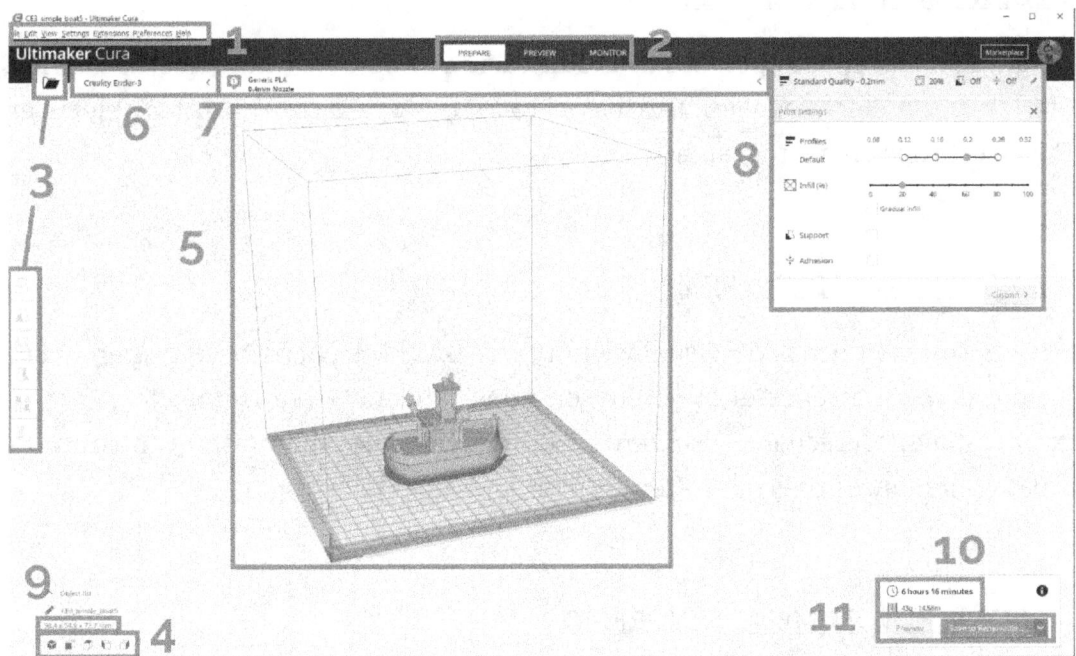

Interfaz de trabajo de Ultimaker Cura

PARTIENDO NUESTRAS FIGURAS EN CAPAS

ZONA 1: EL MENÚ

Este es el menú. Es prácticamente igual que en todos los programas por lo que te familiarizarás rápidamente con él. Desde el mismo podemos acceder a todas las opciones que tiene el programa 3D.

ZONA 2: OPCIONES DE LAMINACIÓN Y VISUALIZACIÓN

Esta son dos opciones para visualizar el programa. La primera es para preparar la impresión y el laminado de la pieza y la segunda para visualizar el archivo por capas. La tercera es para cuando imprimimos a través del USB de la impresora 3D en vez de por la SD insertada en la pantalla LCD.

En este segundo caso, la pantalla mostrará temperaturas y porcentaje de avance en la impresión mientras ésta se lleva a cabo. Probablemente casi nunca lo utilices.

ZONA 3: MODIFICACIÓN DE STL

Aquí se integran las opciones de modificación de objetos (moverlos, escalarlos, rotarlos, hacer efecto espejo) y arriba del todo, la carpeta para abrir los objetos en 3D e insertarlos en el programa.

ZONA 4: VISTAS DE LA PIEZA

Estas son las formas de visualización de piezas. Los cubos hacen referencia a qué posición va a tener el objeto desde nuestra vista, vista isométrica, cara de arriba, abajo, derecha o izquierda. El desplegable mostrará 3 formas de visualización muy útiles que veremos más adelante.

ZONA 5: EL VOLUMEN DE IMPRESIÓN

Este es el sitio donde veremos nuestra pieza en 3D. El tamaño del cubo es exactamente el volumen de impresión configurado de nuestra impresora 3D. Este volumen determinará las dimensiones máximas que se pueden imprimir. Si por ejemplo nuestro cubo (o volumen de impresión de nuestra impresora 3D) tiene una altura de 15[cm] y metemos una figura de un dragón de 17[cm] de alto, no cabrá en el cubo y por lo tanto no quedará más remedio que partir el modelo 3D.

ZONA 6: LA IMPRESORA 3D

Esta es la configuración de la impresora 3D elegida, como antes hemos elegido la Prusa I3, pues ahí está, la Prusa I3.

ZONA 7: EL MATERIAL DE IMPRESIÓN

Este es el material que se utilizará en las impresiones. Simplemente tiene en cuenta el color, el tipo y cuanto te costó. Es más para un inventario, cuando tienes muchas bobinas, que para imprimir en sí.

ZONA 8: OPCIONES DE LAMINACIÓN

Estas son las opciones de laminación, o sea, como se va a comportar tu máquina frente a la impresión (velocidad de impresión, temperatura de impresión, tipo de adhesión a la cama caliente etc...). Tienes las recomendadas (Recommended), que ya las vimos anteriormente, o unas hechas por ti (Custom).

ZONA 9: LAS DIMENSIONES DE LAS PIEZAS

Aquí veremos las dimensiones de la pieza: largo, ancho y alto.

ZONA 10: EL TIEMPO DE IMPRESÍON

Aquí el programa nos dirá cuanto tiempo va a llevar la impresión 3D (te adelanto que siempre tarda un rato más del estimado) y la cantidad de metros o gramos que se están utilizando de material de tu bobina. Si le metes el precio por kilogramo de la bobina que estás usando, te calcula el costo de la pieza de forma aproximada (ya que también tienes que tener en cuenta la energía que consumes).

PARTIENDO NUESTRAS FIGURAS EN CAPAS

ZONA 11: LA CARGA DEL G-CODE

Finalmente tenemos el botón para guardar nuestros parámetros de impresión en un pincho. Hay formas de que el programa detecte directamente si lo que metes es una tarjeta SD e introducirlo ahí.

Bien, ahora que hemos visto grosso modo qué es cada zona, vamos a verlas más a fondo para ver lo que te puede ofrecer cada una.

7.3- El menú de navegación y sus posibilidades.

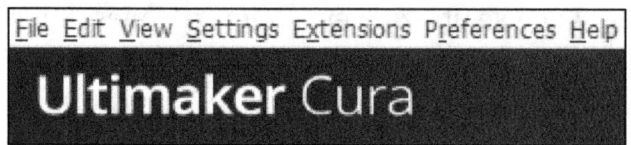

Menú principal

El menú de navegación de Cura es como un menú de navegación normal y corriente pero con algunas cosas que te convendría conocer. Los apartados "File" and "Edit" pasamos de ellos de primeras, no nos interesan.

Después llega "View",

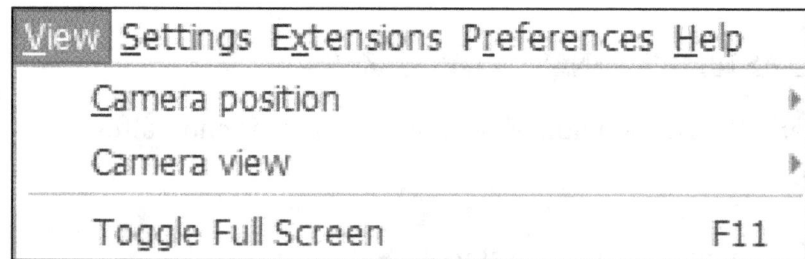

Opciones de "View"

La parte de "Camera position" se refiere a la Zona 4, por lo que la dejaremos a un lado.

CAPÍTULO 7

En "Camera View", podemos cambiar la vista de "Perspectiva" a "Perspectiva Ortográfica". Esta perspectiva se suele utilizar en dibujo arquitectónico y demás para ver puntos de fuga y en teoría ver un dibujo más realista con respecto al ojo humano. Yo no la suelo poner.

Pasamos por encima a la opción de "Settings" que toca cosas que veremos más adelante y nos adentraremos en "Extensions", dónde encontraremos el jugo de este aparatado.

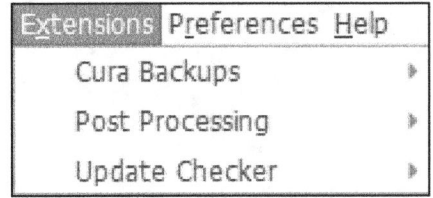

Extensiones en Ultimaker Cura

7.3-1. Cura y las copias de seguridad

Cuando lleves un tiempo usando Cura Ultimaker, te darás cuenta de que cuando cambian de versión, todos nuestros parámetros de configuración se van a la porra, y es que Cura crea un nuevo directorio por versión en nuestro Disco Local, y se hace un lío entre versiones.

Para ello, tenemos aquí la opción de "Cura Backups", dónde podremos gestionar nuestras copias de seguridad en Cura, para que cuando instalemos una nueva versión, guarde todo.

PARTIENDO NUESTRAS FIGURAS EN CAPAS

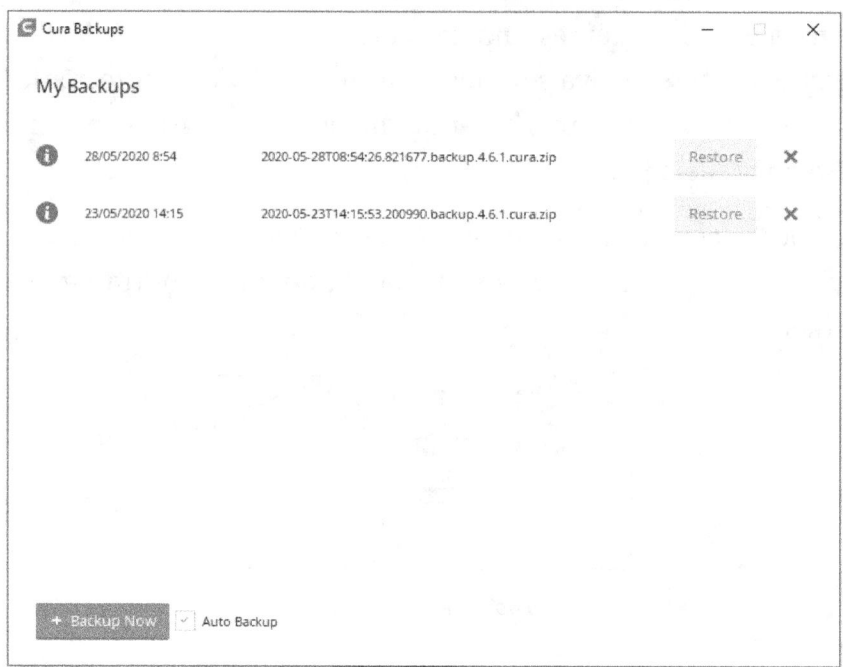

Copias de seguridad de Ultimaker Cura

Para poder usarla, necesitamos hacernos una cuenta en su plataforma en el icono arriba a la derecha.

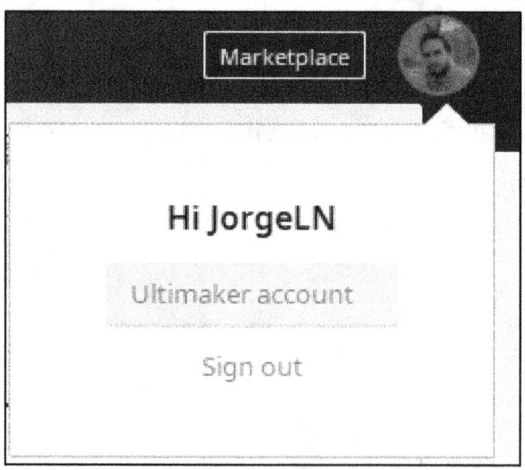

Cuenta de Ultimaker Cura I

Esta cuenta es gratuita y se hace desde internet.

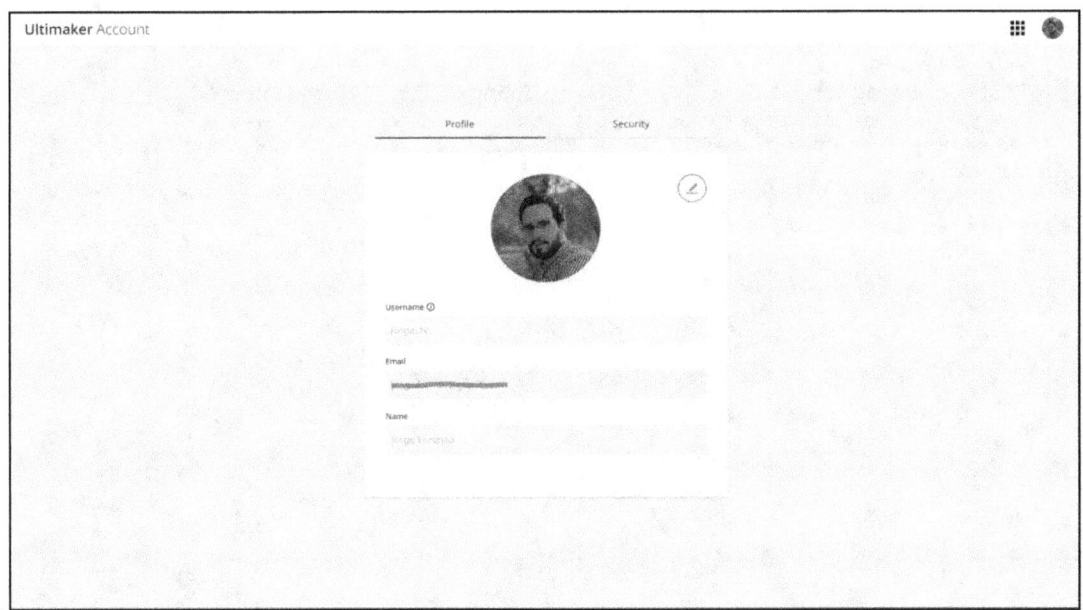

Cuenta de Ultimaker Cura II

Por cierto, los archivos externos o perfiles de configuración que no sean propios de Cura, como los de las Artillery (que no están por defecto en la mayoría de las versiones), no te los guarda, se los tienes que meter manualmente copiando y pegando carpetas en el programa.

7.3-2. Los plugins de modificación del G-Code

Esta es una de las partes que más me gustan de Cura y que nadie utiliza, seguramente porque la desconocen y son los plugins de modificación del G-Code. Con ellos podemos añadir funcionalidades a Cura como cambiar de color de filamento en una capa concreta o ir aumentando la temperatura según capas para hacer una torre de calibración de temperaturas.

PARTIENDO NUESTRAS FIGURAS EN CAPAS

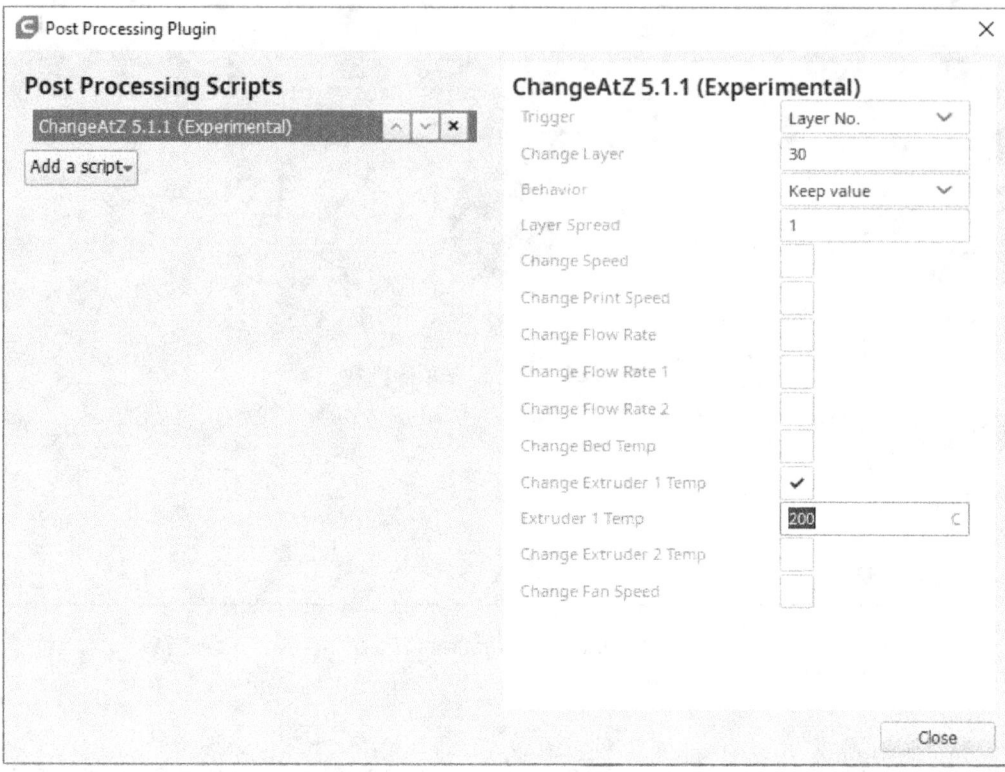

Scripts de Post Procesado en Cura Ultimaker

Cada Script tiene unos parámetros de configuración, por ejemplo, en el que ves más arriba decimos que suba la temperatura a 200[ºC] en la capa número 30, y que mantenga el valor hasta el final de la pieza. El 1 de "layer spread" es para que suba la temperatura de repente, no gradualmente a medida que termina la pieza.

7.3-3. El Chequeo de actualizaciones de Cura.

La última pestaña solamente chequea las actualización de Cura para poder descargarlas, muy fácil ☺ .

Chequeo de actualización en Cura

CAPÍTULO 7

7.3-4. La configuración de preferencias

Si seguimos un poco más hacia la derecha, vemos la configuración de preferencias de Cura.

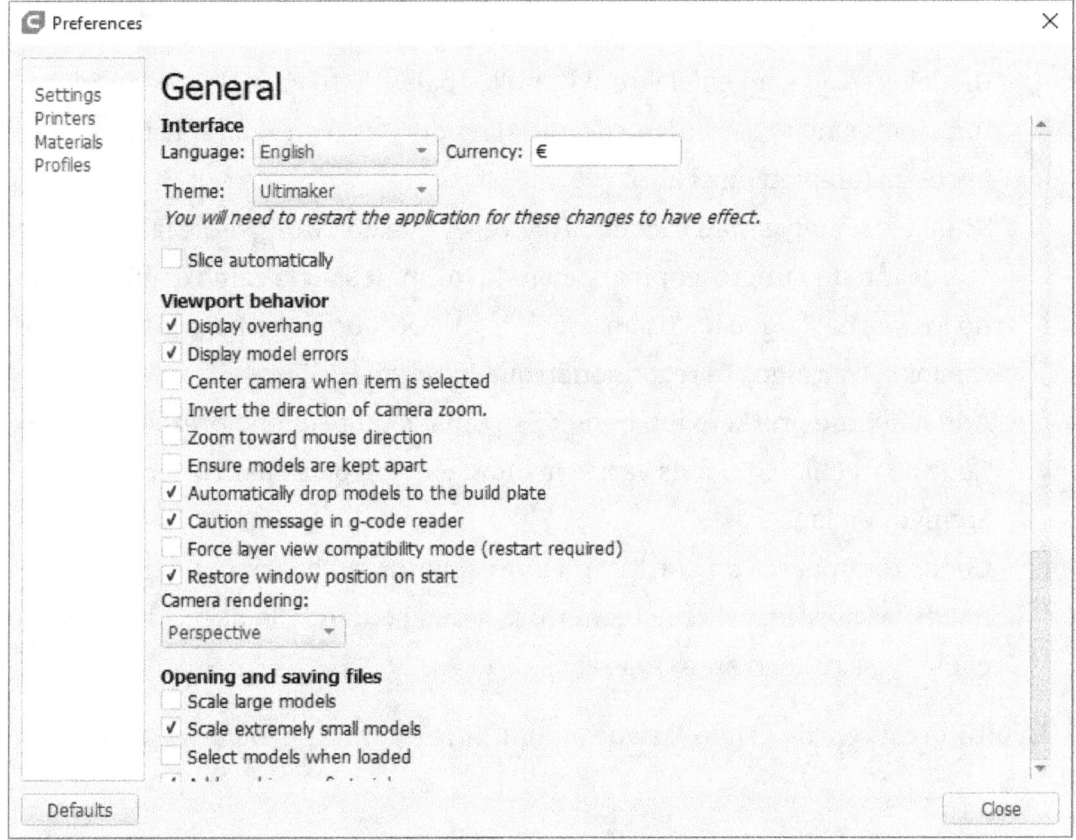

Opciones generales de Ultimaker Cura

¿Cuáles son las más interesantes? Para mí las siguientes:

- **Language:** Te permite cambiar el idioma a español. Yo ya me he acostumbrado al inglés, pero mucha gente lo agradece.
- **Theme:** Te permite cambiar la interfaz de Cura a su versión en negro u otras versiones. A mí me gusta la versión blanca por defecto.
- **Slice automatically:** Es para que cada vez que cambies un modelo lo lamine de forma automática, a mí no me gusta porque si quiero cambiar

PARTIENDO NUESTRAS FIGURAS EN CAPAS

muchas cosas en un modelo, se ejecuta cada vez que cambio algo y eso consume muchos recursos del ordenador.

- **Display overhang**: Te dice en zonas rojas de la pieza dónde necesita soportes dicha pieza.
- **Automatically drop models to te build plate:** Si no activas esto los modelos se quedan en el aire si tu no les bajas. Esto es malo, porque si imprimes y no te das cuenta de que el modelo está en el aire, la impresora lo creará también en el aire.
- **Scale extremely small models:** Hay veces que en Thingiverse la gente sube stls de tamaño microscópico, y cuando los metes en la cama de impresión, no los ves hasta que haces un zoom de x1.000.000. Esto hace que por lo menos se vea algo. Te recomiendo que lo actives.
- **Add machine prefix to job name:** Esto añade un pequeño prefijo en el G-Code de trabajo. Si tienes varias máquinas es algo útil para diferencia archivos en la SD.
- **Check for updates on start:** Mira a ver si hay actualizaciones del software nada más abrirlo, está bien tenerlo la verdad (cuando lo hagas, haz una copia de seguridad antes, ya sabes).

La última carpeta de "Help", tiene alguna guía y demás, nada reseñable.

7.4- Las zonas de trabajo

Zonas de trabajo principales de Cura Ultimaker

Estas son las principales zonas de trabajo de Cura, y la forma que vamos a tener de visualizar la pieza en diferentes formas.

El primero "Prepare", se utiliza para cuando queremos posicionar los objetos en la base de impresión, aquí el modelo se ve como si fuera un stl normal, liso y sin capas. Nos hacemos una idea de cómo se imprimirá todo en la base de impresión, además de poder configurar tanto nuestra impresora como el material.

El menú de "Monitor" sirve para imprimir desde nuestro ordenador, algo muy útil si no tienes tarjeta SD. Personalmente no lo utilizo nunca, ya que prefiero imprimir desde un dispositivo externo, a tener un cable conectado 7 horas al ordenador.

Finalmente vemos el módulo "Preview", el módulo que más interesante me parece con diferencia. Aquí nos vamos a poner unas gafas para ver la pieza como la ve la impresora 3D. Para ello, primero la tenemos que laminar con los parámetros que haya en ese momento, si cambiamos alguno, volverá a aparecer nuestro modelo en gris, diciéndonos que tenemos que volver a laminarlo.

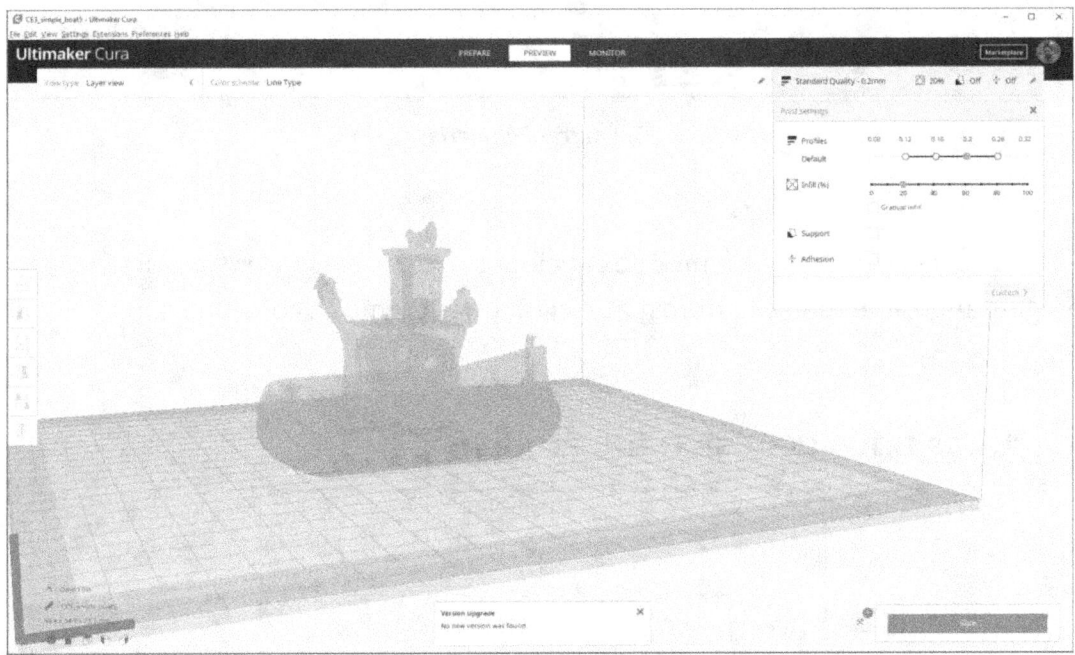

Figura antes de laminarla

Una vez pulsado el botón de laminación (salvo que tengamos la laminación automática activada como he comentado antes) se verá así el modelo:

PARTIENDO NUESTRAS FIGURAS EN CAPAS

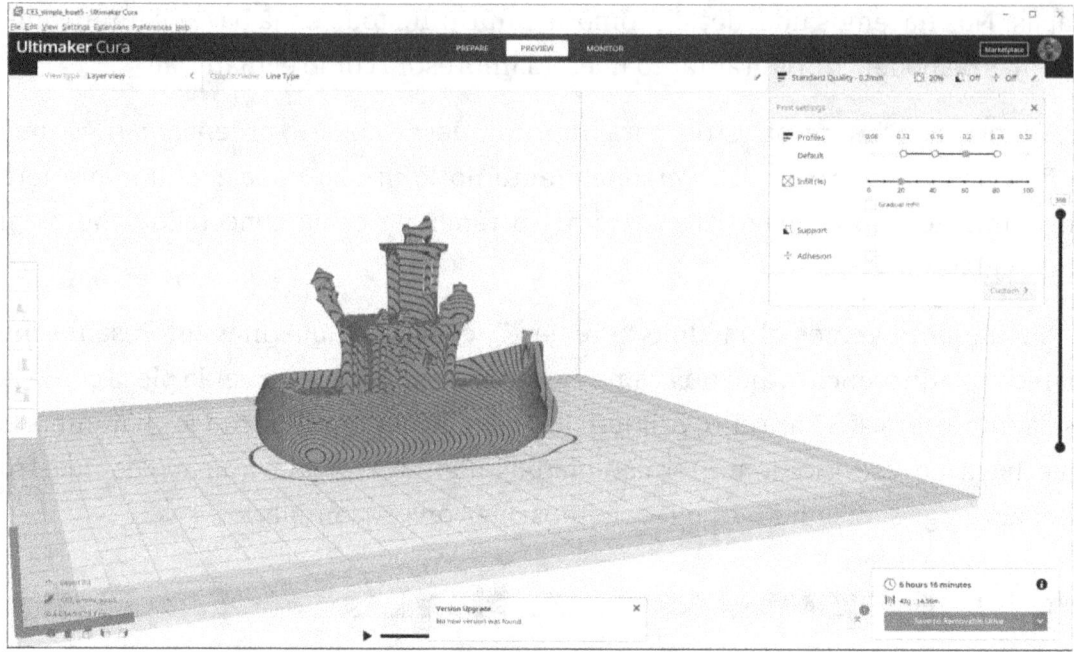

Figura tras laminarla

Dentro de este visor, tenemos dos opciones muy interesantes (y sí, si te lo estás preguntando aquí todo es interesante jejej), que veremos a continuación.

7.4-1. Los tipos de visión del archivo

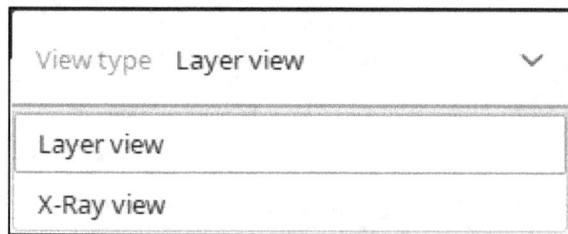

Tipos de visionado en Cura Ultimaker

Si damos al desplegable de la izquierda, vemos que tenemos la visión de capas, la de más arriba y la visión de rayos X.

CAPÍTULO 7

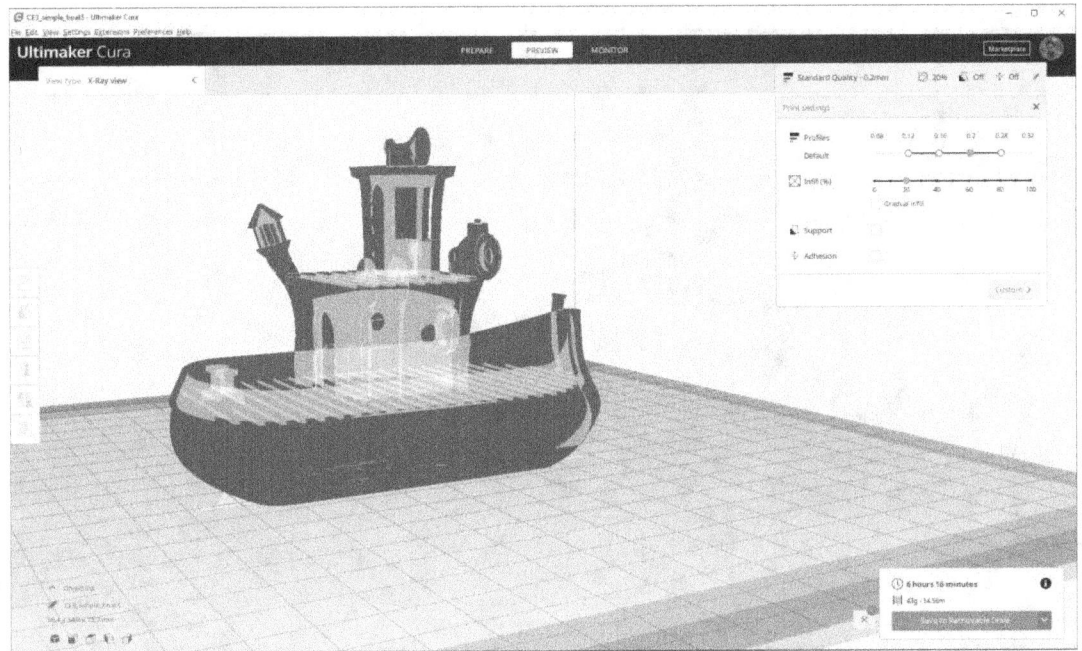

Vista de Rayos X

La visión de capas sirve para ver cómo se fabricará la impresora, hasta ahí todo correcto.

La visión de rayos X, nos muestra todos los escondrijos de la pieza y huecos ¿para qué? Porque hay modelos stl corruptos que se han exportado mal, y tienen huecos internos que no nos esperamos.

Por lo tanto, el modelo de visión de rayos X es un visor para detectar fallos en modelos 3D, no sirve para nada más.

Volviendo al visionado por capas, vamos a fijarnos en dos barras que aparecen, una debajo y otra a la derecha.

PARTIENDO NUESTRAS FIGURAS EN CAPAS

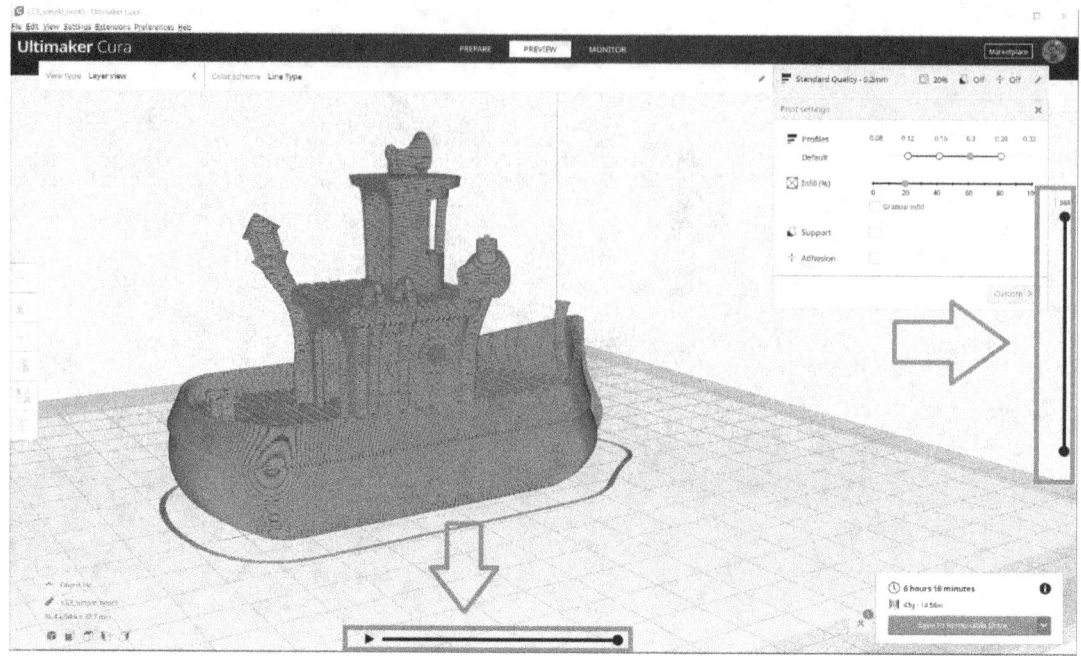

Sliders de visionado por capas

La de la derecha es el número de capas que tenemos, y la vista del modelo en esa capa en concreto, si bajamos hasta la capa 60, veremos cómo será dicha capa y, por lo tanto, también los rellenos de nuestra pieza.

CAPÍTULO 7

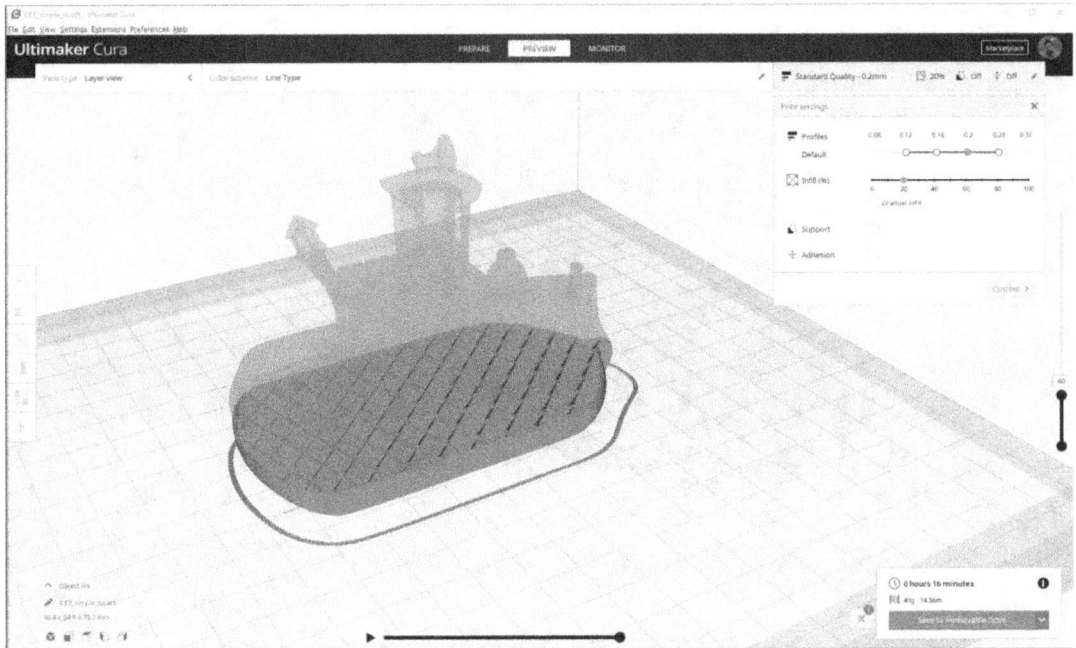

Visionado de la capa 60

Lo de abajo es un simulador de fabricación, nos mostrará cómo se moverá la boquilla creando esa capa en concreto. La simulación es exacta, ese es el recorrido que hará el "nozzle" en el desarrollo de la pieza.

PARTIENDO NUESTRAS FIGURAS EN CAPAS

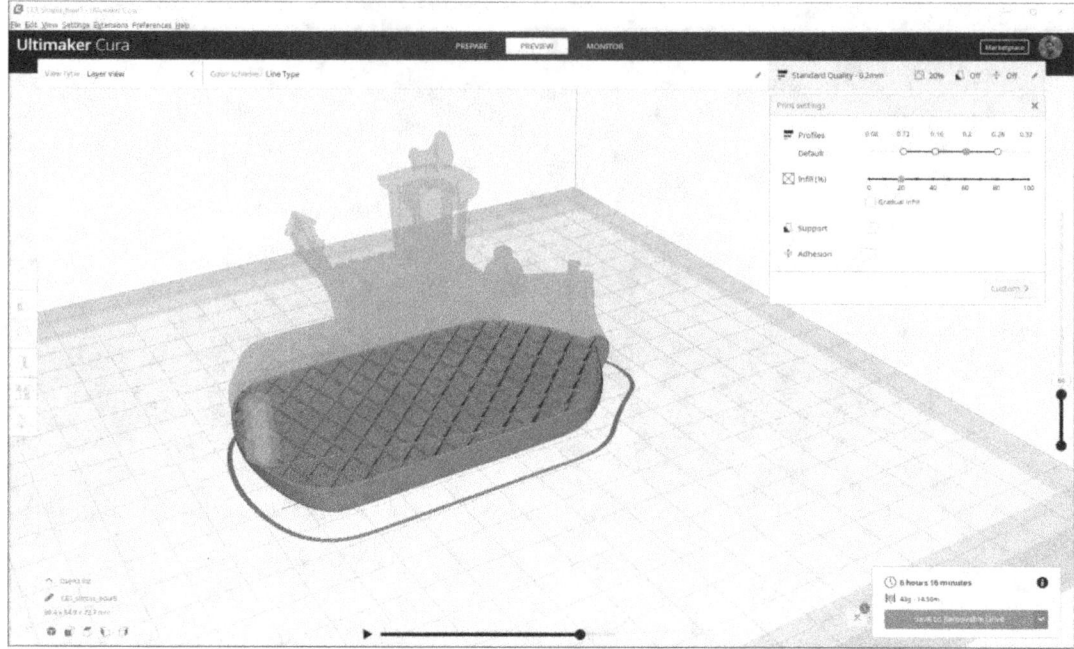

Simulación de la fabricación de la capa 60

La verdad es que es una maravilla, te ayuda a ver por dónde se moverá el hotend o a entender qué tipos de fallo puede tener una pieza en su extrusión; como por ejemplo si hay una capa con menos material porque el hotend tiene traslados muy largos de un punto a otro y el filamento gotea por la boquilla.

7.4-2.Las configuraciones de color

En las configuraciones de color hay 4 tipos de visionado de capas. Cada uno sirve para hacernos una idea de la característica de impresión para un determinado parámetro en Cura Ultimaker.

CAPÍTULO 7

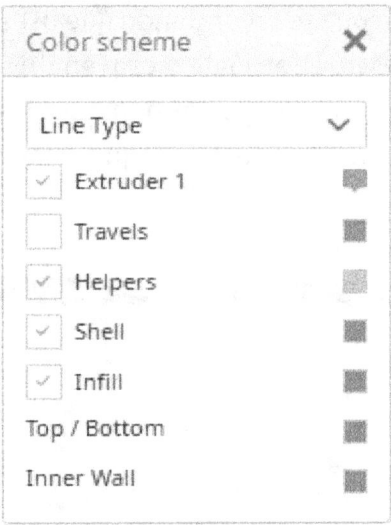

Color Scheme en Cura

La primera, "Material Color", nos sirve para ver de un color lo que imprime cada uno de los extrusores. Esto como verás, solo tiene sentido cuando trabajamos con varios extrusores, ya que sino todo saldrá del mismo color.

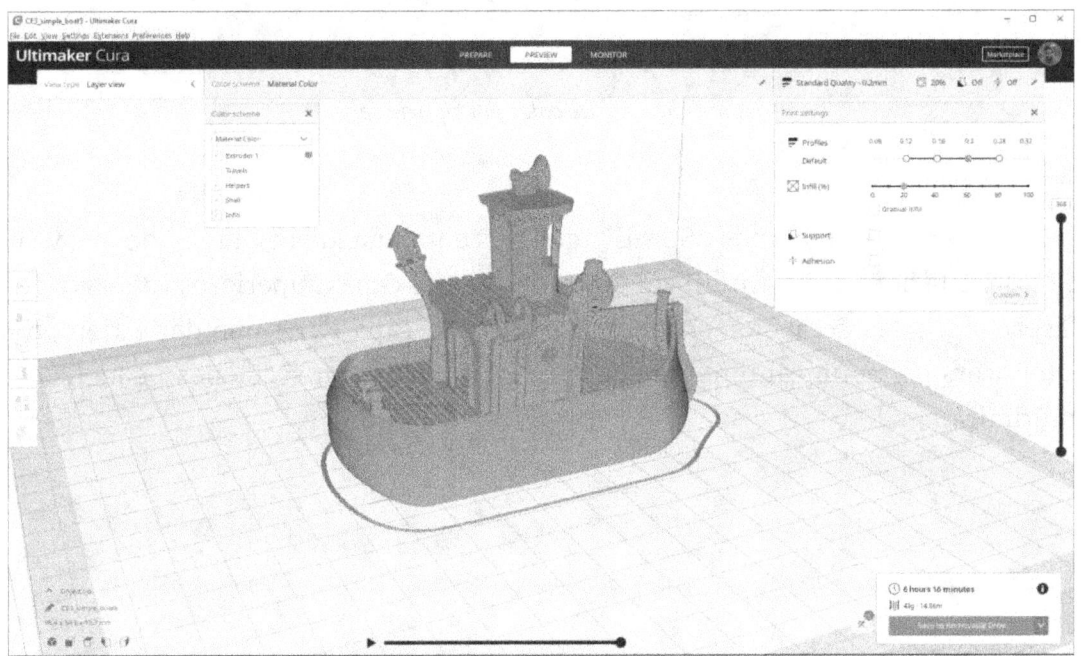

Configuración de color por material

PARTIENDO NUESTRAS FIGURAS EN CAPAS

En segundo lugar, está la que te recomiendo que uses, "Line Type". Esta nos da una idea de cada tipo de construcción en la pieza (en B/N no se distingue muy bien), como capas exteriores, interiores, soportes o incluso los movimientos que hace el extrusor sin imprimir nada "Travels", aunque esta no te recomiendo que la actives.

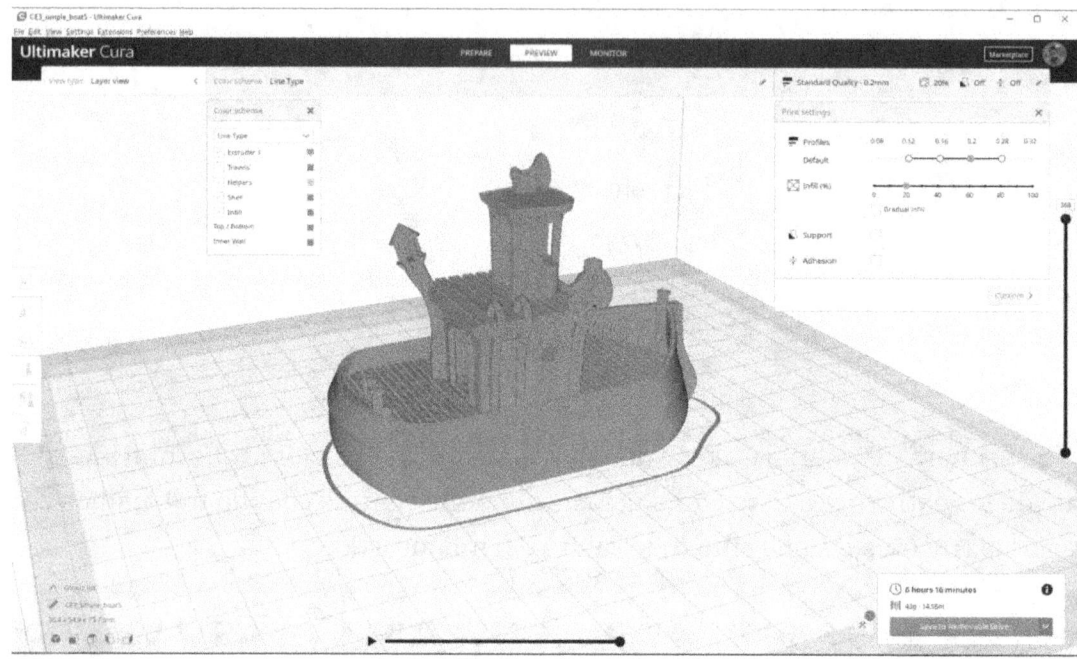

Configuración de color por tipo de capa

En tercer lugar, tenemos "Speed", que nos dará una idea de lo rápido que va el extrusor a la hora de imprimir, como puedes ver las capas superiores van algo más despacio que las de abajo ¿por qué? Porque a la capa tiene que darle tiempo a solidificarse, y si imprimimos muy rápido, las capas con secciones pequeñas se imprimirán mal.

CAPÍTULO 7

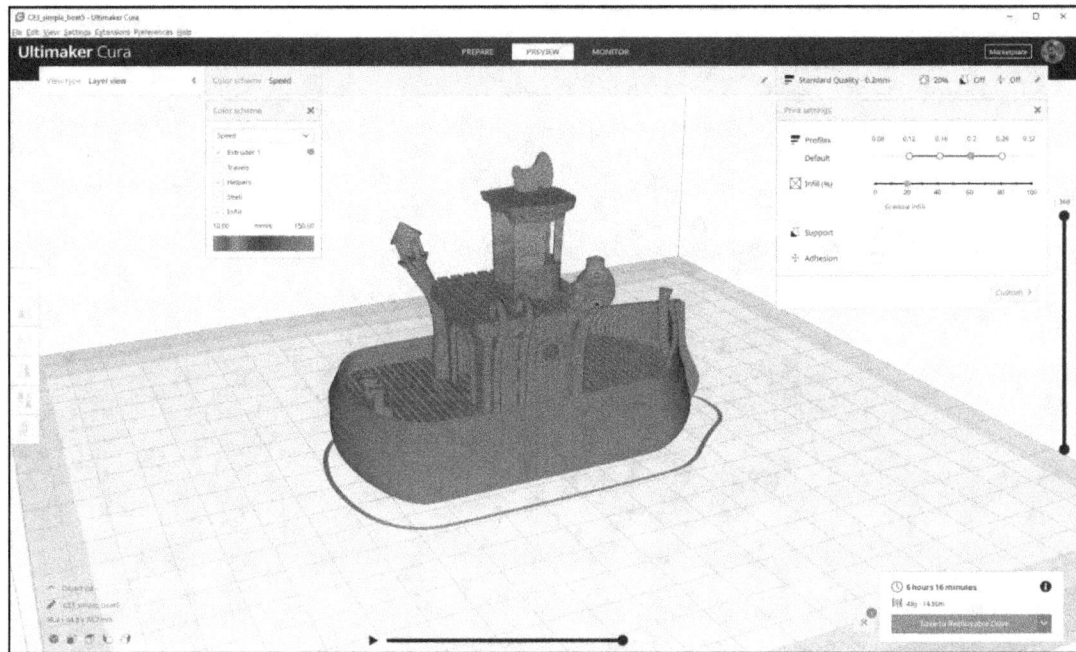

Configuración de color por velocidad

Puedes observar que, dentro de este mismo esquema, el relleno va más rápido que los contornos, ya que los contornos nos interesa hacerlos despacio para que queden bien, ya que será la parte visible de la pieza.

PARTIENDO NUESTRAS FIGURAS EN CAPAS

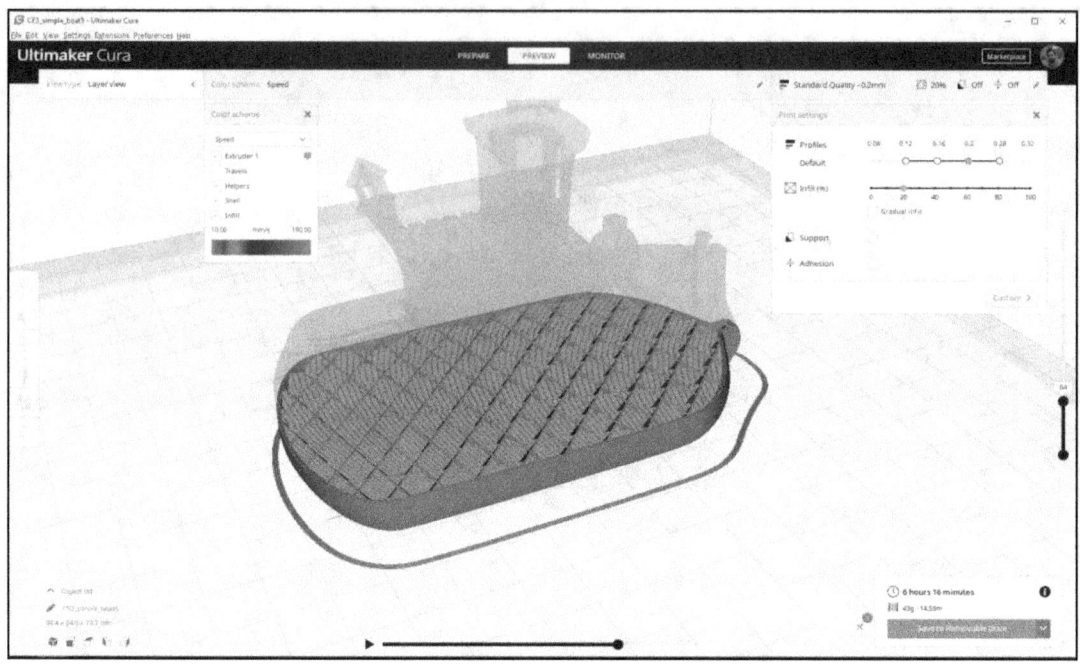

Configuración de color por velocidad - Sección

Finalmente tenemos el modo de visionado de "Layer Thickness" o grosor de capa. Aún con 2 extrusores es extraño que una misma pieza tenga varios grosores de capa, por eso puedes ver toda la pieza del mismo color.

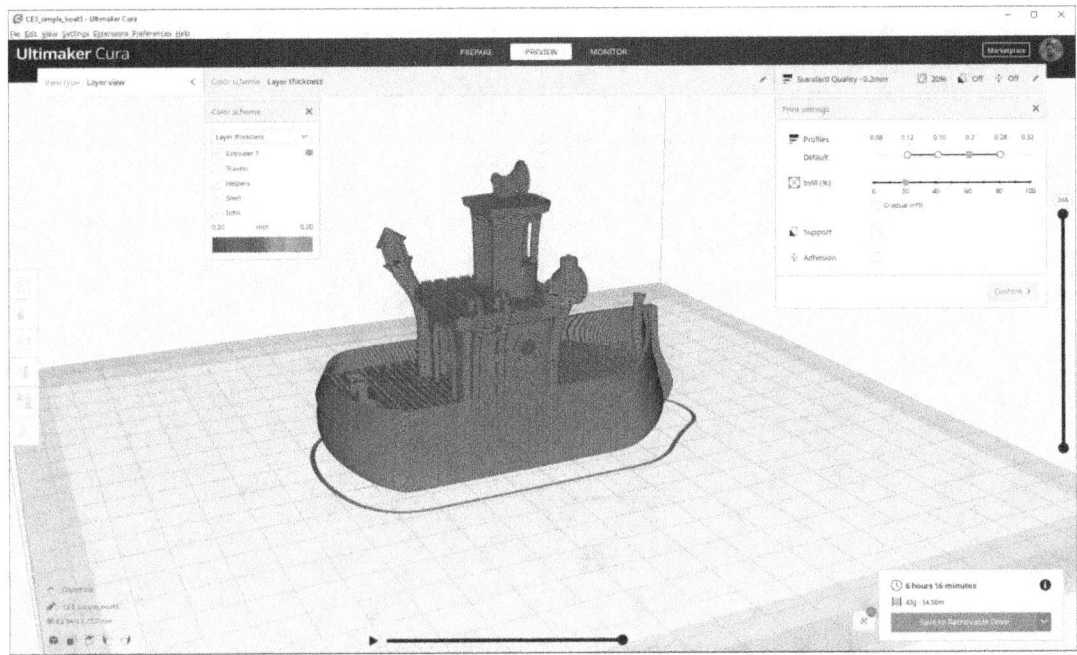

Configuración de color por altura de capa

7.5- Transformando tus modelos 3D

Algo que me encanta de los softwares de laminación es que te permiten transformar la pieza una vez importada, no te obligan a que tengan las medidas exactas una vez la introduzcas en el panel de trabajo.

Esto es muy útil porque hay muchas veces que queremos hacer una pieza más pequeña porque no nos queda mucho filamento en la bobina o más grande porque nos apetece. O incluso aumentar un modelo 3D solo en el eje Z para hacer pruebas de resistencia. Para esto sirven los paneles de la derecha.

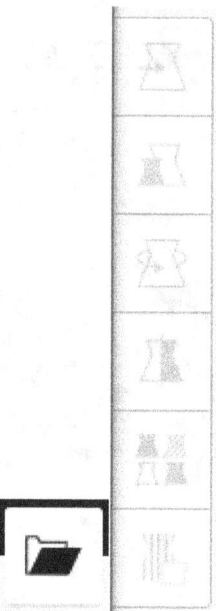

Opciones de importación y transformación de modelos 3D

El que tiene forma de carpeta solo es para importar el modelo y el resto sería respectivamente para:

- Mover el modelo.
- Escalar el modelo.
- Rotar el modelo.
- Hacer un giro en espejo del modelo.
- Dar a cada modelo unas propiedades distintas.
- Bloquear los soportes de la pieza.

Los de rotar, escalar, trasladar y efecto espejo en las piezas son algo muy fácil de ver, puedes jugar con ellos e ir posicionando las piezas como quieras. Aquí he hecho un collage de barquitos usando todas las opciones. Ojo, si no seleccionas la pieza no se te activan las opciones.

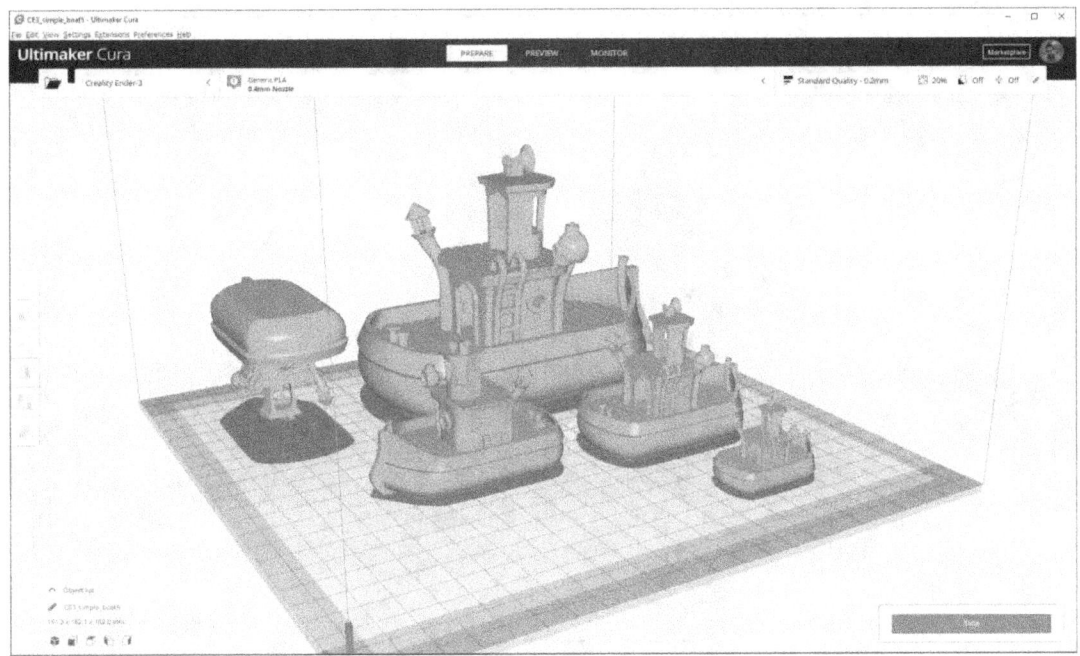

Collage de modelos 3D transformados

La parte de "Per Model Settings", sirve para si tenemos 3 piezas, poder darle un relleno de un % a una, otro % de relleno a otra y lo mismo para la tercera.

Por último, el bloqueador de soportes, crea un cubo que se puede escalar, rotar y mover, que lo añades a la zona íntegra (completa) de la pieza dónde no quieres que se generen soportes, y cuando le das a laminar, no se han generado.

Para que lo veas bien, este sería el barco completo con todos los soportes.

PARTIENDO NUESTRAS FIGURAS EN CAPAS

Modelo 3D con soportes completos

Y este sería el barco con un bloqueador de soportes en la parte de en medio.

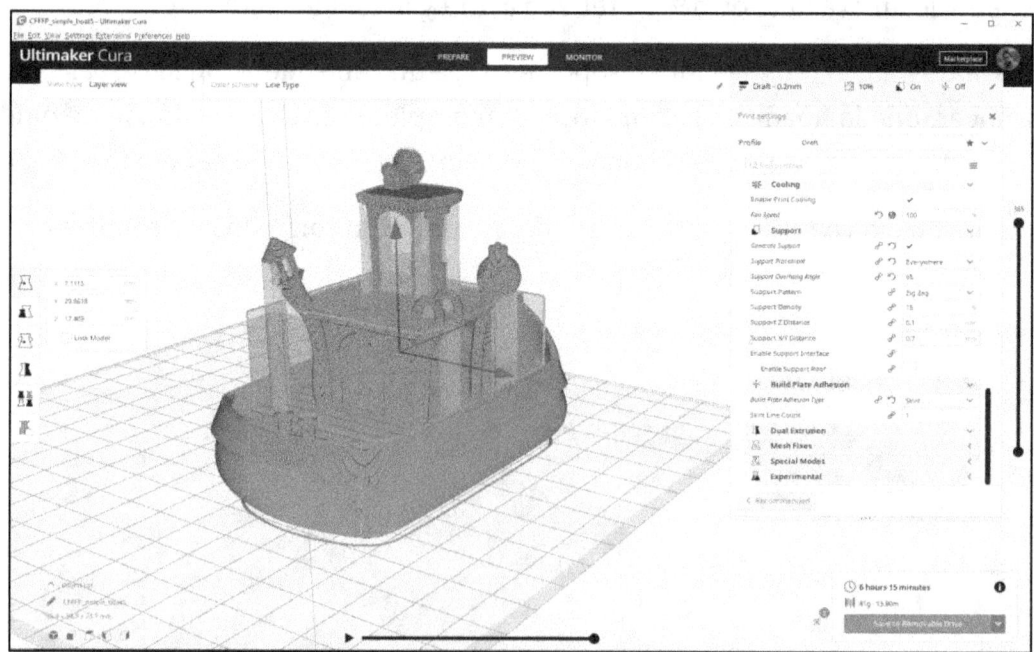

Modelo 3D con soportes bloqueados

CAPÍTULO 7

Esta funcionalidad es muy útil, ya que hay piezas en las que Cura Ultimaker pone muchísimos soportes enanos e innecesarios, lo cual hará que después sean más complicados de quitar también. Con esta funcionalidad los podemos omitir sin quitar el resto.

7.6- La misma pieza desde diferentes perspectivas

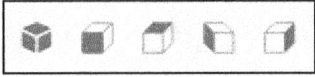

Perspectivas posibles de los modelos 3D

Aquí vamos a ver lo distintos estilos de navegación que tiene Cura Ultimaker, que son útiles para centrar la pieza y verla bien. Aquí podéis ver por ejemplo la vista isométrica.

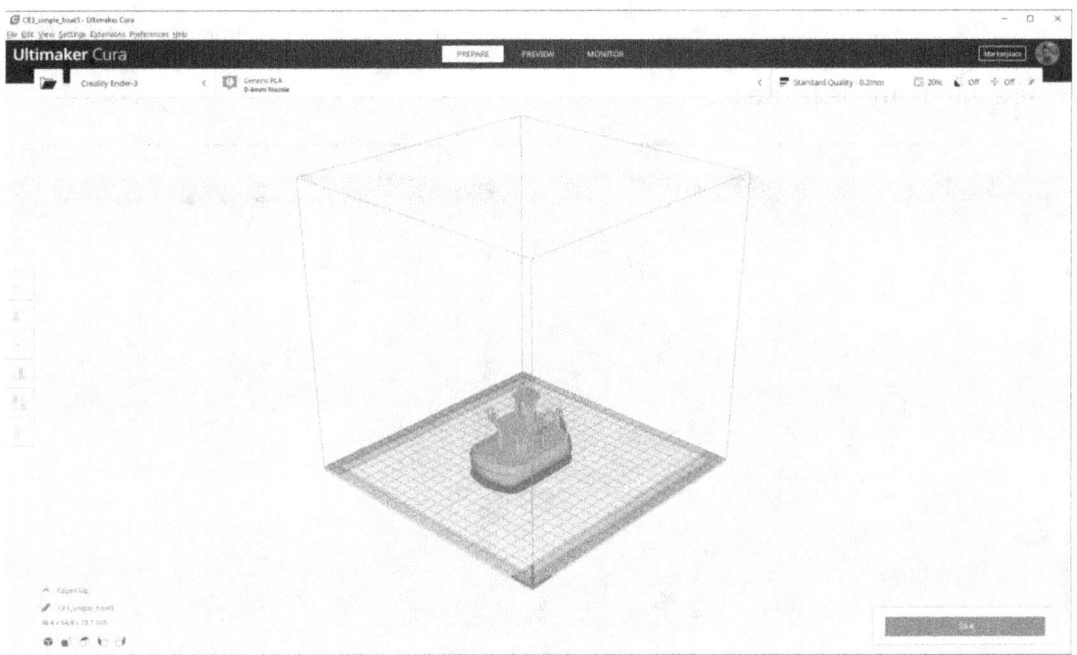

Perspectiva isométrica

Aquí el alzado de la pieza.

PARTIENDO NUESTRAS FIGURAS EN CAPAS

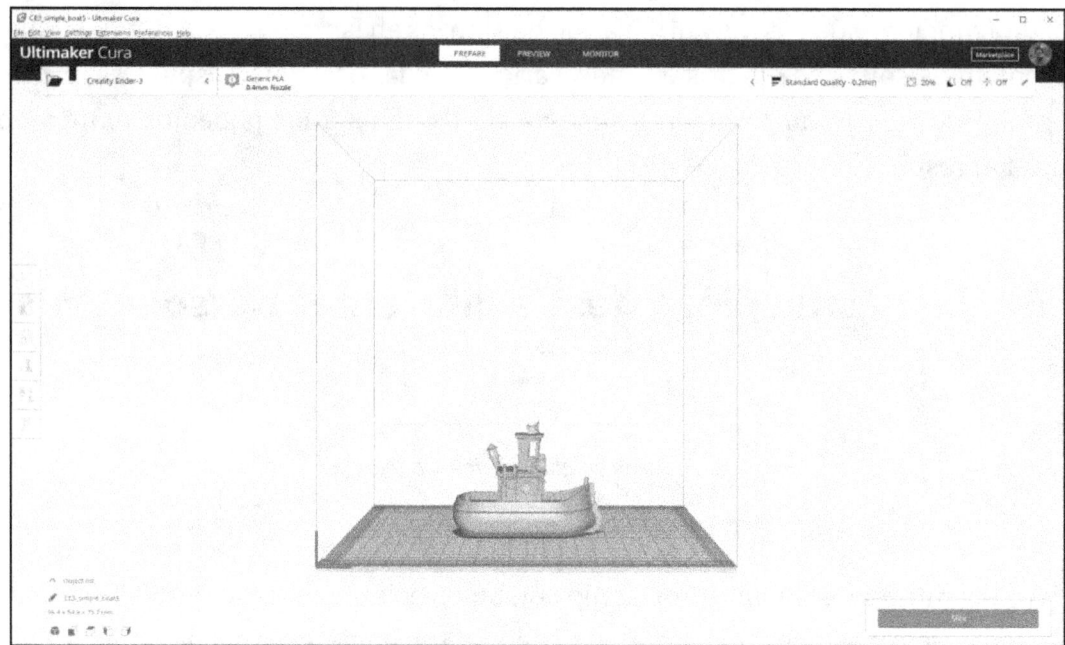

Alzado de la pieza

Aquí la planta de la pieza.

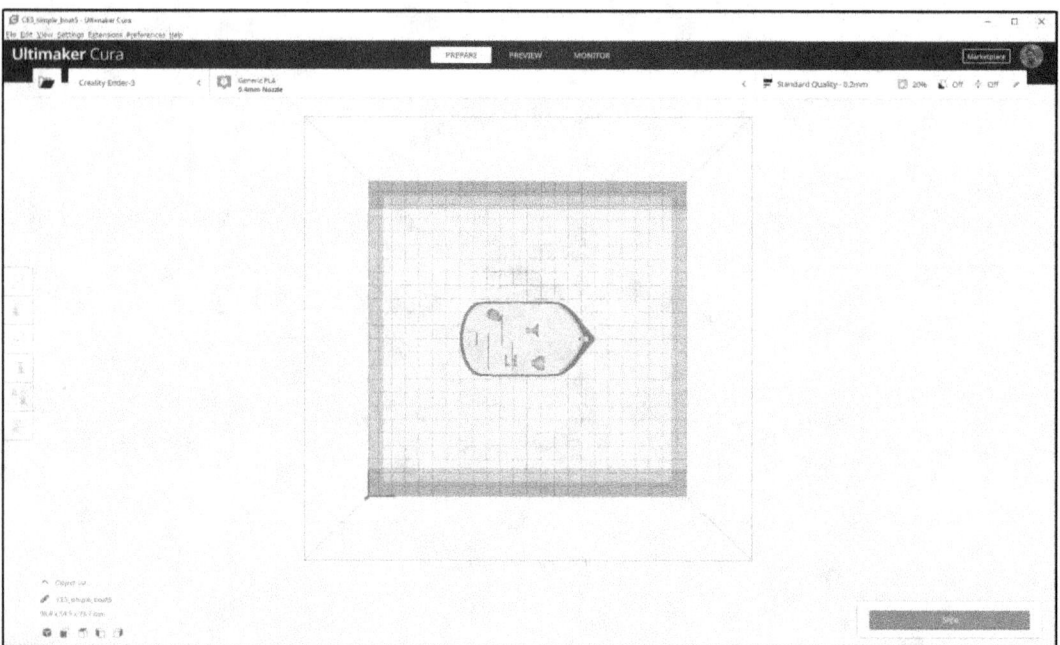

Planta de la pieza

CAPÍTULO 7

Aquí el perfil de la pieza (te va sonando lo que vimos en el capítulo de diseño 3D ¿verdad?)

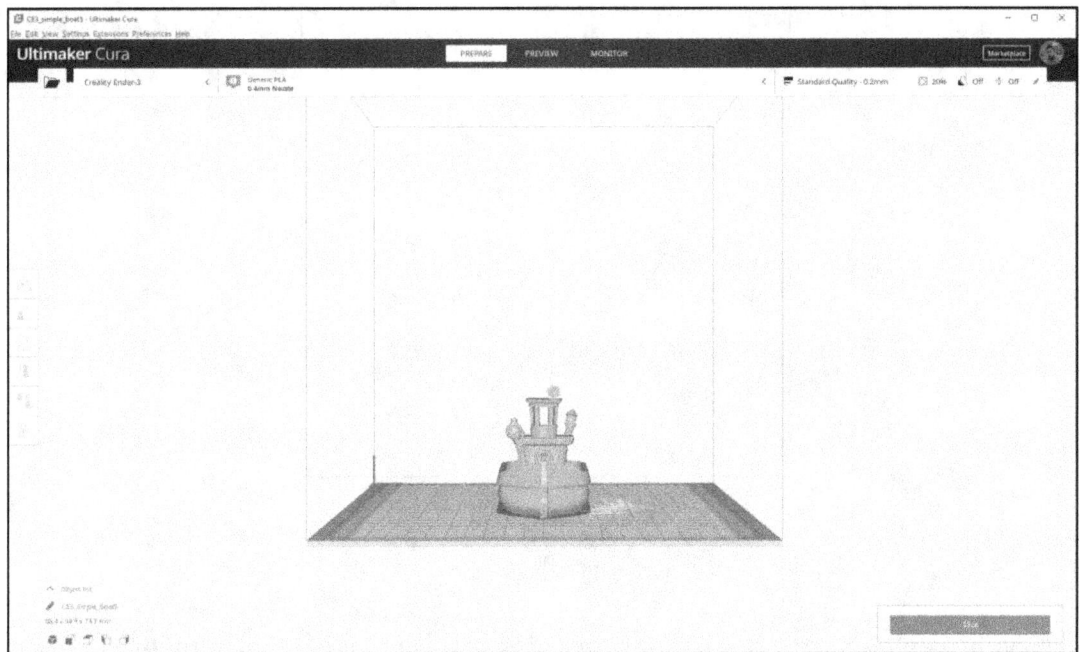

Perfil de la pieza

Esto a veces es útil para ver algún desperfecto en la pieza en un plano concreto, ya que llegar a ver la pieza perpendicular a un plano mediante la navegación del ratón es casi imposible.

7.7- El volumen de impresión

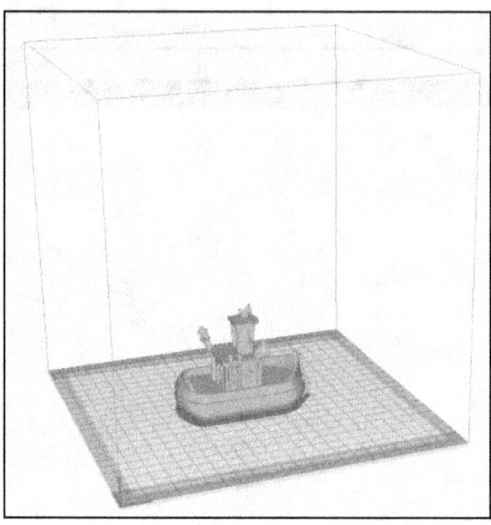

Volumen de impresión de la impresora 3D

El volumen de impresión son las medidas reales en que nuestra máquina podrá imprimir, o como lo definirían los de Prusa: "El cubo más grande que se puede hacer con una impresora".

Este volumen nos da una idea de qué cabrá en la impresión, lo cual es muy útil para no tener sorpresas. De hecho, si un modelo se sale del volumen aparecerá en gris y te dirá que no se puede laminar.

CAPÍTULO 7

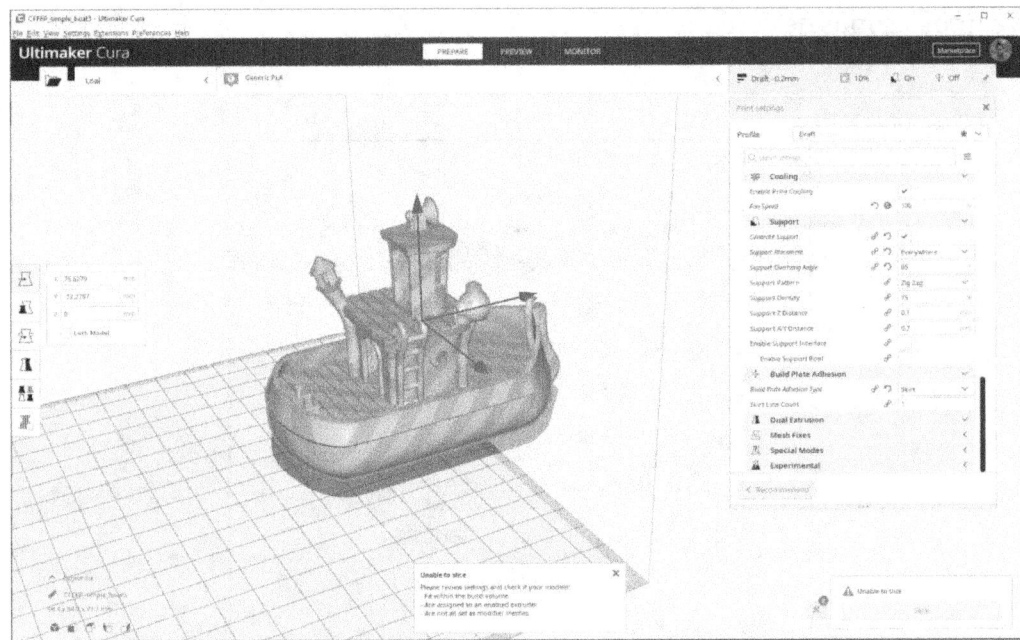

Figura fuera del volumen de impresión

Si haces clic derecho sobre la pieza verás que se te despliegan unas opciones adicionales.

Opciones del modelo

PARTIENDO NUESTRAS FIGURAS EN CAPAS

Veámoslas más de cerca.

```
Center Selected Model
Delete Selected Model              Del
Multiply Selected Model            Ctrl+M
Select All Models                  Ctrl+A
Arrange All Models                 Ctrl+R
Clear Build Plate                  Ctrl+D
Reload All Models                  F5
Reset All Model Positions
Reset All Model Transformations

Group Models                       Ctrl+G
Merge Models                       Ctrl+Alt+G
Ungroup Models                     Ctrl+Shift+G
```

Opciones del modelo (cerca)

La mayoría son opciones secundarias que casi nunca se utilizan y que puedes deducir por sus títulos (no hace falta que seas Sherlock Holmes). La más útil es "Multiply Selected Model". Esto hará una copia del modelo en su estado actual, con todos los escalados o rotaciones aplicadas. Por ejemplo, vamos a hacer 2 copias del modelo.

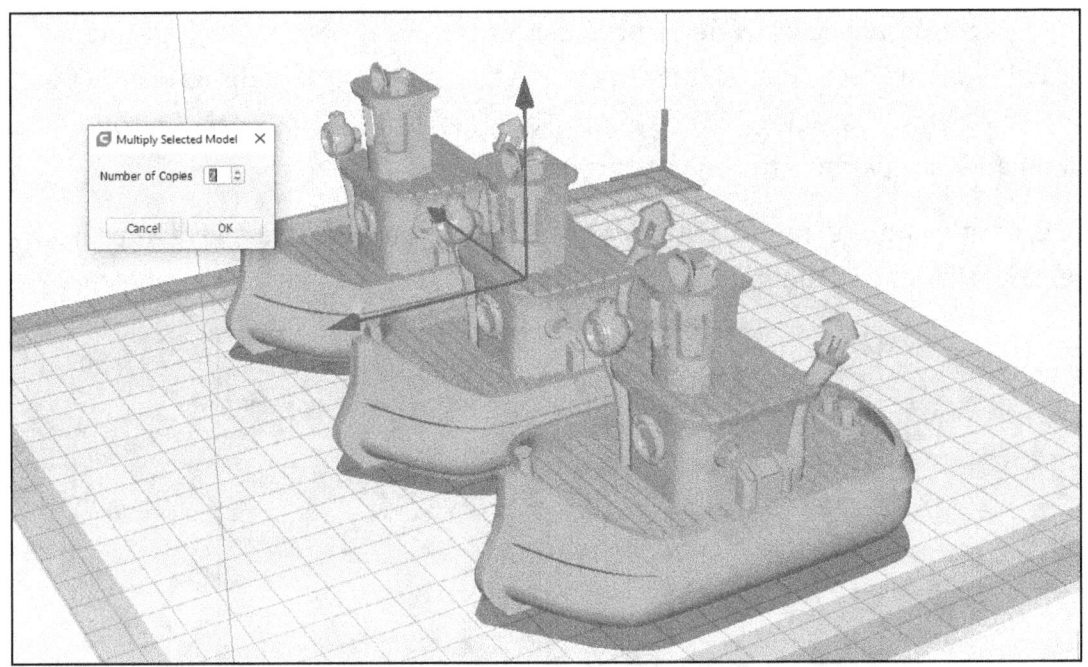

Multiplicación de los modelos 3D

El resto de opciones que pueden ser interesantes es "Group Models" que sirve para agrupar varias piezas y poder darles el mismo escalado, además de bloquear la posición entre ellas (como cuando agrupamos en el Office), y finalmente "Merge Models", que hace lo mismo pero juntando los modelos a partir de su origen, por lo que hay modelos que se pueden solapar. Es una opción que se utiliza sobre todo para doble extrusión.

7.8- Nuestras impresoras 3D

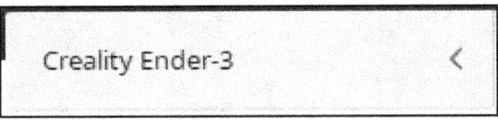

Menú de impresoras 3D

PARTIENDO NUESTRAS FIGURAS EN CAPAS

El panel de navegación de impresoras es muy útil para poder seleccionar el modelo de impresora con el que estamos trabajando. Yo actualmente solo tengo una en uso (por espacio) pero hay gente que tiene hasta 10 y sería un rollo estar cambiando los parámetros una y otra vez.

Si desplegamos el menú, tenemos la opción para añadir una nueva impresora o gestionar las que ya tenemos.

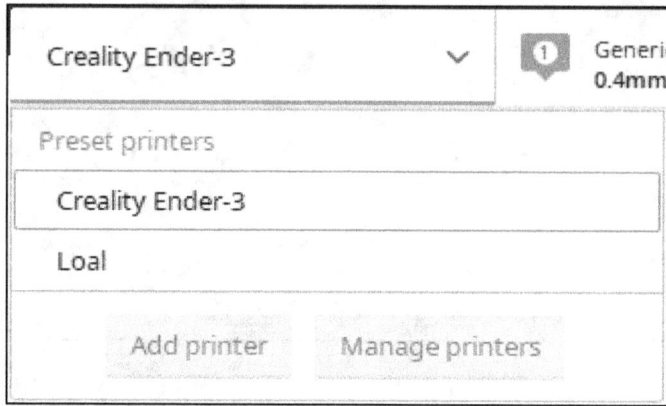

Menú de impresoras 3D desplegado

Si nos metemos en la gestión, veremos un listado con todas nuestras impresoras y opciones para activarlas, añadirlas, borrarlas, cambiarlas de nombre o modificar sus parámetros (por si hemos aumentado su volumen de impresión o cambiado el diámetro de su boquilla).

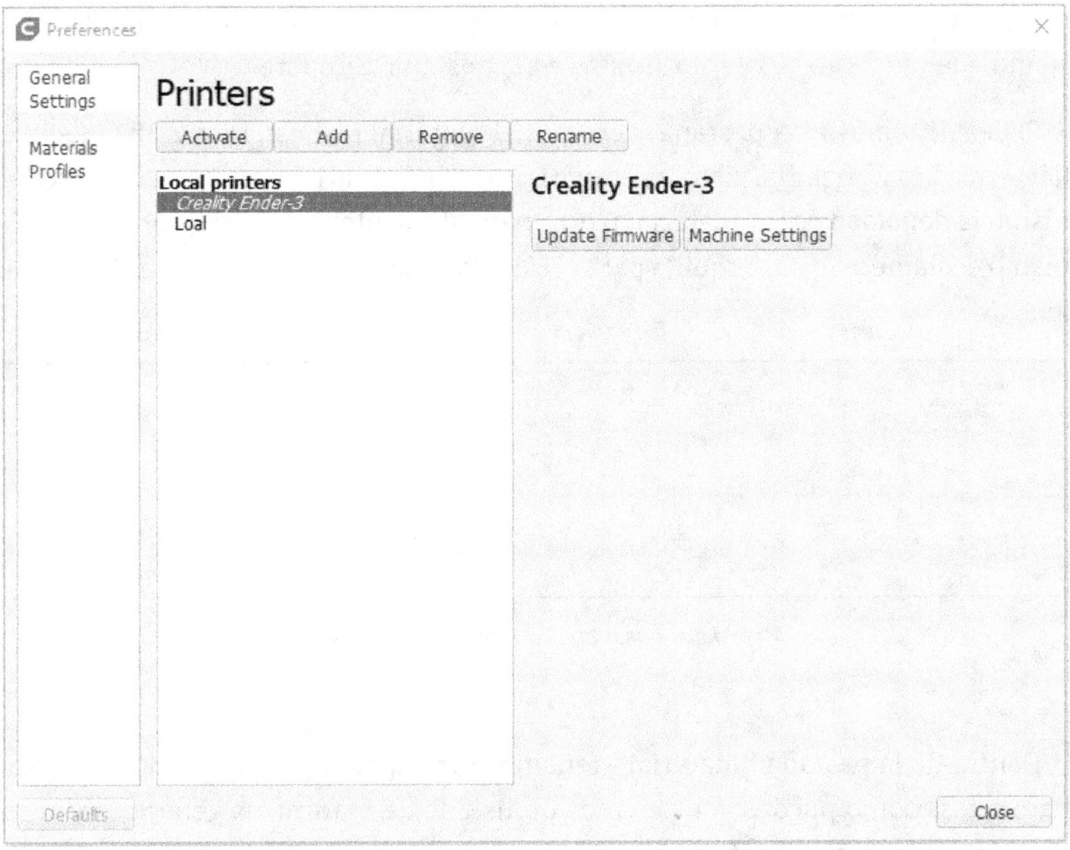

CAPÍTULO 7

Menú de navegación y configuración con todas las impresoras

La parte de "Update Firmware" es más para las impresoras de Ultimaker, en las nuestras tendremos que hacerlo manualmente, aunque si eres principiante, no te recomiendo meterte con esto ahora.

7.9- Nuestros materiales de impresión

Materiales a usar en la impresión

Justo al lado de las impresoras tenemos los materiales de impresión (ten en cuenta que todo esto se ve solo si estás en la pestaña "Prepare".

Si desplegamos esta pestaña, veremos el material que estamos utilizando y el diámetro de la boquilla. Esto es importante configurarlo bien, porque no es lo mismo la densidad de un material u otro para el cálculo de la extrusión, y no es lo mismo el diámetro de la boquilla para el cálculo de la cantidad de material a extruir por capa.

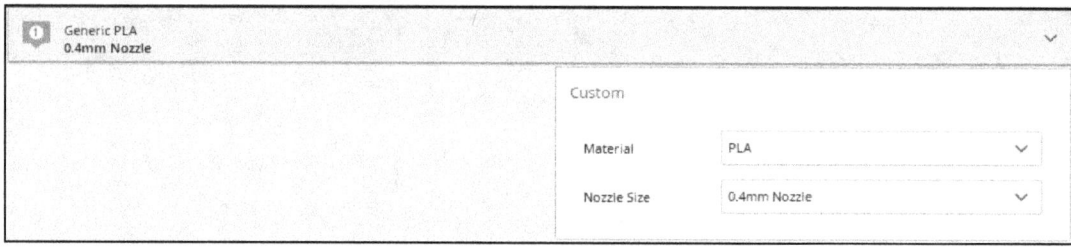

Materiales a usar en la impresión (desplegado)

Dentro de la pestaña "Material" tenemos otra opción para gestionar nuestros materiales. Como puedes ver tenemos un listado de materiales genéricos y otros añadidos por marcas al software (pasando previamente por caja, claro).

Como ves en la primera pestaña de información, vemos cuánto cuesta el filamento, de qué tipo es, y los gramos de material que hemos comprado para tenerlo todo registrado, algo muy útil si somos un servicio de impresión 3D.

CAPÍTULO 7

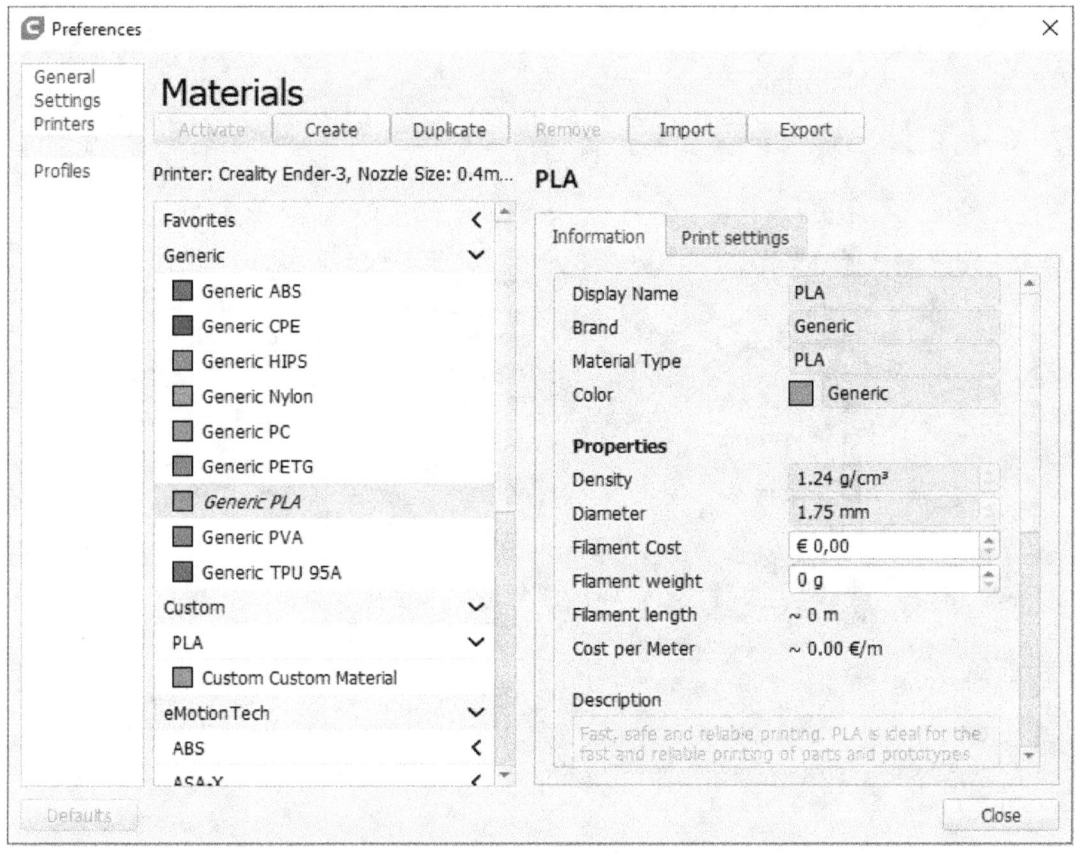

Configuración de materiales en Cura I

En la otra pestaña de "Print settings", tenemos la opción de registrar la temperatura óptima de impresión del filamento y características preconfiguradas que nos harán mucho más fácil la vida a la hora de cambiar un filamento por otro.

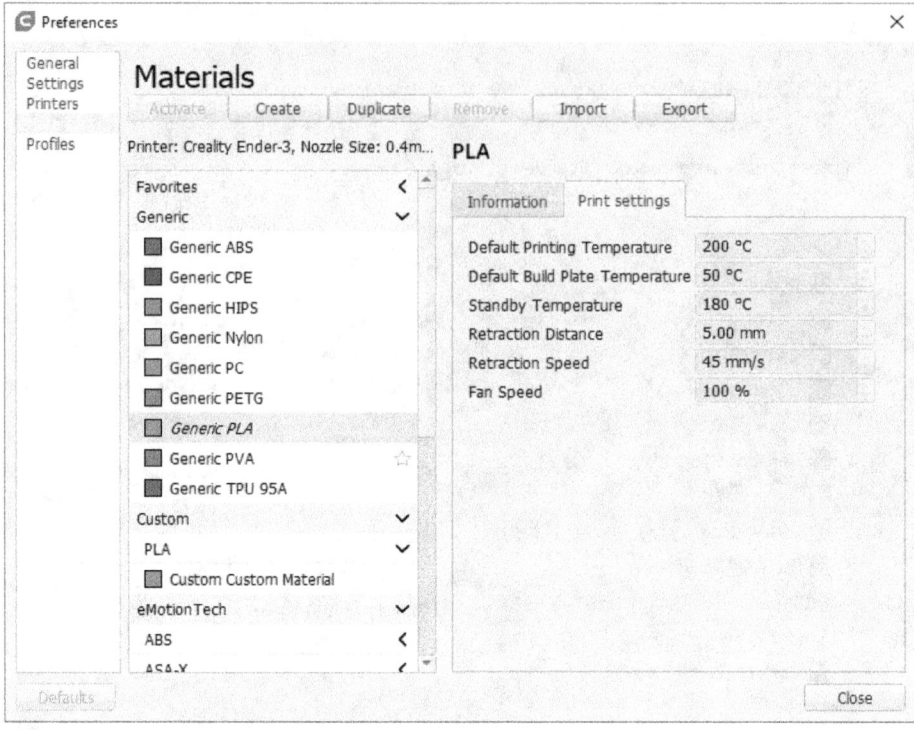

Configuración de materiales en Cura II

Que no he estado yo veces intentando acordarme la temperatura óptima de un filamento, y al final tener que volver a calibrarlo todo otra vez.

Si vamos a la misma pestaña en la que dimos para gestionar materiales, podemos ver que se pueden introducir directamente otros materiales con más marcas añadidas por los propios fabricantes.

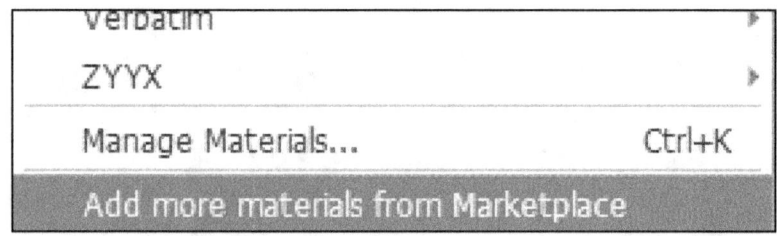

Opción de añadir más materiales

Muchas de las marcas son inglesas y te sonarán a chino, pero bueno, que sepas que están ahí por si las necesitas.

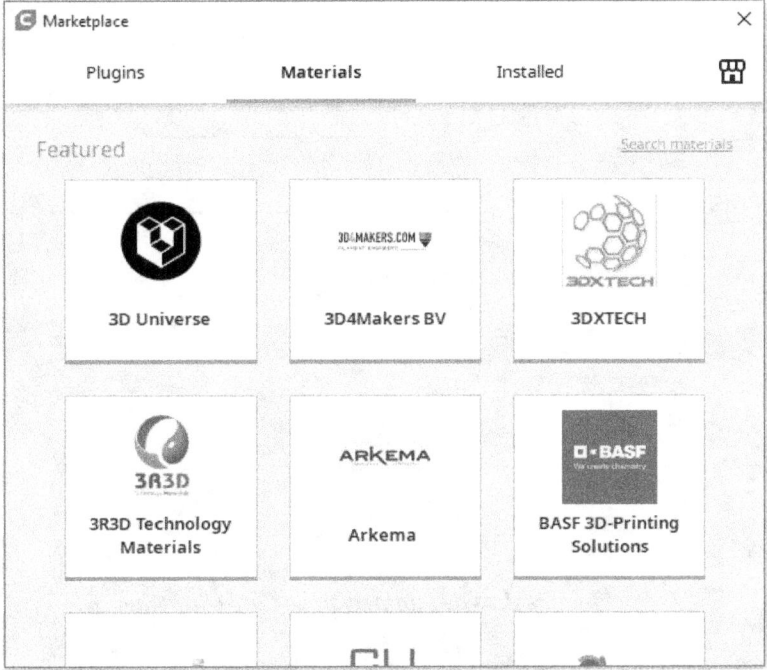

El "Marketplace" de materiales de Cura

7.10- Los parámetros de laminación

En el capítulo de softwares ya vimos los parámetros de laminación básicos para nuestras impresiones, como eran la altura de capa, el porcentaje de relleno, el soporte o la adhesión a la cama.

PARTIENDO NUESTRAS FIGURAS EN CAPAS

Opciones básicas de laminación de Cura Ultimaker

Ahora vamos a profundizar un poco más en este punto y a ver los parámetros un poco más a fondo, para que sepas configurar un poco mejor tus impresiones en 3D, en el apartado "Custom".

CAPÍTULO 7

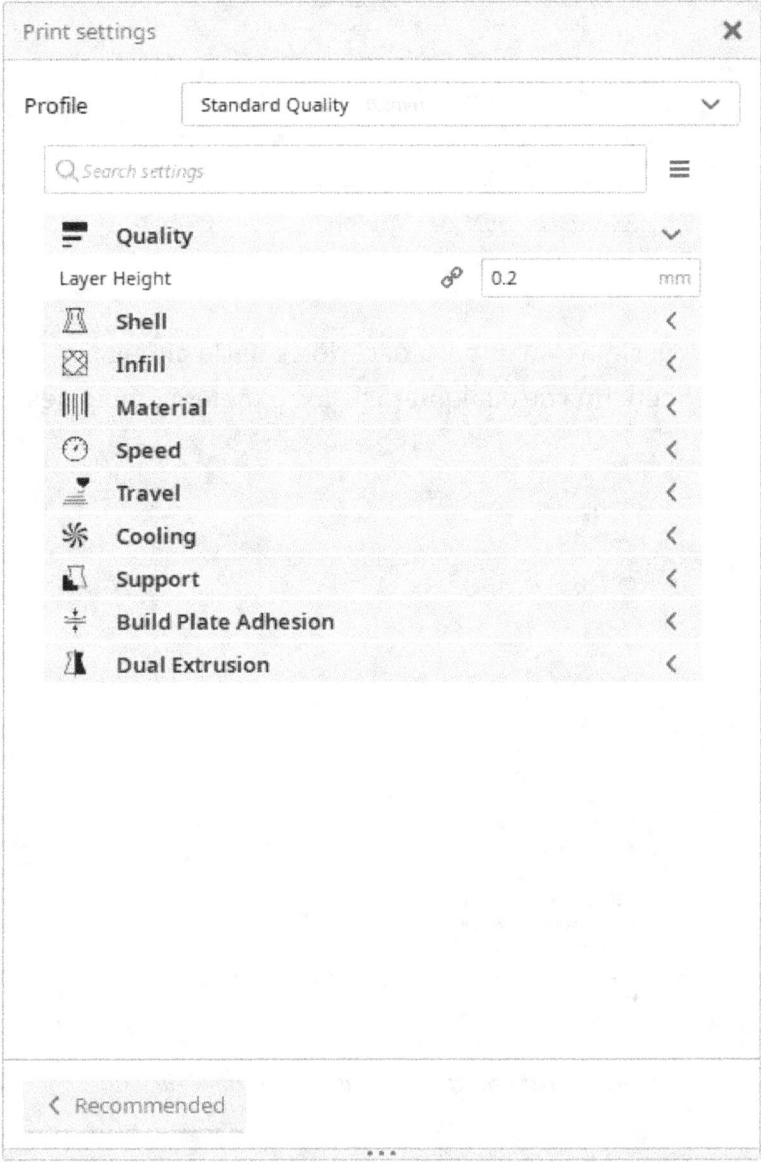

Opciones avanzadas de laminación en Cura Ultimaker

    Veremos los parámetros básicos, pero que sepas que podemos configurar hasta 300 y pico parámetros en total.

PARTIENDO NUESTRAS FIGURAS EN CAPAS

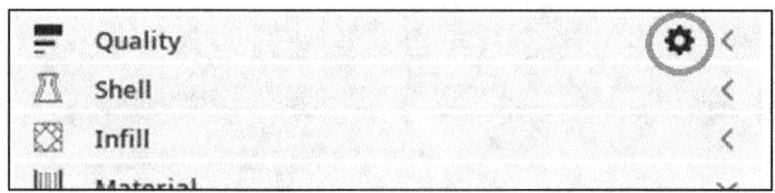

Acceder a las opciones de visibilidad de parámetros

Lo único que tienes que hacer para hacerlo es darle al engranaje que te sale al posicionar el cursor encima de cualquiera de los paneles principales.

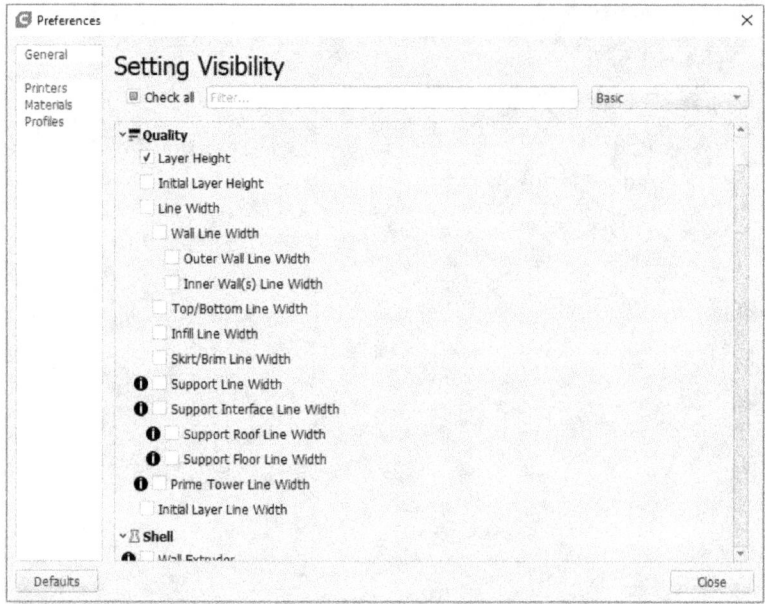

Todos los parámetros disponibles en Cura Ultimaker

Vamos a ir viendo poco a poco cada uno de los puntos. Trabajaremos según la configuración "Basic".

CAPÍTULO 7

7.10-1. La calidad de la impresión.

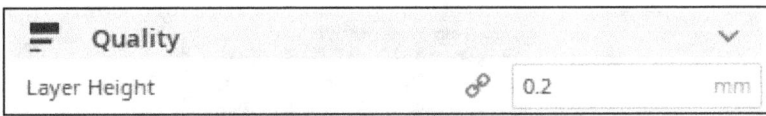

Quality

Este parámetro hace referencia a la altura de capa, cuanto más bajo más tardará en imprimir, pero más detalle tendrá, como este barco de 0.1[mm] que tarda 11 horas y 8 minutos en imprimirse.

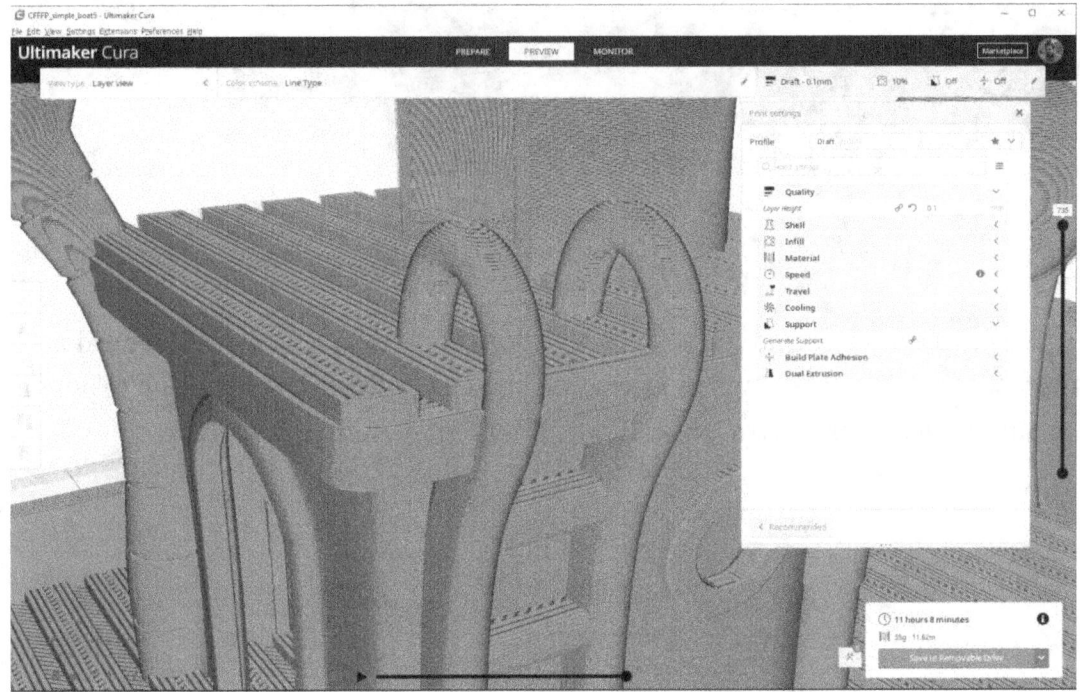

Altura de capa de 0.1[mm]

Y si ponemos más altura de capa, menos tardará, pero menos detalle tendrá, como este barco de 0,3[mm] que tarda 3 horas y 57 minutos en imprimirse.

PARTIENDO NUESTRAS FIGURAS EN CAPAS

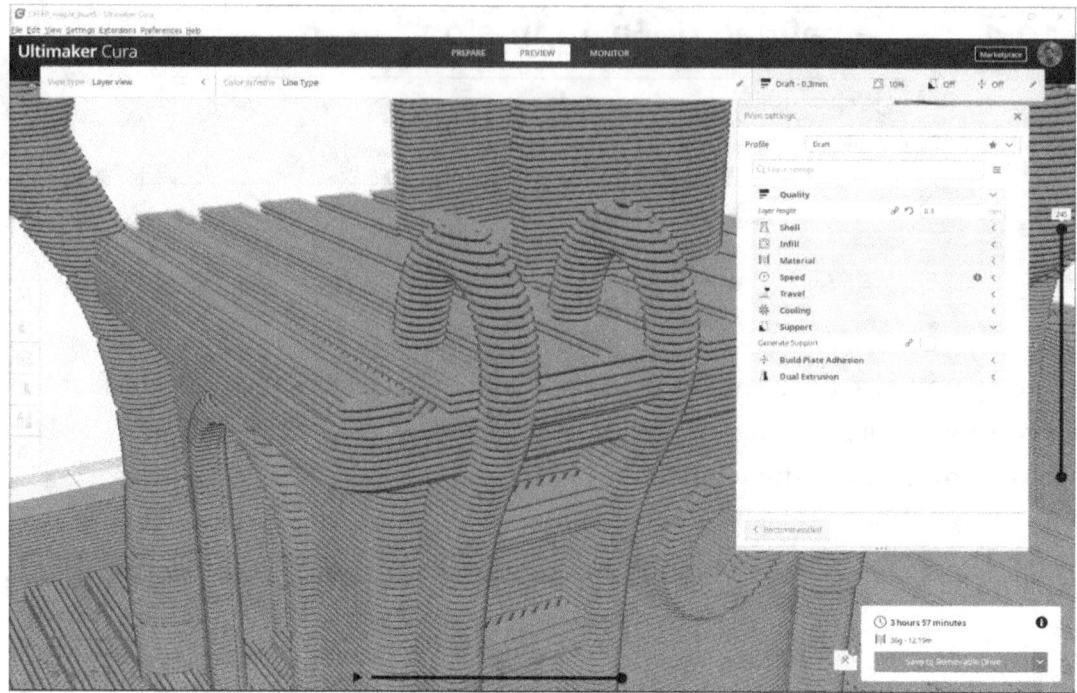

Altura de capa de 0.3[mm]

Ten en cuenta que una boquilla de 0,4[mm] como la que suelen tener todas las impresoras, solo puede imprimir a un máximo de 0,3[mm], por lo que no te pongas a aumentar este parámetro como si no hubiera mañana por cagaprisas.

CAPÍTULO 7

7.10-2. La parte exterior de la pieza

Shell		
Wall Thickness	0.8	mm
Wall Line Count	2	
Top/Bottom Thickness	0.8	mm
Top Thickness	0.8	mm
Top Layers	4	
Bottom Thickness	0.8	mm
Bottom Layers	4	
Horizontal Expansion	0	mm

Shell

Aquí podemos ver los parámetros de la "cáscara de la pieza". Los dos primeros parámetros hacen referencia a la cáscara lateral, normalmente con 2 capas es más que suficiente, si pones solo una, seguramente se vean algunos agujeros al ser la pieza hueca.

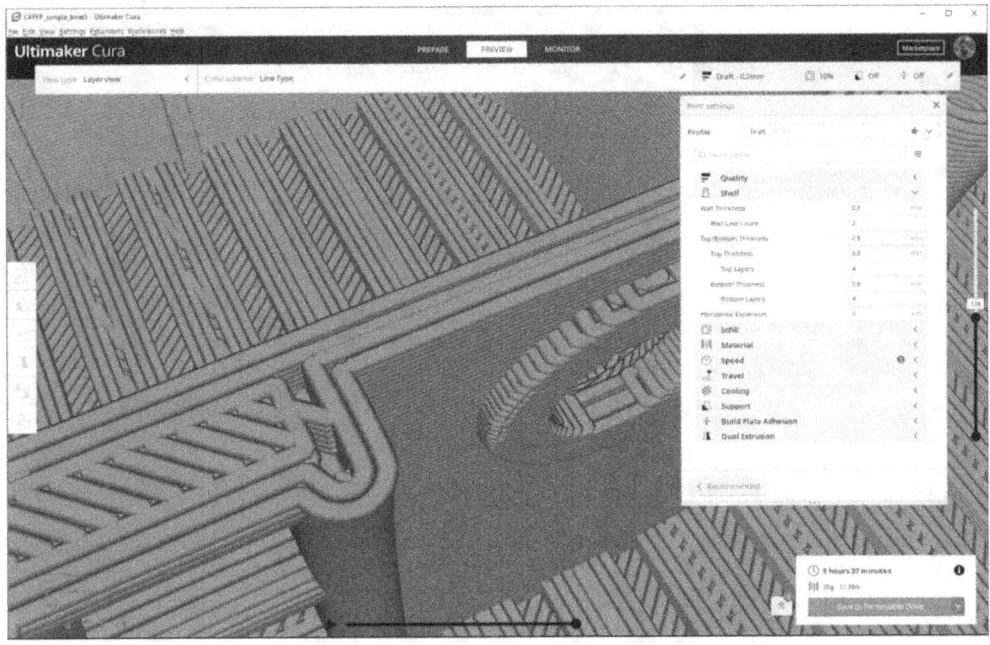

2 capas de contorno de pared (0,8[mm])

PARTIENDO NUESTRAS FIGURAS EN CAPAS

Por otro lado, los parámetros de Top/Bottom, hacen referencia al número de capas sólidas que tendrá la parte superior e inferior de la pieza. Si quieres que quede bien, yo suelo poner un mínimo de 3 capas, y si el techo de la pieza es muy plano y con mucha superficie, puedes poner incluso 4 o 5.

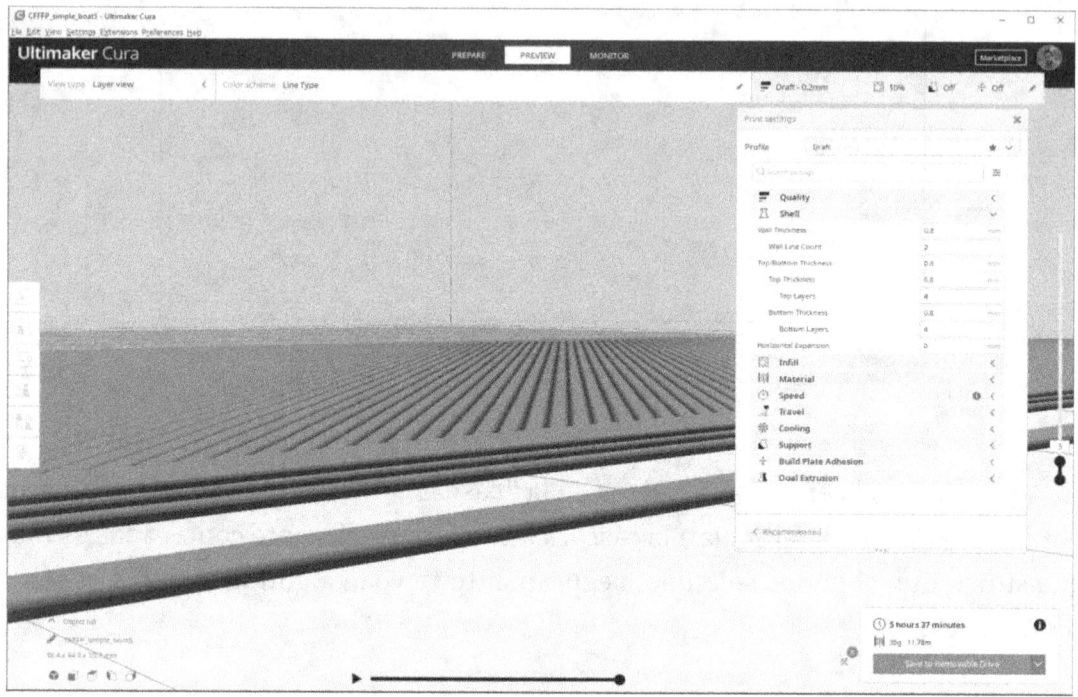

Base de la pieza de 4 capas antes del relleno

El parámetro de expansión horizontal suele utilizarse para ajustar tolerancias, como el de un cilindro que entre en un agujero como este.

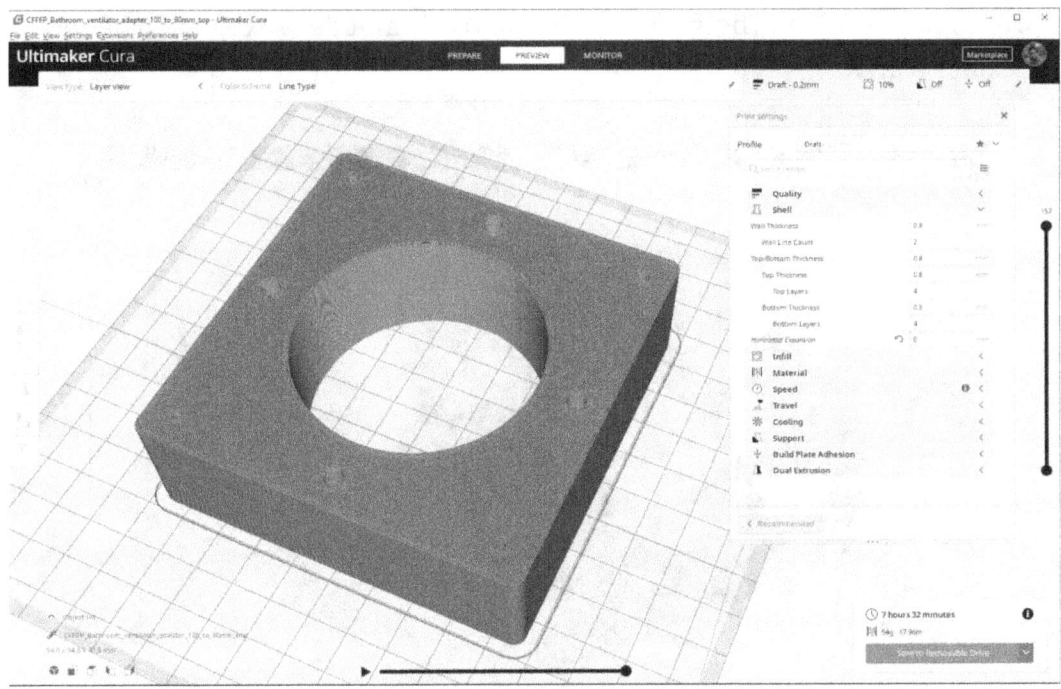

Pieza sin expansión horizontal

Si el cilindro entra muy ajustado, reducimos el valor de la expansión horizontal a un valor negativo.

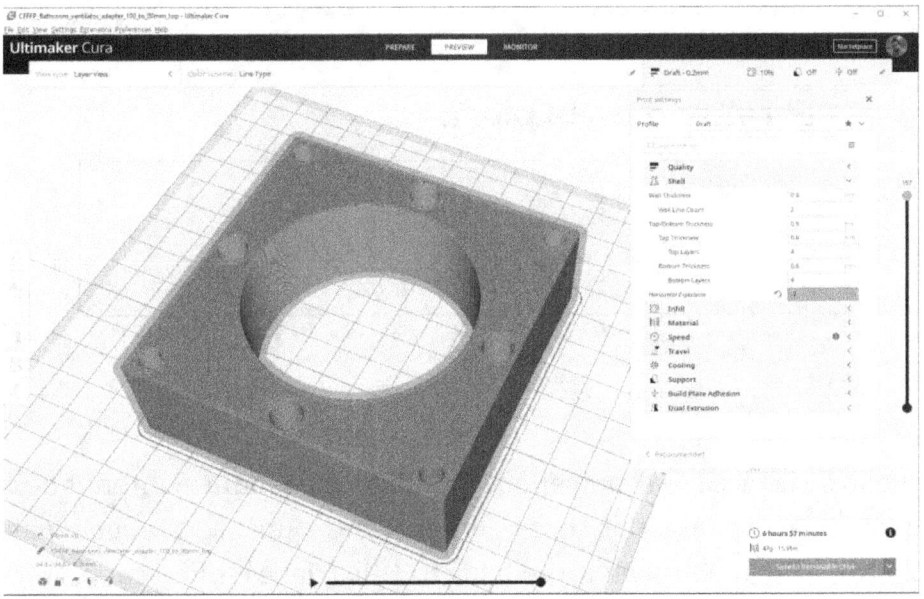

Pieza con expansión horizontal de -2[mm]

PARTIENDO NUESTRAS FIGURAS EN CAPAS

Si el cilindro está muy holgado, aumentamos el valor de la expansión horizontal a un valor positivo.

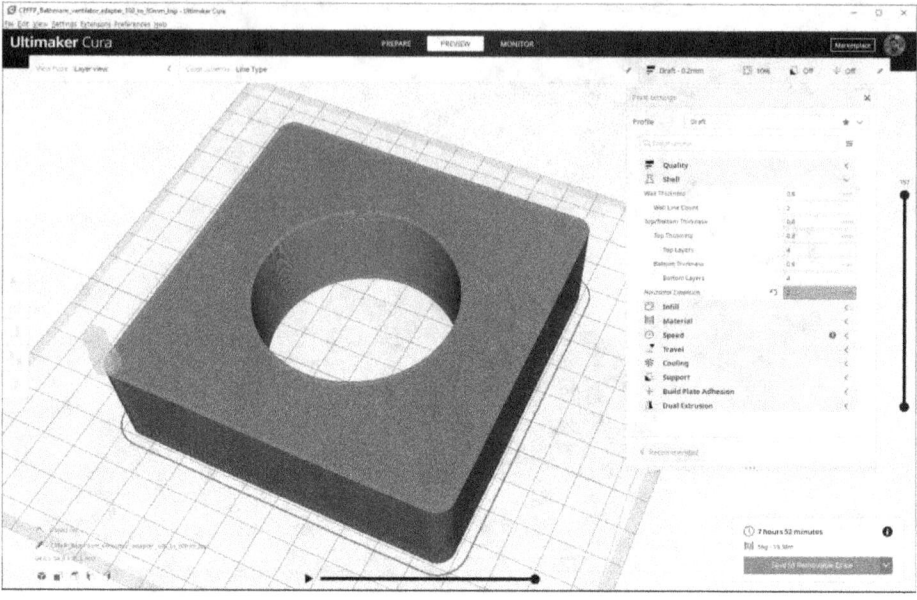

Pieza con expansión horizontal de +2[mm]

Te lo he puesto de forma exagerada para que lo entiendas, pero más o menos esa es la idea.

7.10-3. El relleno de la pieza

Infill

El relleno de la pieza es el porcentaje de sólido que tendrá el interior de la pieza sin contar la carcasa exterior, normalmente entre un 3%-7% suele valer. Los principiantes suelen poner en torno a un 20%, lo cual es innecesario. Mira como quedaría con un 70%.

CAPÍTULO 7

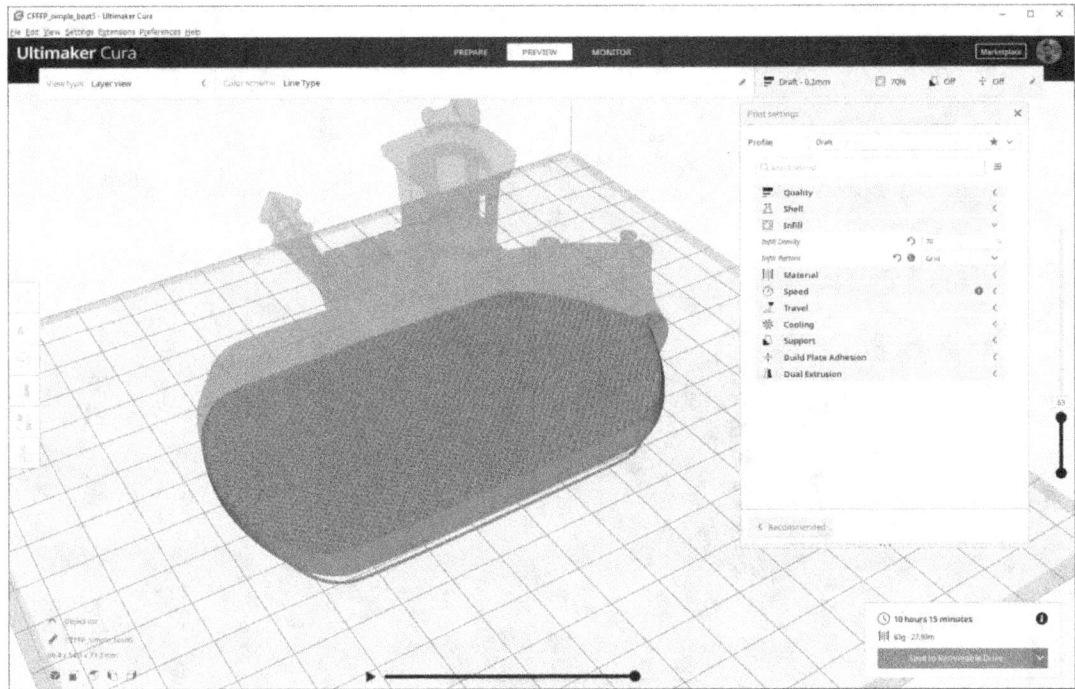

Relleno del 70%

El "Infill Pattern" hace referencia al patrón de relleno que tenga la pieza, yo siempre uso "Grid", pero los demás son curiosos de ver, mira el patrón de tri-hexágono a un 5% de relleno.

PARTIENDO NUESTRAS FIGURAS EN CAPAS

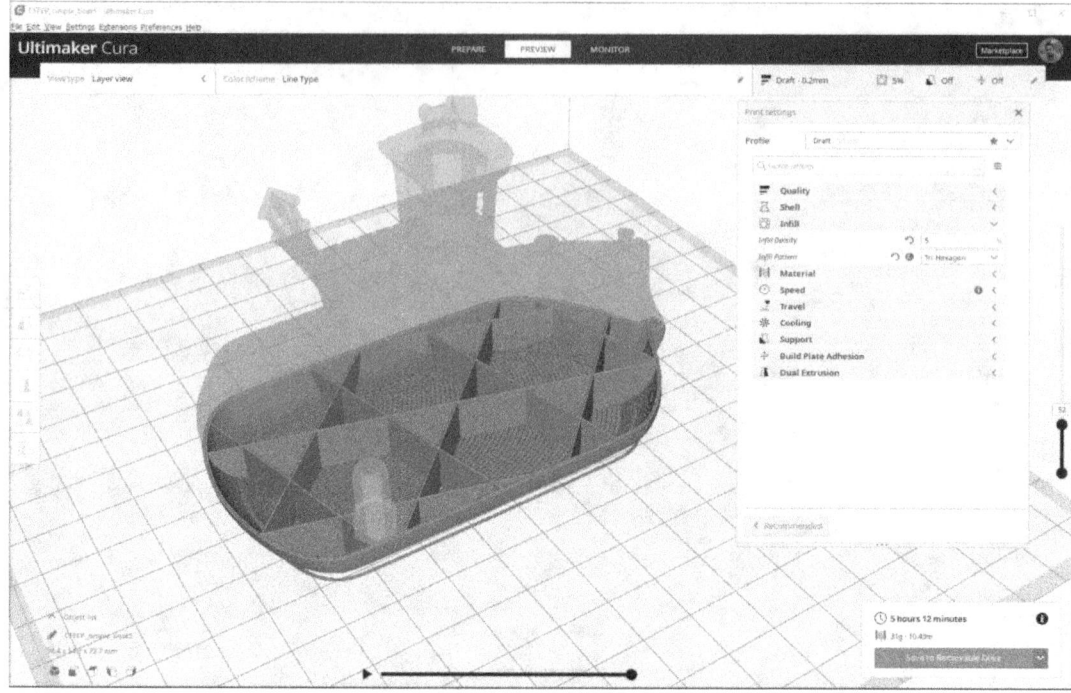

Relleno Tri-hexágono al 5%

7.10-4. El material que utilizamos

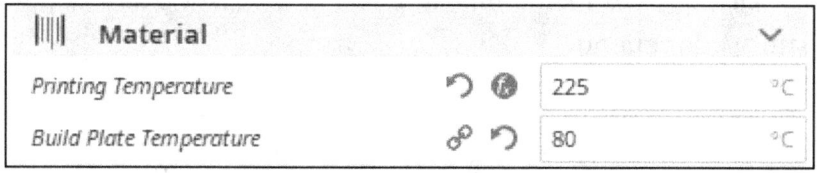

Material

Poco que decir de este punto, ya lo hemos visto más en materiales. Aquí ajustamos la temperatura de la boquilla y de la cama caliente. Fin.

7.10-5. La velocidad de impresión

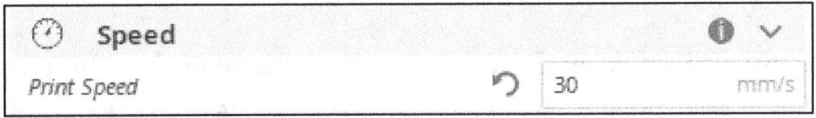

Velocidad de impresión

Esto determina la velocidad de impresión (la cual determina el resto de velocidades, como la de relleno y demás). Las impresoras de menos de 500€, suelen permitirse a la larga una velocidad de 30-50[mm/s], esto quizás te parezca raro, ya que se puede imprimir en muchas hasta a una velocidad de 60 y 70[mm/s].

Lo cierto, es que aguantan velocidades más altas, pero si quieres que tu impresora no casque antes de los 3 meses, es mejor que seas moderado con este parámetro, muchas veces queremos que las impresiones tarden menos en imprimir, pero te ahorrarás más problemas si imprimes a velocidades de 30-40[mm/s], además de que la tasa de repetición de la calidad de las piezas es mucho mayor a la larga.

7.10-6. Los viajes sin extrusión

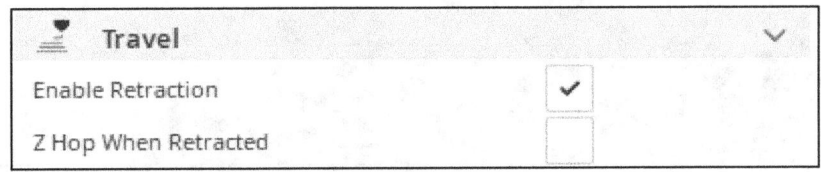

Travel

"Travel" hace referencia al movimiento de la impresora cuando no extruye, o sea, cuando se desplaza.

Este desplazamiento normalmente causa un goteo del filamento por su propio peso y fluidez, lo que genera unos pequeños hilitos en las piezas. La retracción, que es lo que habilitas en la primera casilla, y hace que antes de dicho desplazamiento, el extrusor retraiga el filamento un poco hacia arriba, disminuyendo la posibilidad de goteo.

Por otro lado "Z Hop When Retracted", añade un pequeño salto en Z antes del desplazamiento, o sea, el extrusor se levanta en Z, se desplaza y se vuelve a bajar.

Esto sirve por si quieres imprimir una serie de picos (como los de una catedral) sin jugártela a que haya un pegote de plástico en la boquilla del hotend que se choque contra el pináculo y lo rompa, con ese "levantamiento", te aseguras de que eso no pase.

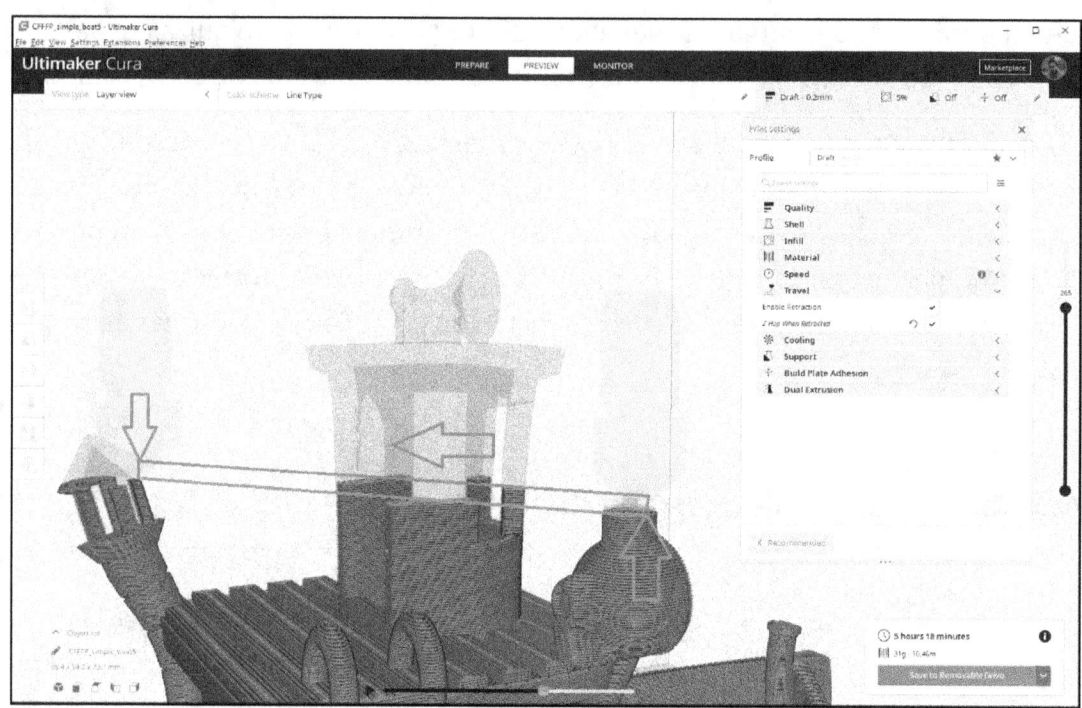

Movimiento del nozzle cuando hay Z-Hop

7.10-7. La refrigeración de capa

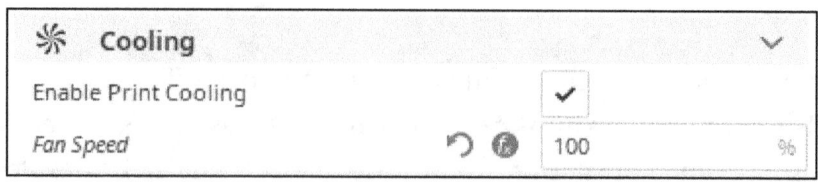

Cooling

El ventilador de capa sirve para refrigerar el filamento nada más salir de la boquilla y mejorar la calidad de la pieza, además se puede regular su potencia. Ya hablamos de los valores de regulación que debía tener el ventilador según material en el capítulo de materiales.

7.10-8. Los soportes

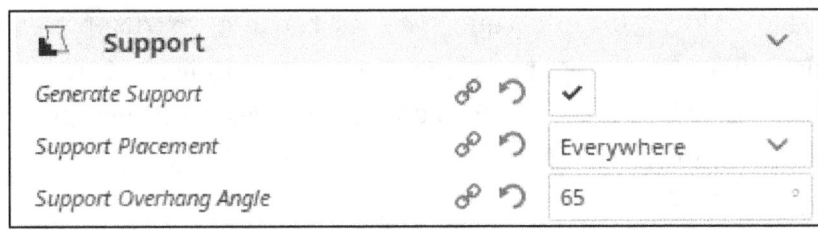

Support

El soporte es lo que sostendrá la pieza en las partes en voladizo que tenga y podemos ponerlo solo tocando el suelo o por todos los lados:

- Por ejemplo, con la letra T, lo pondríamos solo tocando el suelo para los pivotes laterales.
- Con la letra O, lo pondríamos en todas partes, ya que necesitaríamos en los laterales y en el interior de la pieza para que la parte de arriba esté sostenida por algo.

El "Support Overhang Angle" es el ángulo máximo con respecto a la vertical en el que Cura Ultimaker pondrá soportes por defecto. Un Ángulo de 55-60[°C], suele ser un buen valor, aunque depende mucho de sí tenemos o no ventilador de capa y de la calidad de nuestro filamento.

PARTIENDO NUESTRAS FIGURAS EN CAPAS

7.10-9. La adhesión del modelo a la cama

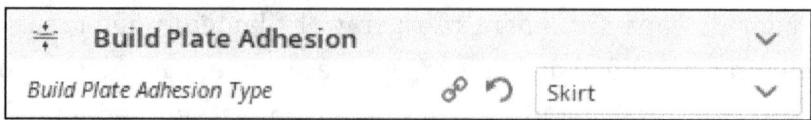

Build Plate Adhesion

Aquí tendremos 3 tipos de adhesión.

Por un lado "Skirt" lo único que hace es cebar el extrusor crea una línea alrededor del objeto para asegurarse de que cuando empiece a imprimir la pieza, haya filamento en la boquilla (ya que si gotea y hay veces que esto no ocurre, y no hay filamento al empezar a imprimir).

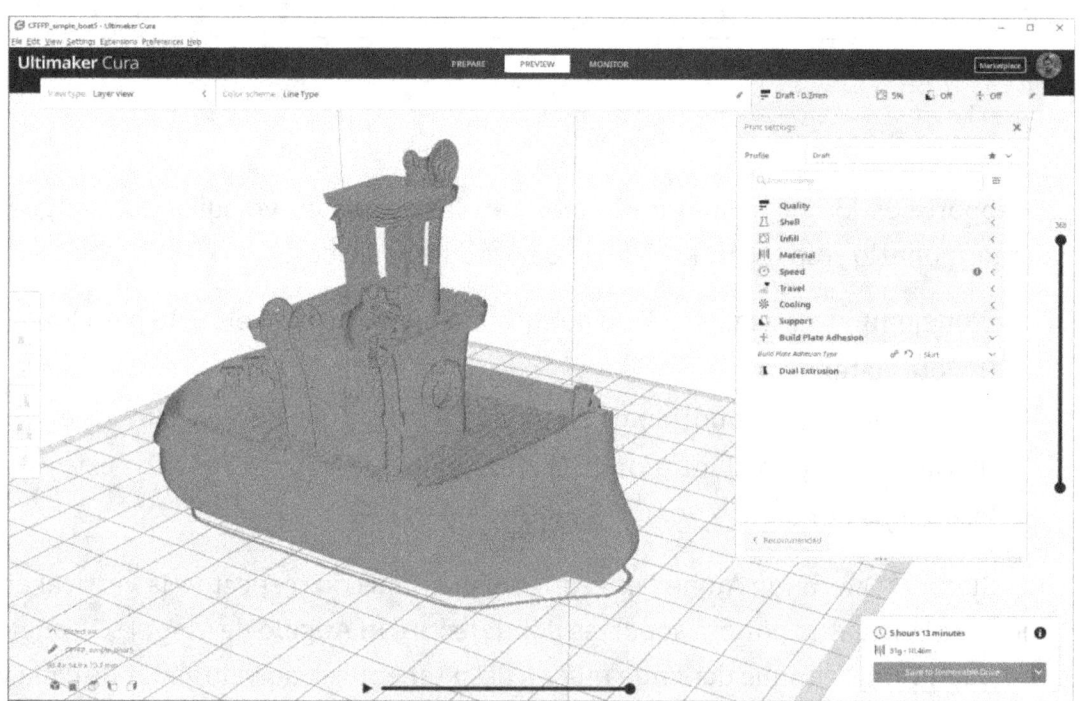

Adhesión de pieza: Skirt

Por otro lado "Brim" creará una especie de visera que agarrará mucho mejor el objeto, aunque será más difícil de quitar. Ideal para piezas con muy poca base o materiales con mucha contracción térmica como el ABS.

CAPÍTULO 7

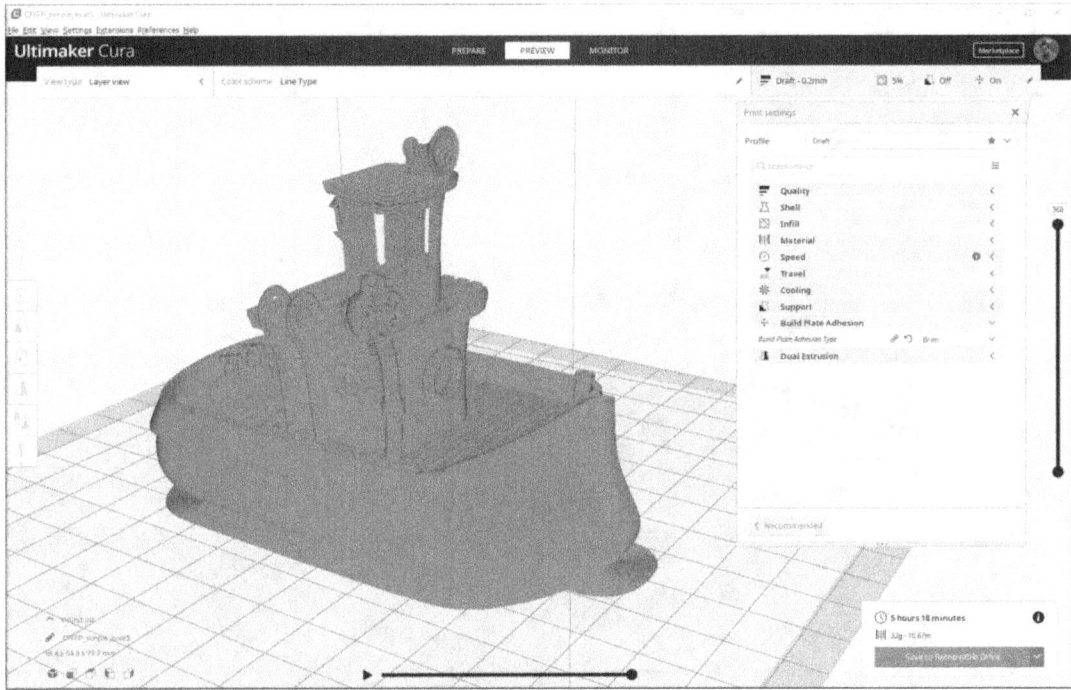

Adhesión de pieza: Brim

Finlamente "Raft" crea una balsa con altura dónde la pieza se pegará encima. Nunca he tenido la necesidad de usarlo la verdad, pero bueno, que sepas que existe.

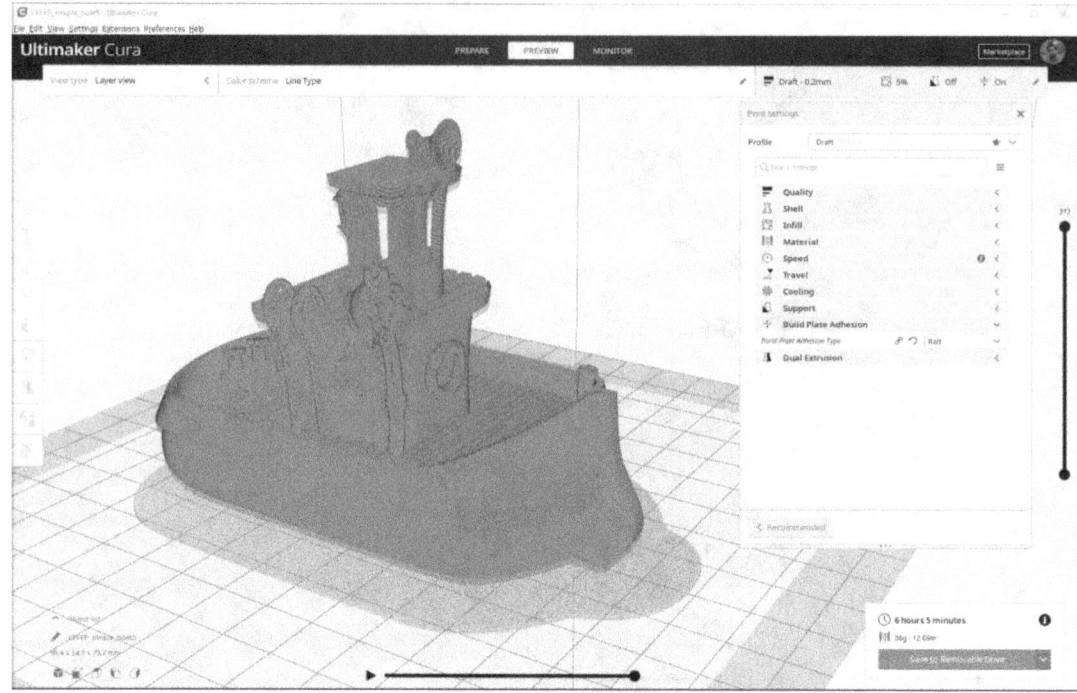

Adhesión de pieza: Raft

7.10-10. La extrusión doble

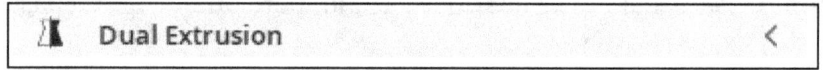

Dual Extrusion

Este apartado hace referencia a la extrusión doble, pero como nuestra impresora está configurada como de un solo extrusor, no se ve nada de nada.

Si ponemos una impresora de doble extrusor como la Ultimaker 3, veremos que las opciones en Cura se multiplican para este tipo de impresoras, pero en este libro vamos a tocar solo las que utiliza casi todo el mundo, las de un solo extrusor.

CAPÍTULO 7

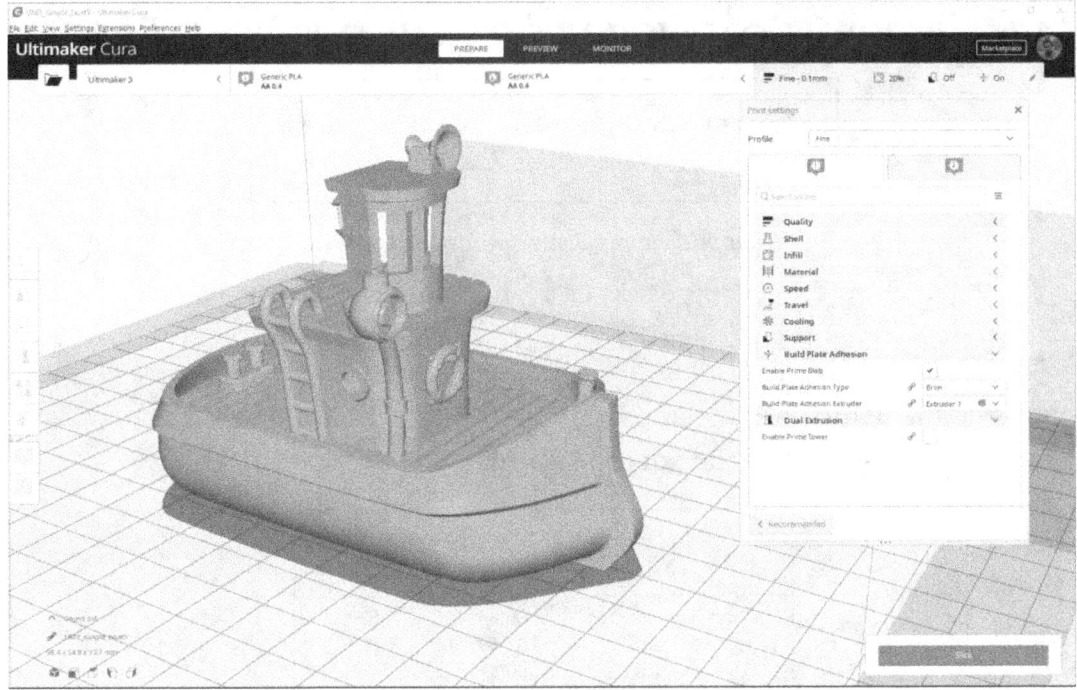

Interfaz de Cura con una impresora 3D con doble extrusor

7.11- Las medidas generales de la pieza

$$98.4 \times 54.9 \times 73.7 \text{ mm}$$

Medidas generales de una pieza

En este punto podemos ver cuáles son las dimensiones generales de la pieza, o sea, las dimensiones del cubo más pequeño que contendría completamente a la pieza.

Son útiles para hacerse una idea de lo que medirá, pero si quieres medir partes concretas, tendrás que recurrir a otros softwares de medición de modelos 3D como 3D Builder o Meshmixer.

7.12- El menú de navegación y sus posibilidades.

Tiempo de impresión y cantidad de material

En esta área se ve cuánto tardará la impresora en hacer la pieza, los gramos y metros de filamento que gastará. Si das a la "i" de arriba a la derecha, podrás ver la cantidad de tiempo gastado por cada tipo de línea en la pieza.

Desglose tiempos de impresión por tipos de capa y movimiento

Por un lado, hablando del tiempo de impresión, Cura Ultimaker no lo clava, o sea, va a tardar en hacerse la pieza un poco más de lo que pone ahí.

Esto es debido a que, por defecto, las impresoras de Ultimaker tienen unas aceleraciones preestablecidas con las que calcula este parámetro, que son mucho mayores a las de las impresoras normales, ten en cuenta que estas impresoras cuestan en torno a los 2.000 €. Por lo tanto, calculan el tiempo con aceleraciones más grandes que las reales de una impresora 3D normal y corriente.

Por otro lado, los gramos de la pieza, los calcula a partir de los metros de rollo que sabe que gasta por los pasos por milímetro del extrusor, el diámetro y la densidad del filamento. Si nosotros le decimos que tenemos un PLA (1,24[g/cm3], en vez de un ABS (1,04[g/cm3]), el cálculo del gramaje lo hará mal. En piezas pequeñas ni se notará, pero en piezas grandes, hay que andarse con ojo.

Material	Densidad [g/cm3]
PLA	1.24
ABS	1.04
PETG	1.27
NYLON	1.52
Flexible (TPU)	1.21
Policarbonato (PC)	1.3
De Madera	1.28
Fibra de Carbono	1.3
PC/ABS	1.19
HIPS	1.03
PVA	1.23
ASA	1.05
Polipropileno (PP)	0.9
Acetal (POM)	1.4
PMMA	1.18
Semiflexible (FPE)	2.16

Densidades de materiales (Fuente: Bitfab.io)

7.13- La exportación de los STL a G-CODE

Opciones de exportación

PARTIENDO NUESTRAS FIGURAS EN CAPAS

Los botones de debajo del apartado anterior sirven para ver la pieza en modo capas ("Preview") y para exportar el modelo laminado a una tarjeta SD o USB que posteriormente leerá nuestra impresora 3D.

7.14- Tres ejemplos de laminación básica

Para rematar el capítulo vamos a ver 3 ejemplos de cómo laminaría yo los siguientes objetos y cómo pienso para hacerlo. Te animo a que los intentes tú primero a ver qué sale.

7.14-1. Primer ejemplo: Pieza básica en PLA

El primer objeto es un Squirtle de Flowalistik en Thingiverse [https://www.thingiverse.com/thing:319413]. Una vez importado quedaría así:

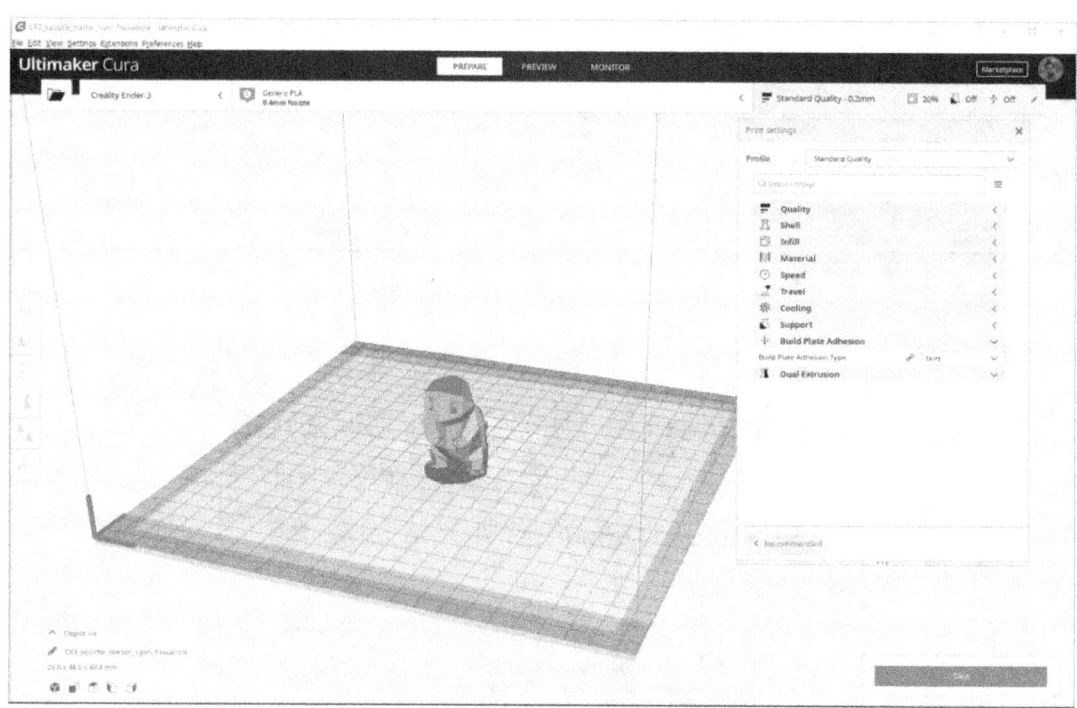

Ejemplo 1 recién importado

Lo primero de todo escalarlo, un 300% bastará.

CAPÍTULO 7

Después vamos a ver qué parámetros usar:

QUALTY:

Voy a usar un 0,3[mm] de capa, es un objeto con pocos detalles y lo queremos en tamaño grande, por lo que no hace falta que el detalle sea espectacular y la altura de capa pequeña.

SHELL:

Un 0,8[mm] de grosor de pared y 3 capas superiores e inferiores serán más que suficiente para que sea un objeto resistente.

INFILL:

Un 3% de patrón tipo "Grid" valdrá para soportarlo bien.

MATERIAL:

Es un PLA que voy a imprimir a 207[ºC] con la base a 40[ºC], ya que vivo en Burgos y no hace mucho calor todavía.

SPEED:

Al no tener mucho detalle y ser un objeto sencillo, 40[mm/s] o incluso 45[mm/s] será lo mejor para imprimirlo.

TRAVEL:

Activamos las retracciones siempre y el Z-Hop no es necesario ya que no tenemos pivotes separados entre sí de la pieza.

COOLING:

El ventilador de capa al 100% ya que es PLA.

SUPPORT:

Esta pieza no necesitas soportes, pero lo comprobamos poniéndolos a un ángulo de 65º

BUILD PLATE ADHESION

Las patas de la pieza son pequeñas con respecto a su base, vamos a poner un "Brim" por si las moscas.

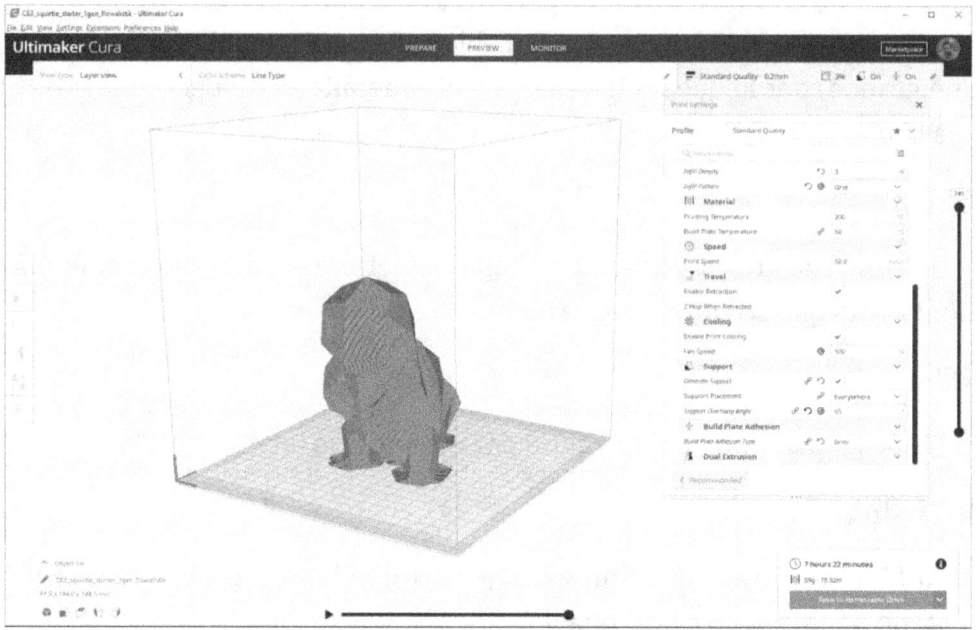

Ejemplo 1 recién laminado

E impreso quedaría así:

Ejemplo 1 recién impreso

7.14-2. Segundo ejemplo: Pieza media en ABS

El segundo objeto es un Cute Dragon de bs3 en Thingiverse [https://www.thingiverse.com/thing:1469139]. Una vez importado quedaría así:

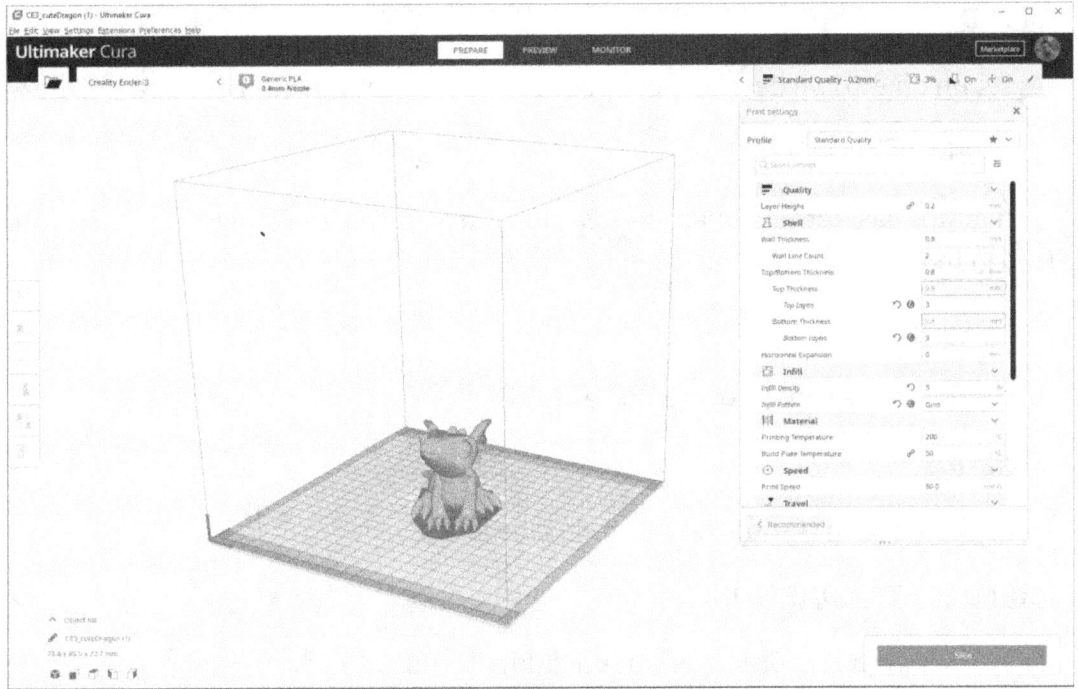

Ejemplo 2 recién importado

Este no hace falta tocarlo, me gusta el tamaño. Después vamos a ver qué parámetros usar:

QUALTY:

Voy a usar un 0,2[mm] de capa al ser un objeto con bastante detalle y pequeño.

SHELL:

Un 0,8[mm] de grosor de pared y 4 capas superiores y 3 inferiores, queremos asegurarnos de que el objeto se rellene bien por su parte superior.

INFILL:

Un 5% de patrón tipo "Grid" será suficiente.

MATERIAL:

Es un ABS que voy a imprimir a 240[°C] con la base a 90[°C]. Esto es así tanto en verano como en invierno con el ABS.

SPEED:

Al ser un objeto con detalle, pero poco complejo vamos a imprimirlo a 35[mm/s]

TRAVEL:

Activamos las retracciones y el Z-Hop no vendría mal, pero no hace falta activarlo todavía.

COOLING:

El ventilador de capa al 0% ya que es ABS

SUPPORT:

Esta pieza necesita soportes por todos los lados.

BUILD PLATE ADHESION

La base es grande, por lo que con un "Skirt" valdría.

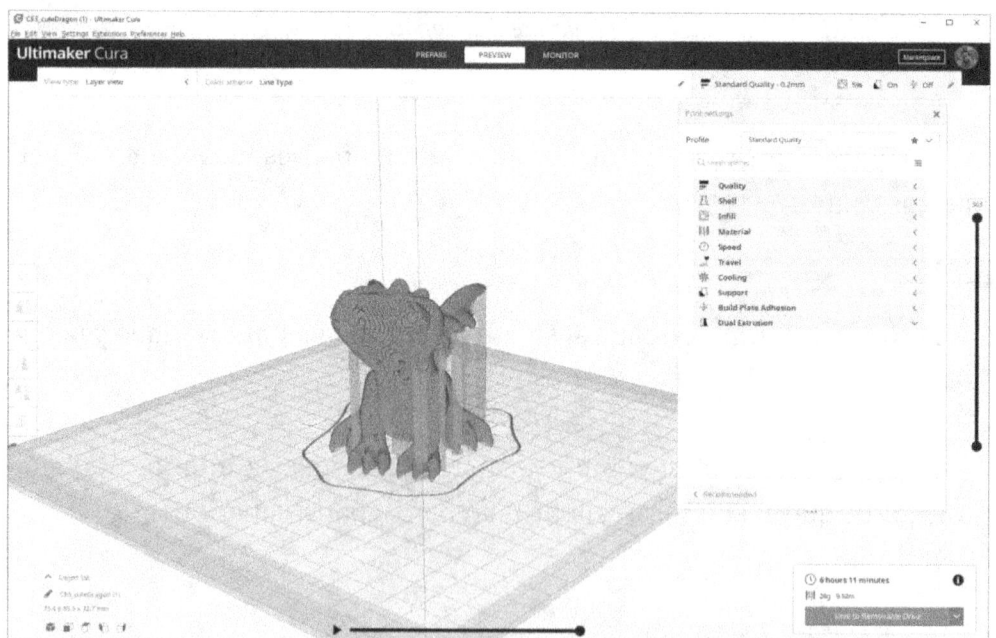

Ejemplo 2 recién laminado

E impreso así quedaría.

Ejemplo 2 recién impreso

Al haberse impreso en una impresora abierta, era muy complicado que no hubiera cracking, más en Burgos como te decía, pero bueno, es lo que tiene el ABS.

7.14-3. Tercer ejemplo: Pieza compleja en PETG

El tercer objeto va a ser un Deadpool hecho en PETG del diseñador David Östman, en Myminifactory [https://www.myminifactory.com/object/3d-print-deadpool-bust-remastered-supportless-edition-81435] que hemos visto antes. Una vez importado quedaría así:

PARTIENDO NUESTRAS FIGURAS EN CAPAS

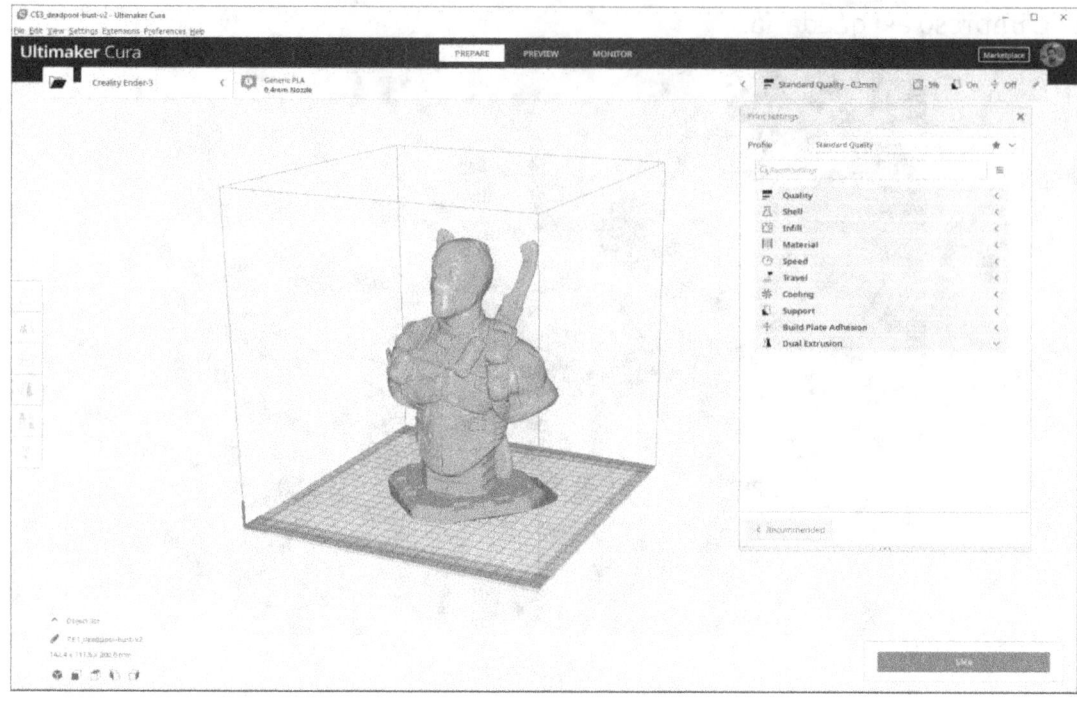

Ejemplo 3 recién importado

Tiene un tamaño perfecto ya de entrada y el diseñador comenta en la hoja de trabajo, que no necesita soportes.

Después vamos a ver qué parámetros usar:

QUALTY:

Un 0,2[mm] o incluso un 0,15[mm] le vendría estupendo a nuestro Deadpool para conseguir mucho detalle.

SHELL:

Un 0,8[mm] de grosor de pared y 3 capas superiores e inferiores serán más que suficiente para que sea un objeto resistente.

INFILL:

Un 3% de patrón tipo "Grid" valdrá de sobra para que se soporte bien.

MATERIAL:

Es un PETG que voy a imprimir a 230[ºC] con la base a 80[ºC]. Esto vale para cualquier época del año.

SPEED:

Este busto le imprimiremos a 30[mm/s] para conseguir el máximo detalle.

TRAVEL:

Activamos las retracciones y el Z-Hop. Esas espadas son como los pináculos de la catedral y no nos queremos arriesgar a que una pelota solidificada de plástico pegada en la boquilla del hotend las rompa.

COOLING:

El ventilador de capa al 30% ya que es PETG.

SUPPORT:

Esta pieza no necesitas soportes, lo dice el diseñador y le hacemos caso.

BUILD PLATE ADHESION

Con un Skirt nos valdría de sobra para poder sujetarlo a la base, ya que es amplia.

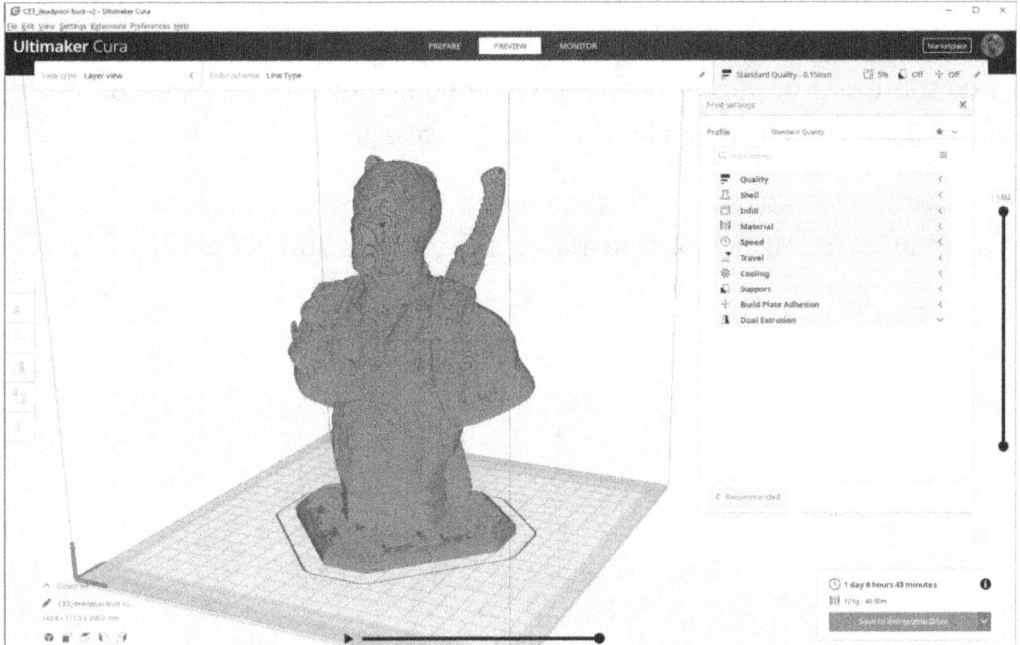

Ejemplo 3 recién laminado

Impreso puedes ver que quedó realmente bien. Además, el PETG es un material traslúcido por lo que deja un efecto muy curioso en la pieza.

Ejemplo 3 recién impreso

Y esto es todo sobre Cura. Hoy has aprendido mucho más de lo que sabe la gran mayoría sobre este programa, y si lo has asimilado todo (o lo haces poco a poco), ya te puedes dar con un canto en los dientes, te lo aseguro.

En "La impresión 3D no es solo para frikis" (mi curso de impresión 3D) lo vemos más a fondo, pero con esto para la mayoría es más que suficiente.

CAPÍTULO 8: PREPARANDO LA IMPRESORA 3D PARA IMPRIMIR: BUENAS PRÁCTICAS.

Y llegamos al capítulo 8 sabiendo manejar nuestra impresora 3D como verdaderos y verdaderas cracks. Mis enhorabuenas.

En este capítulo vamos a ver una serie de buenas prácticas a la hora de manejar nuestra impresora 3D, pequeños consejos que te vendrán bien para no liarla parda.

No será un capítulo muy extenso, pero sí con mucho contenido útil. Vamos a ir viendo el proceso de cómo deberías manejar tu impresora 3D de menos a más, desde que te la compras desmontada hasta que retiras tu impresión.

Ahora solo queda que te pongas tu impresora 3D al lado y veamos cómo la debes toquetear. ¡Allá vamos!

8.1- Trucos de montaje de la impresora 3D

Las impresoras de hoy en día se tardan muy poco en montar, es raro tardar más de dos horas en tener una Ender 3 lista para imprimir.

El tema está en que muchas veces tenemos tantísimas ganas de imprimir que olvidamos verificar que los componentes "premontados" estén bien ensamblados o de ajustar bien cada tornillo que ponemos.

Te pongo un ejemplo:

Hace tiempo monté una Anet A8 para una amiga, y más o menos por lo que pregunté, todo el mundo había tardado en montarla unas 6 horas de media. Yo tardé 10.

¿Era muy lento montando? Quizás, pero la verdadera razón por la que se me fueron 4 horas de más es que estuve revisando, tensando, volviendo a apretar los tornillos o verificando que la base estuviera en ángulo recto.

Esas 4 horas que yo me tiré de más ajustando bien la impresora, me las ahorré en problemas posteriores de atascos, desajustes o tener que volver a desmontar la impresora y volver a montarla por "que las piezas me salían raras".

Una de las partes más complicadas de montar, los rodamientos de la cama

Una vez claro que tienes que meter tiempo en el montaje de tu impresora ¿cómo ajustar la tornillería? Normalmente, será de lo poco que tengas que hacer tú, como por ejemplo meter los tornillos que sujetan la base al marco principal.

La clave en este punto es que haya una tensión en los tornillos, tanta, que el propio metal haga de "muelle" bloqueando la tuerca. Es como si la tuerca estuviera tan apretada hacia la dirección del cabezal del tornillo que fuera incapaz de desenroscarse, como en la foto de abajo.

Anclaje en T de tuerca-tornillo mediante presión

Con esto hay que tener cierto cuidado, hay zonas en los que esto no se puede conseguir, como el extrusor, por eso acabamos recurriendo a tuercas autoblocantes, que después cuesta muchísimo quitar, pero que no se mueven ni aunque la impresora se caiga desde un primer piso.

Para que veas más ejemplos de lo que te digo, la foto de abajo muestra el montaje del carro completo de mi impresora "Loal", otros hubieran montado el carro sin más, poniendo las piezas en su sitio y punto pelota, yo:

- Intentaba que las varillas lisas tuvieran la longitud final del carro para no tener que tirar de ellas y que todo encajara bien.
- Que los rodamientos fueran muy fluidos gracias a una buena alineación de ejes (de hecho, tengo que sujetar la correa para que no se deslice solo cuando lo inclino).
- Que la correa esté perfectamente tensada y que no haya exceso de longitud.
- Que el motor paso a paso esté bien anclado y sus tornillos bien apretados, tienen que aguantar muchas vibraciones de la máquina.

¿Un rollo hacerlo? Quizás sí, pero hay que plantearse cada punto que creas que te puede dar problemas a la larga y no dar nada por hecho, te aseguro que perderás más horas reparándola si no haces esto.

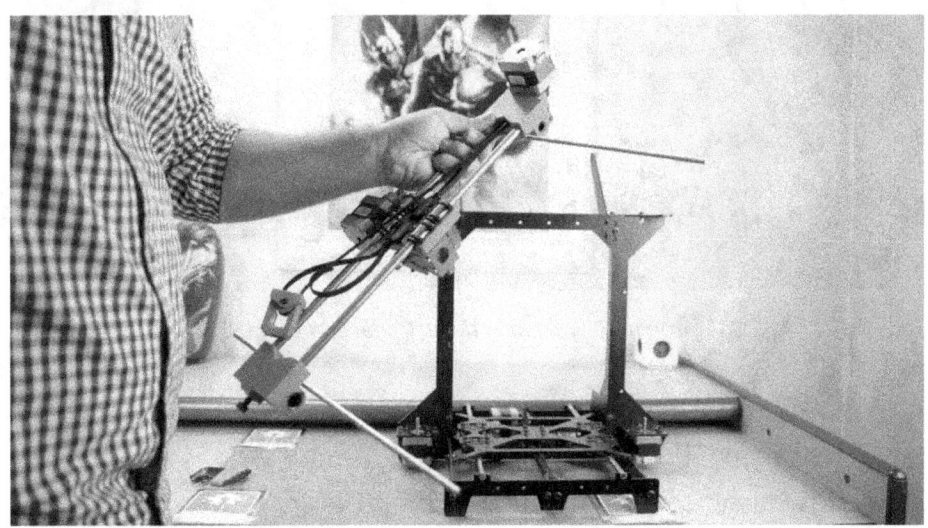

Montando el carro del extrusor. Bien montado.

Una vez la tengas montada, yo suelo coger un polímetro y verificar voltajes. Esto suelo hacerlo para ver si realmente todo está bien conectado, y que a cada componente le llegue toda la corriente que debería.

Las intensidades no las suelo chequear (salvo para los motores paso a paso), ya que suele pasar mucha corriente por la impresora y puede ser peligroso. Te voy a dar una serie de valores para una impresora de 12[V] por si te animas a hacer este checkeo.

- Cama caliente 11[A], 12[V]
- Motores X e Y: 200[mA]
- Motor Z de 1 husillo: 200[mA]
- Motor Z de doble husillo: 400[mA]
- Extrusor: 400[mA]

La fuente de alimentación da igual que sea de 30[A] o 25[A], al final va a dar la corriente que la máquina pida, que será en torno a los 15-20[A].

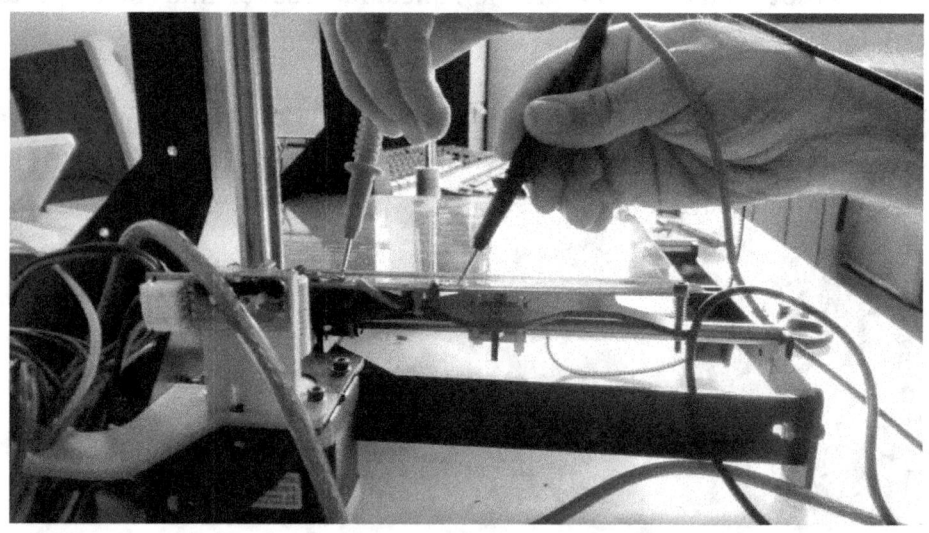

Comprobando la tensión de 12[V] de la cama caliente

Si trabajamos con 24[V] (o sea, 12[V] multiplicado por dos), la mayoría de las corrientes se dividen entre dos para mantener la potencia:

$$Potencia[W] = Voltaje[V] \cdot Intensidad[A]$$

Dentro de todo este batiburrillo, quiero que sepas que hay una intensidad que sí se puede regular y es la de los motores paso a paso.

En la foto de abajo puedes ver unos chips verdes con una pequeña ruleta metálica, estos son los drivers de los motores. La ruleta sirve para regular la intensidad que pasa por ellos y si alguna vez te dan problemas, seguramente la tengas que tocar.

Conexiones de la placa con sus drivers

Finalmente, si alguna vez tienes que insertar algún tipo de metal en piezas de plástico con ajuste (que es lo ideal para que queden bien puestas), el truco del soldador no falla.

La clave es calentar la pieza de metal, no el propio plástico. Esta pieza será la que vaya fundiendo el plástico a la vez que se introduce, quedando el agujero justo con el tamaño que necesita la pieza.

El truco del soldador para embutir piezas metálicas en piezas plásticas

Una vez tienes bien montada la impresora e imprimiendo ya solo hace falta hacerla cierto mantenimiento de vez en cuando, que es lo que vamos a ver en el siguiente punto.

8.2- Guía de mantenimiento preventivo

El mantenimiento preventivo sirve para que tu máquina tarde lo más posible en estropearse, por lo que merece la pena dedicarle un poco de tiempo y hacerlo bien.

Yo hay veces que vagueo y no lo hago, ya que las ganas de imprimir nos pueden, pero hay que intentarlo, es de las típicas cosas que no ves un resultado inmediato, pero que a la larga se notan, y mucho.

8.2-1. Limpieza y Medidas

En la impresora 3D se mete mucha roña a lo largo del tiempo y conviene quitarla porque puede ser peligrosa.

Ten en cuenta que la impresora se desliza mediante rodamientos tanto lineales como axiales, y por una impresión de una hora puede hacer casi 5.000

movimientos. Una pequeña viruta de polvo no se notaría demasiado, pero ¿un pegote de pelusas en el interior? Muchísimo.

Por otro lado, el polvo de la cama caliente hace que nuestras piezas no se peguen tan bien. Otra roña que hay que quitar de la cama caliente es… ¡exacto! La laca.

He visto impresoras con capas de 2[mm] de laca porque al ~~guarro~~ dejado que manejaba la impresora no le daba la gana limpiarla. Esto no puedes dejar que pase por favor, limpia la laca cada 10 impresiones, ya que después es mucho más difícil de quitar.

Desengrasante para los rodamientos para limpiarlos

Por otro lado, para comprobar la distensión de las correas o si la impresora se mueve bien, suelo verificar si cada eje se mueve lo que debería. Esto suele ser siempre así, pero puede que te lleves de vez en cuando alguna sorpresa porque la polea del motor se ha desacoplado del eje de este y baila sobre él (a mí me pasó).

Midiendo los movimientos del eje X

En el caso de que los movimientos no sean correctos, revisa las correas a ver qué puede pasar o si hay algo que está frenando a la máquina por algún lado.

8.2-2. Lubricación

La lubricación es esencial en cualquier máquina y en las impresoras 3D no podía ser diferente. Si no lubricas una máquina generas:

- Tensiones innecesarias.
- Rozamientos que pueden desgastar la máquina.
- Mayores temperaturas que pueden dilatar y resentir el material.

La lubricación tiene todas las ventajas que te puedes imaginar y si tuviera que quedarme con un punto de todo este capítulo, sería sin duda este.

CAPÍTULO 8

Punto 1 de lubricación: rodamientos del carro

No hace falta que lubriques todo, solo puntos de la máquina en dónde haya rodamientos y las varillas o husillos, que es dónde va a haber fricción metal-metal.

Detalle de los rodamientos del carro

Para la lubricación de las varillas, te recomiendo grasa de litio y para el de los rodamientos, algún tipo de lubricante de silicona es lo mejor que puedes usar.

8.2-3. Tensión

La tensión en una máquina no suele ser buena, sobre todo porque puede generar roturas inesperadas en el material. Cualquiera que haga moldeo de metal te dirá esto (de hecho, por eso se templan los aceros, para quitar tensiones y endurecer el material).

En el caso de las correas en una máquina, no ocurre lo mismo. Las correas tienen que estar muy tensas, no tanto como una guitarra, pero casi ya que tenemos que cerciorarnos de que las poleas agarran cada uno de sus dientes.

Tensor para el eje X

Por defecto, las impresoras 3D comerciales no suelen tener tensores y tenemos que hacérselos nosotros mismos. Un ejemplo de un tensor es el que puedes ver en la foto de arriba, un tornillo tira de la pieza de la izquierda hacia la derecha a través de su rosca tensando la correa.

Como te decía la clave es que las correas estén bien tensadas y ancladas a la pieza que vayan a mover, como en el caso del carro.

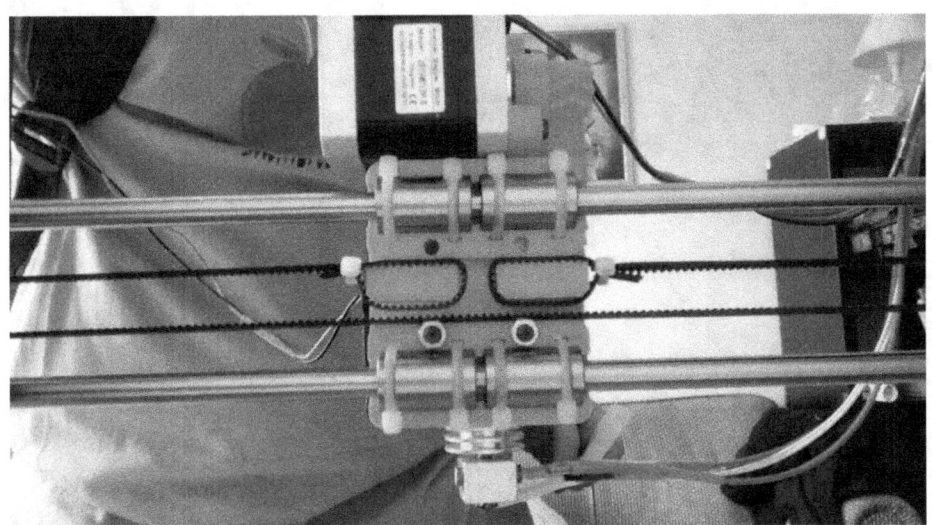

Ejemplo de correa bien tensada. Ambas paralelas.

Y no hace falta que te vuelvas loco en es te punto, una tensión mínima garantiza un buen funcionamiento de la máquina sin necesidad de ponerte modo "Schwarzenegger" tensándolas. Esto con que lo hagas cada tres meses suele ser más que suficiente.

8.3- Preparando nuestra impresión

¿Te suena esta imagen? La vimos más arriba con el proceso de nivelación de la cama caliente, porque es lo primero primerísimo que tendrás que hacer a la hora de imprimir, y debes hacerlo lo mejor que puedas.

PREPARANDO LA IMPRESORA 3D PARA IMPRIMIR: BUENAS PRÁCTICAS

Imagen repetida: Nivelación cama caliente

Una vez tengas bien calibrada la cama puedes optar por echar un poco adhesivo para piezas 3D, yo te recomiendo 3 adhesivos que funcionan de perlas:

LACA NELLY

Esta laca funciona muy bien y no es que sea "marquitis" es que si usas otra marca de laca no funcionará, créeme, lo he probado. Lo malo de esta laca es que te huele toda la casa a peluquería, lo bueno, es que es muy barata y si eres principiante te la aconsejo.

3D LAC:

Tiene el mismo formato que la Laca Nelly (y diría que la misma composición), pero sin los aditivos para el pelo. Esto hace que, al imprimir, no suelte vapores que hagan que tu casa huela como te decía, a peluquería. Dentro de las tres es la segunda que menos precio tiene, aunque cuesta 4 veces más que una Laca Nelly.

DIMAFIX

Este adhesivo de la gente de impresoras3d.com es un adhesivo en spray líquido, pero sin aerosol. Es algo más caro, pero para imprimir ABS y evitar el warping no hay nada mejor. Ideal para un nivel un poco más experto.

Una vez hayas puesto adhesivo a la cama, solo tienes que colocar tu bobina de filamento e introducir su extremo en el extrusor. Aumenta la temperatura previamente, introduce el filamento y extrúyelo un poco manualmente y a imprimir.

Bobina de filamento antes de ser introducida en el extrusor

Sé consciente del filamento que vas a imprimir primero, el que ves en la foto es mi primera bobina de ABS, cogerle el punto siendo principiante fue harto complicado por no saber cómo manejar el material, por lo que, aplica el método científico y léete el capítulo 3 jeje.

8.4- Problemas que pueden surgir durante la impresión

Te voy a comentar por aquí algunos de los problemas más comunes que te pueden surgir a la hora de imprimir. Todos son sencillos de arreglar, pero la primera vez que los ves te pueden parecer brujería nivel 10.

Todos tienen una causa física detrás, y casi siempre son los mismos. Solo hay que saber detectarlos, solucionarlos y poner los medios para evitarlos la próxima vez.

8.4-1. El Warping o el Cracking

La primera vez que imprimí ABS pasó eso que ves ahí abajo. La pieza abrió la boca y me habló.

Warping (Cracking) en pieza de ABS tras 20 minutos de impresión

Eso que ves abajo, se llama warping (bueno, técnicamente es cracking, ahora te explico). El warping es la contracción térmica del material cuando se enfría, a más rápido el enfriamiento, más warping surge.

CAPÍTULO 8

En materiales como el ABS esto ocurre con muchísima facilidad, tanto, que puede causarse el warping entre capas, rompiendo la pieza en 2 como en la foto. Esto se llama cracking (warping entre capas).

¿Cómo se solucionaría? Hay varios trucos para que esto no te pase más, pero ojo, tú determinarás cuantos tienes que llevar a cabo, no hace falta que te vuelvas loco/a/e.

El primero es aumentar la temperatura de la cama caliente. El ABS necesita unos 90-110[ºC] para imprimirse bien. Esto hace que el enfriamiento de la pieza sea más gradual. Piensa que si el ABS se enfriara de 220[ºC] a 0[ºC] gradualmente durante un año, no surgiría warping, por lo que retardar el enfriamiento, funciona.

En segundo lugar, controlar el ambiente es efectivo para paliarlo, me refiero a controlar que la temperatura de la habitación esté a 25[ºC] y no a 10[ºC] como en Burgos, esto se nota y mucho, sobre todo con impresoras abiertas. Otra alternativa es tener una impresora cerrada o encapsulada con una jaula de metacrilato, por ejemplo.

En tercer lugar (y es algo que te recomiendo hacer en todas las piezas de ABS), es poner una visera o Brim. Esto es una adhesión de la pieza consistente en una capa adicional que rodea los puntos en los que la pieza toca la base de impresión. Esto hará que haya más área de adherencia a la cama y el warping sea más complicado que surja.

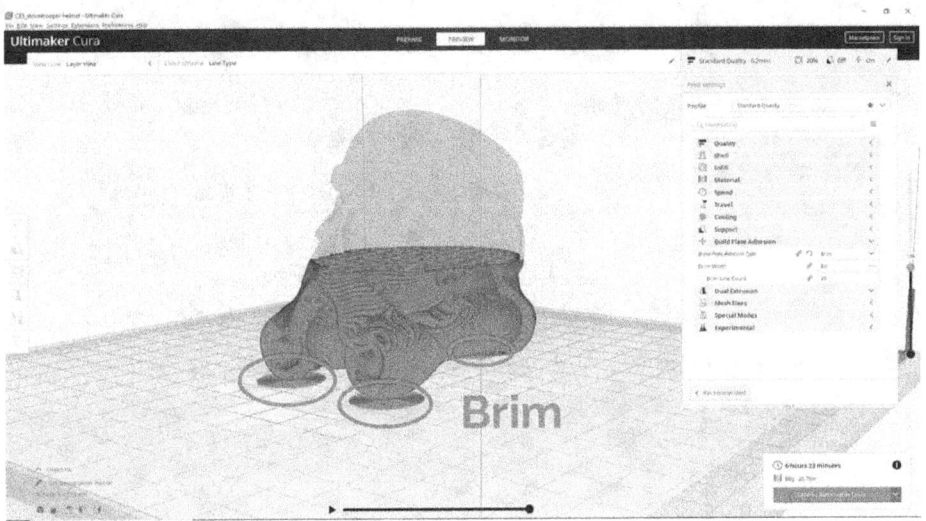

Ejemplo de Brim para evitar Warping

Más o menos con estos trucos es complicado que el warping se dé, aunque como vivas en una ciudad muy fría a veces ni haciendo esto vale, la única alternativa sería una impresora cerrada.

En el curso "La impresión 3D no es solo para frikis" toco unos cuantos más, pero ya es para un nivel un poco más avanzado que puede que ahora mismo, no te interese.

8.4-2. El stringing

Hay veces que cuando imprimimos PLA salen unos pequeños "hilillos" cuando el hotend se desplaza de un sitio a otro sin extruir filamento. Este efecto se llama "stringing".

Esto es debido a que el hotend tiene internamente una presión positiva, y puede ser debido a que el filamento está muy líquido o incluso por la propia gravedad que hace que gotee.

Stringing o hilitos en una pieza de PLA (Fuente: CoronavirusMakers UBU)

CAPÍTULO 8

Dependiendo del material que utilices el "stringing" se verá en forma de hilos más gordos como en la foto de arriba que es PLA o en finos hilos como en la foto de abajo, que es PETG, en el cual el "stringing" se tiende a dar más.

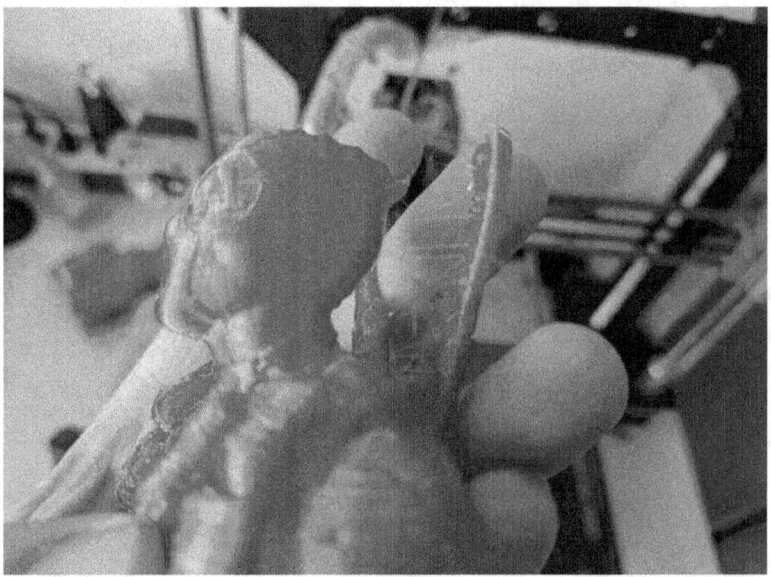

Stringing o hilitos en una pieza de PETG

La mejor forma de evitar esto es observando el hotend y ajustando bien los parámetros de retracción, esto se haría de la siguiente manera:

1. Calienta el hotend hasta un poco por debajo de la media de la Tª de fusión que te dé el fabricante (si te da 210[ºC] y 220[ºC], lo pones a 214[ºC]).
2. Metes el filamento manualmente hasta la boquilla.
3. Si gotea a más de 1[mm]/s, es que la temperatura es muy alta, si gotea a menos de 0,5[mm/s] es que es muy baja.

Algunos parámetros de retracciones para ajustar:

- Velocidad de retracción: 25[mm/s]-40[mm/s]
- Distancia de retracción extrusor directo (motor en el carro): 1[mm]
- Distancia de retracción extrusor bowden (motor extrusor fuera del carro): 3,5[mm]

Lo ideal es imprimirse una pieza en el que haya muchas posibilidades de que haya "stringing" como esta [https://www.thingiverse.com/thing:2490592]. Si te fijas, el extrusor está obligado a imprimir un poco e ir hacia el otro poste, otro poco y vuelve al otro poste, es muy complicado que no surja el goteo con tanto desplazamiento.

Si eso lo juntas probando diferentes temperaturas por tramos (o cambiando otras opciones), puedes afinar mucho los parámetros que mejor funcionan en tu extrusor.

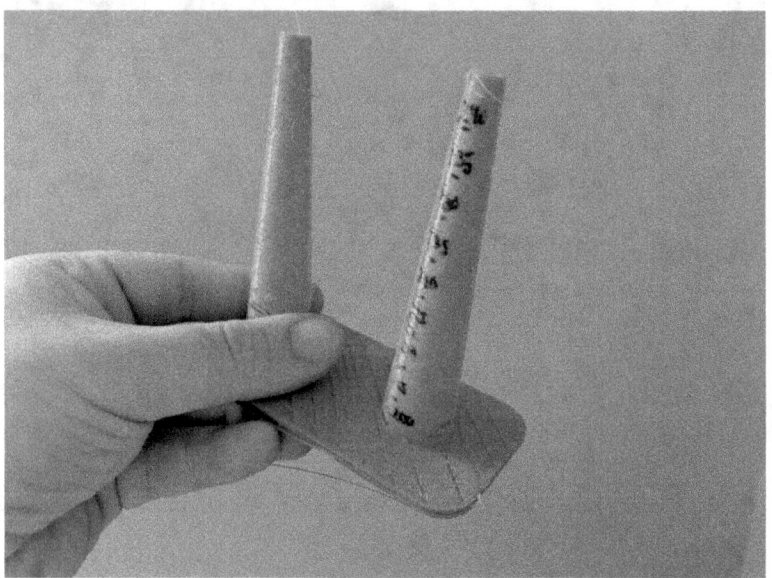

Test de retracciones con rangos de temperaturas

Como ves, las temperaturas más bajas en este test no le fueron nada bien a esta pieza, pero con ello pude ver que la temperatura óptima para imprimir este PETG, fueron los 225[ºC], ya que el fabricante me daba un rango de 200 a 240[ºC].

8.5- Finalizando nuestra impresión

Cuando termine la impresión, ya solo queda despegar la pieza. Si tienes una base de flexible y rugosa esto será muy sencillo, solo hay que doblarla y hacer que salga la pieza.

TRUCO: Cuando dobles la base, dobla hacia dentro, no hacia fuera, como haciendo una "U", esto hace que la base se doble mucho más y consigas despegar la pieza mucho antes y mejor.

Si por otro lado tienes una base de cristal (como en la foto de abajo), lo de despegar la pieza es más complicado, ya que tendrás que meter una rasqueta o una paleta de pintor para despegarla bien.

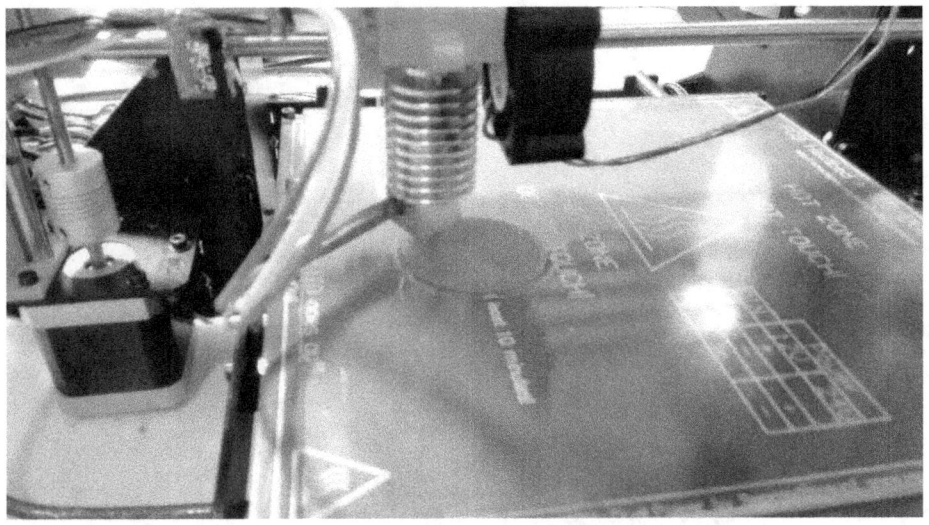

Finalizando pieza sobre una cama de cristal de 4[mm]

Ninguna opción es mejor que otra, hay muchas personas que tienen base de cristal y se han cambiado a base flexible y rugosa, y al revés. La base de cristal a pesar de dar algo más de peso a la impresora y que cueste más que se despeguen las piezas, es mucho más efectiva con un poco de laca que cualquier base rugosa en términos de adhesión en las piezas, ya que el cristal obliga a la superficie a ser completamente plana.

Y estos son los trucos y buenas prácticas en la impresión que debes tener en cuenta para que todo salga bien. Si todo va como debe ir, poco a poco irás cogiendo tus manías, tus apaños, e irás haciéndote tu base de datos de uso de tus impresoras.

Ahora vamos a mejorar un poco la impresora en uno de sus puntos más críticos: El extrusor y el hotend.

CAPÍTULO 9: MEJORANDO TU IMPRESORA 3D: EL EXTRUSOR Y EL HOTEND.

Llegó la hora de mejorar nuestra impresora 3D y llevarla al siguiente nivel.

Hay muchas mejoras que se le puede hacer a una impresora 3D: poner un fleje de acero templado en la base, un mosfet de control de potencia en la cama, unos drivers silenciosos, pero sin duda hay una que se lleva la palma: la mejora del sistema de extrusión.

Piensa que la extrusión es uno de los pilares dentro de la calidad de una impresión, ten en cuenta que la impresora lo único que hace es moverse y expulsar filamento, si una de las dos cosas la hace de manera mediocre, pues imagínate.

En este capítulo vamos a ver todos los tipos de sistemas de extrusión y componentes que hay, y cual te recomiendo que uses para tu impresora 3D.

Ale, a sacar la billetera que no pasas de este capítulo sin haber aumentado tu S.A.V. (Síndrome del Ansia Viva) un 50% y haberte gastado también el 50% de lo que lleves encima.

9.1- Qué es el hotend y el extrusor y en qué se diferencian

Dentro de un sistema de extrusión existen dos componentes:

- El extrusor que será el encargado de extruir o empujar el filamento.
- El hotend que será el encargado de fundirlo.

Es curioso, pero he podido comprobar que muchas personas no saben distinguir entre estos dos componentes, llaman a uno como el otro y al otro como el uno indistintamente. Eso no te va a pasar a ti porque voy a ser muy chapas con este tema, es muy importante que hables con propiedad.

MEJORANDO TU IMPRESORA 3D: EL EXTRUSOR Y EL HOTEND

El extrusor es lo primero que se encuentra el filamento nada más bajar hacia el sistema de extrusión, y tirará del filamento hacia él, a la vez que lo empuja de forma controlada hacia lo que lo funde, el hotend.

El extrusor que ves en la siguiente imagen es un extrusor tipo MK8, hay muchos tipos de extrusores, pero básicamente todos tienen los mismos componentes.

Por un lado, tenemos el engranaje tractor, que será el que agarre el filamento con sus piñones y vaya tirando de él clavándolos sobre el fino hilo. Para que esto ocurra tiene que haber presión en los dientes (para que se inserten lo justo en el filamento) y ahí viene el rodamiento de presión, que ejercerá presión contra el engranaje tractor gracias al muelle que ves más abajo.

El engranaje tractor va unido directamente con el eje del motor (hay veces que no es así, sino que existe otro engranaje reductor en medio), y como nosotros podemos controlar el giro del motor, podremos controlar la cantidad de filamento extruido por segundo.

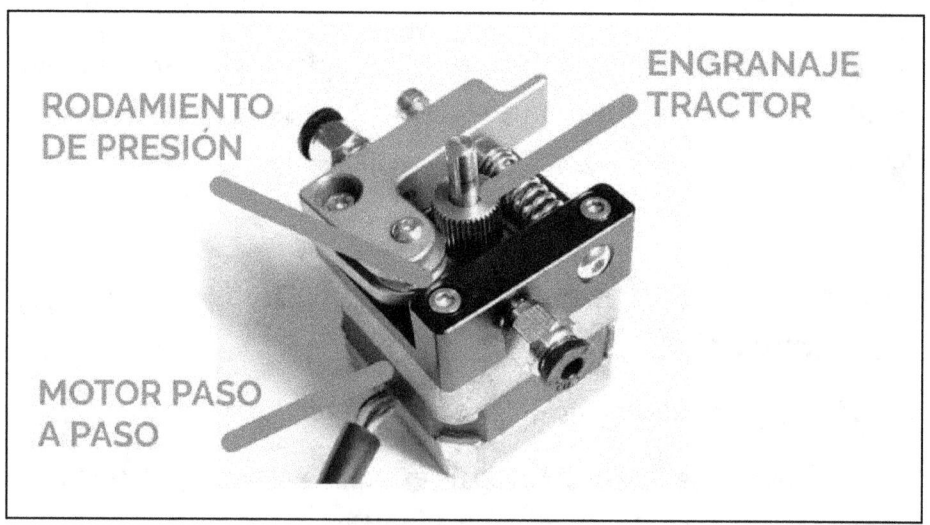

Partes de un extrusor

Por otro lado, tenemos el hotend que fundirá el filamento a una temperatura controlada. Tiene 4 partes:

- La boquilla, que será la que determine el diámetro del filamento fundido.

- El bloque calentador, que contendrá la resistencia que calentará todo el conjunto, además del termistor que controlará su temperatura. El termistor le dará la orden a la resistencia de cartucho si debe calentar más o menos.
- La barrera térmica o "barrel", será el encargado de hacer que el calor no suba hacia arriba y funda el filamento antes de tiempo. Es muy fino para aumentar la resistencia de conducción del calor.
- El disipador, que será el encargado de disipar el poco calor que llega por la barrera térmica o "barrel", tiene siempre enganchado un ventilador para mejorar este punto.

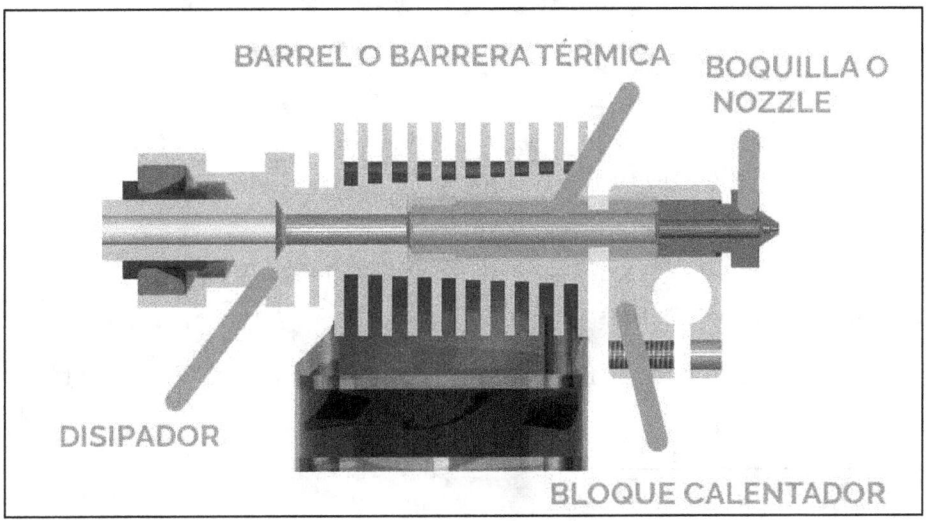

Partes de un hotend

Hay muchas configuraciones para estos dos elementos, pero de una forma u otra, siempre están presentes en cualquier impresora y los elementos siempre son los mismos. Siempre.

Aquí te muestro otro sistema de extrusión con un "Greg´s Extruder". El motor tiene adjunto un engranaje pequeño que gira solidario con un engranaje más grande para hacer un mecanismo de reducción. El engranaje grande será el que contenga la polea tractora (en este caso, un tornillo o "hobbed bolt") y empuje el filamento hacia el hotend.

MEJORANDO TU IMPRESORA 3D: EL EXTRUSOR Y EL HOTEND

Greg´s Extruder de mi impresora 3D Loal

Ahora vamos a ver cómo funciona este conjunto.

9.1-1. ¿Cómo funcionan juntos?

Este es un pequeño esquema acerca del funcionamiento de un extrusor y un hotend:

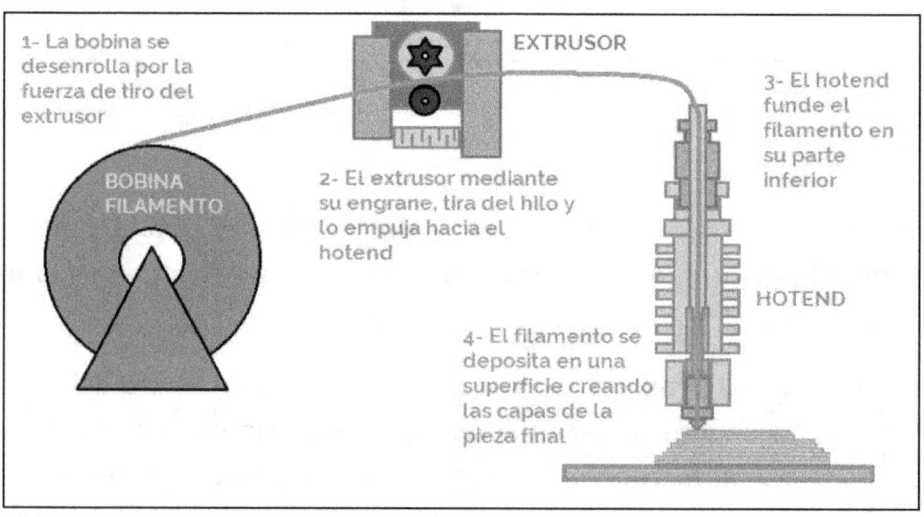

Cómo funciona un sistema de extrusión

Realmente no te dirá nada nuevo que no hayamos visto en capítulos anteriores, pero volver a recordarlo (por si te has leído este libro del tirón), no nos vendrá mal en este punto para que entiendas todo mejor.

9.2- Tipos de extrusores que existen y cual elegir

Ahora que sabemos cómo funciona un extrusor, vamos a ver cómo se categorizan y qué tipos hay.

La categorización básica si hablamos de la posición del extrusor dentro del sistema de extrusión es: extrusión "bowden" o extrusión directa.

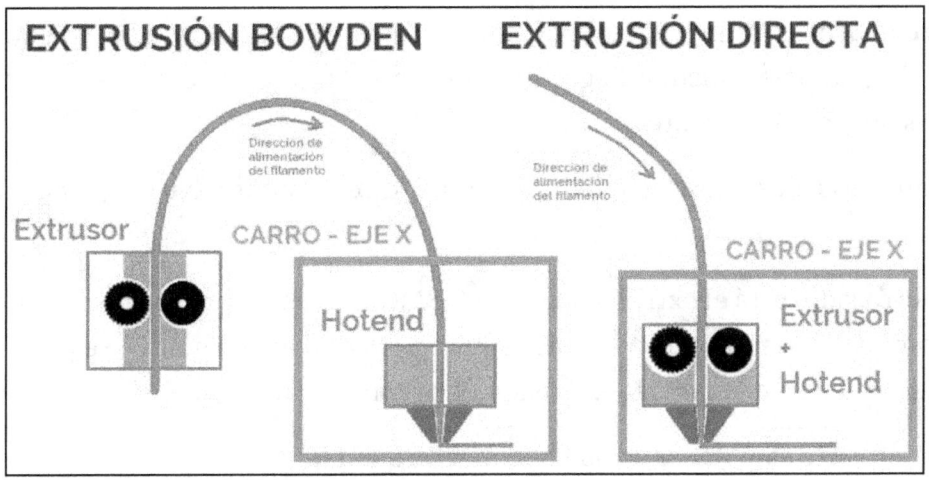

Sistema de extrusión bowden vs directo

En la extrusión Bowden, el extrusor está fuera del carro del eje X, como por ejemplo en la Ender 3, que está sobre el marco de la estructura principal. Para guiar el filamento desde el extrusor hasta el hotend que está en el carro, se suele utilizar un tubo de un material muy poco adherente como el teflón o PTFE.

Por otro lado, la extrusión directa hace que tengamos todo el sistema de extrusión en el carro, y el carro tenga que mover todo el conjunto en vez de liberarse del peso del extrusor. Este sistema lo tienen impresoras como la Anet A8.

A pesar de tener el hándicap que te he dicho, el sistema directo me gusta más, ya que te permite controlar mejor la extrusión al tener mucha menos distancia entre el hotend y el extrusor.

Si nos vamos a marcas, los extrusores de tipo profesional más famosos son:

- Extrusor MK8.
- Extrusor MK10.
- Extrusor Titán o Titán Aero.
- Extrusor Bondtech.

La diferencia entre los dos primeros es mínima, y el nombre se lo pusieron las marcas para diferenciar algún pequeño cambio en impresoras. Es el que te he enseñado en la foto más arriba.

Los extrusores Titán y Titán Aero son extrusores desarrollados por la empresa E3D y los originales pueden llegar a costar unos 70€, aunque, por supuesto, son mejores que los de las marcas chinorris.

Están pensados para acoplar el hotend directamente en ellos y son muy compactos.

Por otro lado, está el extrusor Bondtech BMG, que es un extrusor que es un poco más compacto, menos pensado para alojar un hotend en él, aunque se puede, pero tiene algo más de fuerza en la extrusión (y se controla mejor).

Básicamente esto es con lo que te deberías quedar:

- Para un extrusor de tipo directo: Extrusor Titán o Titán Aero.
- Para un extrusor de tipo bowden: Extrusor Bondtech BMG.

9.2-1. ¿Cuál es la diferencia entre un Titán y un Titán Aero?

Cuando empecé a ver información sobre los extrusores y oía Titán y Titán Aero no me enteraba de que iba la fiesta, ¿cuál era la diferencia entre los dos?

Pues básicamente que uno es más compacto que el otro.

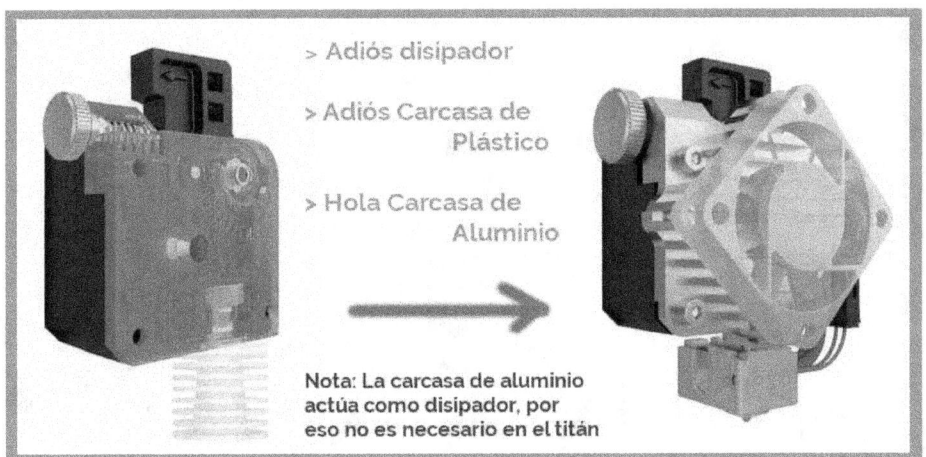

Diferencias Titán y Titán Aero

La única parte diferente es la carcasa que cubre el extrusor, en el Titán es de plástico y en el Titán Aero es de aluminio. En el segundo caso, esta carcasa hace de disipador, por lo que podemos obviar el disipador del hotend acoplado al Titán, porque se sustituirá por el disipador-carcasa en el Titán Aero.

Esto nos dará menos longitud en el hotend, y, por lo tanto, más altura en Z. A mí me gusta más el Titán Aero por esto, y aunque es más caro, personalmente me parece que merece mucho la pena.

9.3- Tipos de hotends que existen y cuál elegir

Hay muchos tipos de hotend en el mercado, pero las formas de trabajar son estas 3:

- Allmetal.
- Tubo de teflón o liner.
- Tubo de PTFE hasta la boquilla o Bore 4.1.

Si te fijas, todos son exactamente iguales, pero ¿qué cambia? el "barrel" o la barrera térmica.

MEJORANDO TU IMPRESORA 3D: EL EXTRUSOR Y EL HOTEND

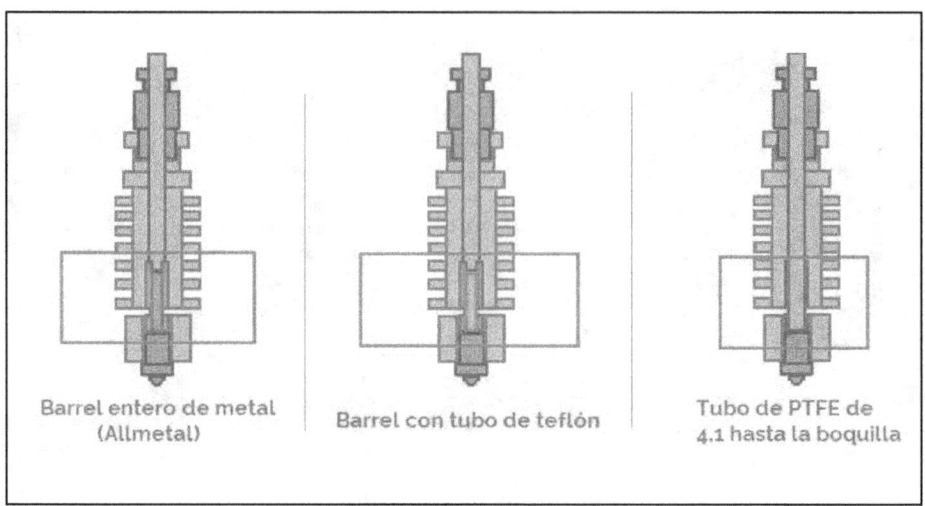

Tipos de hotend del mercado

En el primer caso, la barrera térmica está completamente hecha de metal. Aquí es importante invertir en un buen fabricante que haya fabricado el interior mediante electropulido, porque si no lo ha hecho así, la fricción en el "barrel" hará que haya inconsistencias en la extrusión.

Si está bien hecho, es un "barrel" estupendo ya que no necesita de tubo externo de teflón en su interior, puedes aumentarlo a temperaturas muy altas sin que se degrade, y puedes imprimir muchos tipos de materiales.

La pega es que, si imprimes PLA, suele quedarse pegado en el interior y formar más atascos si la pieza tiene muchas retracciones.

Por otro lado, tenemos un hotend que tiene un "barrel" que en el interior tiene un trozo de teflón, que nos posibilitará que el filamento vaya sin fricción sin gastarnos un dineral en un barrel "allmetall". Lo malo de tener tubo de teflón es que no puedes subir la temperatura de manera constante a más de 235-240[ºC] porque el teflón se comienza a degradar (hay gente incluso que dice 210[ºC]). Si lo haces puntualmente no importa, pero a la larga tendrás que cambiarlo.

El tubo de teflón hasta la boquilla o PTFE, en vez de tener el tubo principal que va hasta la boquilla y otro en el interior del barrel, es continuo. Personalmente me gusta más esta opción por no tener que estar cambiando dos tubos de teflón interno cada dos por tres, y es la mejor opción si quieres teflón en sistemas de extrusión "bowden".

El teflón va muy bien si usas PLA, por lo que, si solamente imprimes con este material, cualquiera de los dos últimos es una buena opción.

9.3-1. El Hotend Mosquito

Quería hacer un apartado especial para hacer un inciso en un hotend muy especial, que es el hotend mosquito.

Lo especial de este hotend no fue su nuevo diseño más abierto, o el tamaño de su bloque calentador, sino la ingeniería de materiales que lleva.

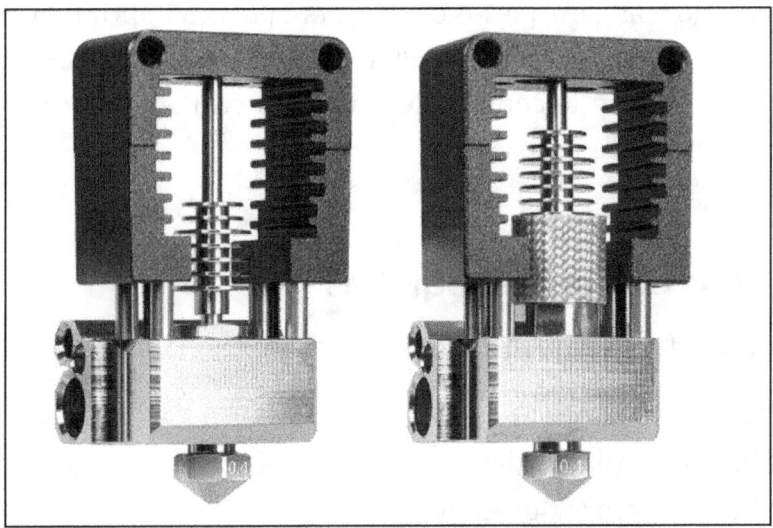

Hotend mosquito de extrusión larga y corta (Fuente: Bigtreetech store)

Este hotend, introdujo una idea de hacer una barrera térmica recubierta de cobre, así conseguíamos una mayor disipación en el propio "barrel" y podíamos prescindir de un disipador grande.

Esta idea los asiáticos no tardaron en replicarla y en crear un nuevo concepto de "barrel" recubierto de cobre y con el interior de aluminio, lo que permitía una disipación mucho mejor en el barrel. A esto se le llamó, "barrel bimetal".

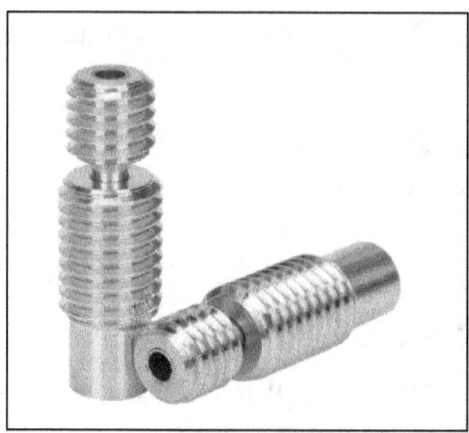

Barrel bimetal, mi favorito

Es un barrel algo más caro que los demás, pero puedes imprimir a temperaturas altas como un "allmetal" e imprimir PLA tan bien como un "barrel" con teflón interno. Una maravilla y la compra de este libro casi solo merece la pena por conocer este componente, te lo aseguro.

9.3-2. Las clases de boquillas

Dentro de los hotends para impresora 3D hay varias clases de boquillas:

- Boquillas de latón.
- Boquillas de acero inoxidable.
- Boquillas de acero endurecido.
- Boquillas de punta de rubí.

Las más comunes son las de latón, disipan bien el calor sirven para todo tipo de materiales (bueno, casi todos) y son las que utiliza el 90% de la gente el 90% del tiempo.

Las de acero inoxidable son boquillas para uso alimentario, ya habrás oído hablar sobre las impresoras 3D de comida y demás, pues estas boquillas se pueden utilizar para esto. Básicamente son una excusa para poder justificar que tus productos cumplen las normas de higiene.

Las de acero endurecido son boquillas preparadas para imprimir filamentos con partículas de cobre o incluso filamentos fosforescentes, los cuales son abrasivos. Esto significa que generan mucha fricción al salir por la boquilla, y en una boquilla de latón normal y corriente, seguramente acaben agrandando el agujero.

Finalmente, las de rubí son unas que surgieron hace relativamente poco que aguantan filamentos muy exigentes, aunque todavía no he visto un filamento de uso común que no aguante una de acero endurecido. Y, además, cuestan una pasta.

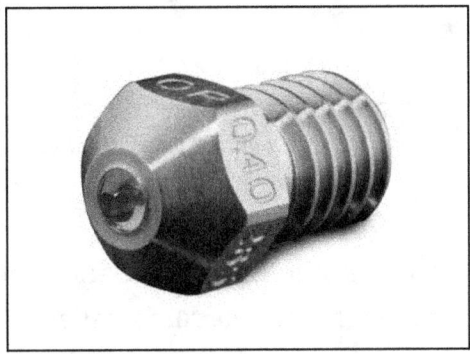

Boquilla con punta de rubí (Fuente: Matterhackers)

9.4- Multiextrusión

La multiextrusión se da cuando queremos imprimir más de un tipo de filamento a la vez, en una misma impresión y sin necesidad de cambiarlo manualmente nosotros.

Hay varios tipos de formatos de doble extrusión, pero los principales son los siguientes:

- Varios extrusores "bowden" y un hotend con varias entradas.
- Varios extrusores directos y un hotend por cada uno.
- Y mi favorito: Un sistema de extrusión bowden que cambia de filamento y un solo hotend.

Y solo tienes que saber una cosa antes de comprar uno: HUYE DEL SEGUNDO.

MEJORANDO TU IMPRESORA 3D: EL EXTRUSOR Y EL HOTEND

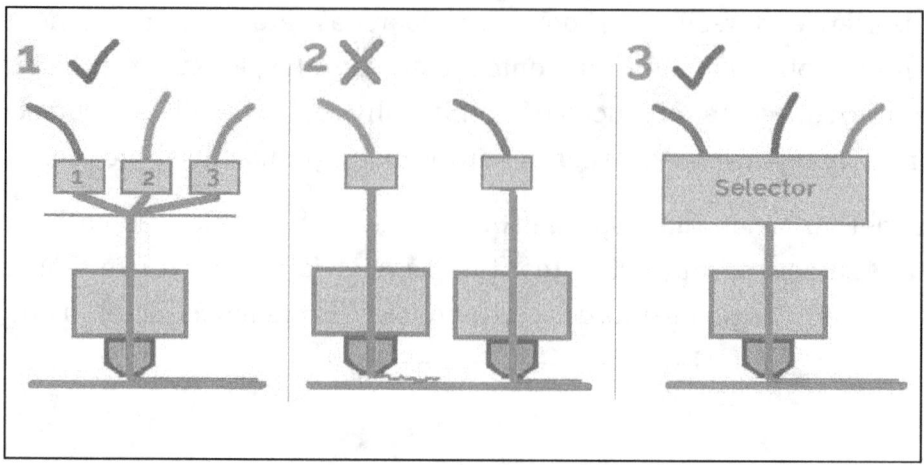

Tipos de sistemas de multiextrusión

El problema de tener varios hotends, es que tienes que nivelar sus "nozzles" con respecto a una misma referencia, la cama caliente. Si los hotends fueran independientes, no habría problema, pero es que están acoplados a extrusores los cuales tienen la misma referencia en altura: el carro. ¿Entiendes el problema que esto genera?

El último sistema de momento solo lo ha implementado Prusa, y el primer sistema es el más común (y más barato), además de poder servir para una mezcla simple de colores (aunque es mejor que te compres un filamento del color de mezcla y dejarte de líos).

CAPÍTULO 9

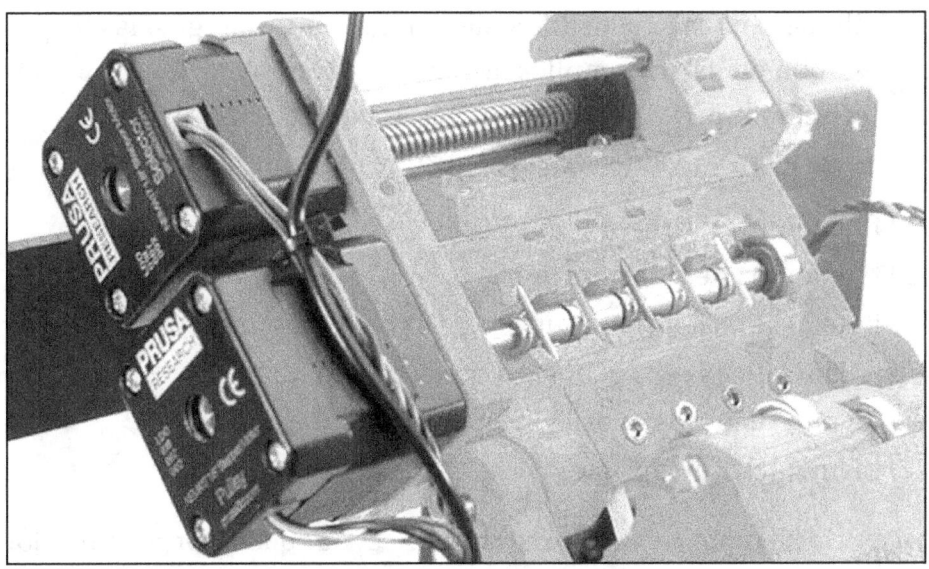

Multiextrusión: Selector de Prusa (Fuente: Prusaprinters)

Dentro del primero tenemos varias opcones:

- Extrusor Diamond (un cuerpo con 3 entradas, una boquilla)
- Extrusion Chimera (un cuerpo, dos boquillas)
- Extrusión Cyclops (un cuerpo con 2 entradas, una boquilla)

Cyclops clon de Geeetech (Fuente: Geeetech)

MEJORANDO TU IMPRESORA 3D: EL EXTRUSOR Y EL HOTEND

A mí el Chimera no me gusta por lo de tener que regular igual las boquillas del hotend, cosa que es harto complicada cuando nos movemos en tolerancias de décimas de milímetro. Para ello es mejor tener una sola boquilla, y que un filamento salga alternativamente con el otro, se imprimiría así:

1. El filamento 1 imprime.
2. El filamento 1 deja de imprimir.
3. El hotend se retira a hacer una torre de desechos, o sea, quita lo que sobra del filamento 1 y ceba el hotend con el filamento 2.
4. El hotend vuelve a su posición en la pieza.
5. El filamento 2 se imprime.

Es necesario siempre cebar el extrusor para evitar que imprima un color sobre el otro. La torre de desecho al final nos quita volumen de impresión, pero es mejor que tener dos extrusores independientes.

Torre de desecho en Cura Ultimaker

9.5- ¿Cuál es mi combinación favorita de extrusor + hotend?

Lo primero que quiero decirte es que no te vuelvas loco con esto, yo he tenido muchos años un hotend impreso en 3D, ni Titán, ni Bondtech, ni MK8 ni nada de eso, impreso en 3D y me ha ido estupendamente durante años.

Es verdad que con los nuevos controlas la extrusión un poco mejor, pero eso solo les interesa a los servicios de impresión 3D que tienen que imprimir con buena calidad y rápido, para que les salga más rentable cada pieza.

Mi primer extrusor en Of3lia

Dicho esto, si tienes un sistema de extrusión directo, te recomiendo un Hotend V6 con un extrusor Titan y si tienes dinero para permitírtelo, un titán Aero es incluso mejor opción.

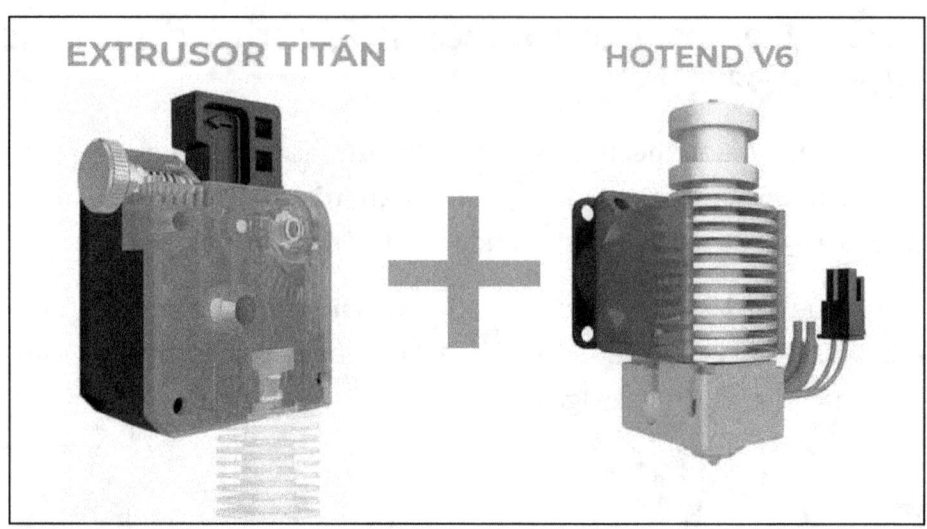

Sistema de extrusión para Directo

Si por otro lado tienes un sistema de extrusión tipo bowden como impresoras como la Ender 3, sin duda te recomiendo un extrusor BMG con un Hotend V6 Allmetal (o con tubo de PTFE si imprimes solo PLA).

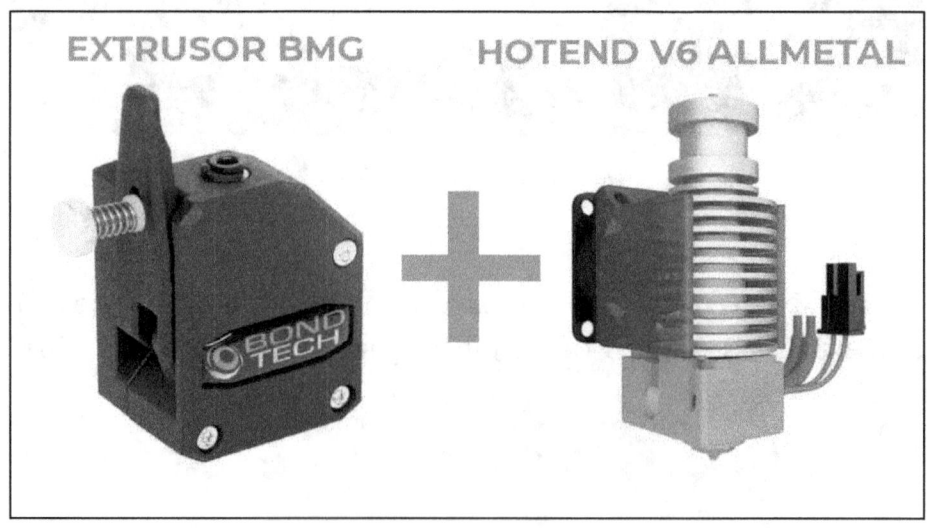

Sistema de extrusión para Bowden

Estas opciones te durarán mucho durante años, aguantan de todo y si las cuidas un poquito (manteniendo una lubricación y demás) no vas a tener problemas de extrusión en mucho tiempo.

Si quieres ver concretamente las marcas que yo me compraría, te dejo los enlaces para que les eches un ojo:

- **Sistema Extrusión Bowden**: https://of3lia.com/ir/mejor-extrusor-bowden
- **Sistema Extrusión Directo**: https://of3lia.com/ir/mejor-extrusor-directo
- **Mejora recomendada S.E. Directo**: https://of3lia.com/ir/mejor-extrusor-mejora-titan-aero

9.6- Qué extrusor elegir para cuando tenemos filamento flexible

En la extrusión con filamento flexible, lo más importante es controlar que no haya huecos desde el extrusor hasta la boquilla del hotend, lo demás es algo más accesorio.

Por ejemplo, si tienes un extrusor tipo MK8, puedes apañártelo con alguna pieza de Thingiverse que quite este hueco.

Acople extrusor MK8 impreso en 3D para filamento flexible

Por otro lado, los nuevos extrusores como el Titán, suelen traer ya una pieza que te permite hacer eso por defecto, para que el filamento vaya guiado en todo el tramo de extrusión.

Encaje para extrusión en flexible de un extrusor Titán

Y con esto ya estas preparado/a para mejorar la impresión de tu impresora 3D y créeme que, si inviertes en esto, lo vas a notar.

CAPÍTULO 10: ¿Y DESPUÉS DE ESTO QUÉ?

Bueno y llegamos al último capítulo, al capítulo del ¿y ahora qué? Hemos tenido un viaje sobre todo lo básico que deberías saber sobre la impresión 3D, y ahora solo toca ampliar.

A veces, es complicado encontrar fuentes fiables de información sobre el tema, ya que muchas marcas patrocinan muchos contenidos para que se hable de sus impresoras, cada vez se cuentan por más los Youtubers cuyos únicos videos son "Mi opinión sobre la impresora Ender 128 Plus Alpha".

Entiendo que se hagan este tipo de videos, la gente tiene que vivir de algo, pero cuando te aprovechas de una audiencia para pegársela de tal modo que ya no ven otra cosa, resulta una pérdida de tiempo seguir viéndolos.

Aquí te voy a hablar de algunos sitios dónde la esencia sigue ahí, hay información actualizada y disponible para el usuario sin marcas mediante, y además una serie de recursos que estoy seguro te serán de mucho interés.

10.1- Algunas fuentes informativas fiables

Cada vez están surgiendo más y más blogs y canales de YouTube de impresión 3D, pero ¿realmente merecen la pena?, vamos un poco con los blogs.

Últimamente están surgiendo muchas webs llamadas "de afiliación", para que te hagas una idea son webs que se dedican a promocionar productos y si tú te compras un producto a través de sus enlaces, ellos se llevan una comisión.

Esta forma de monetizar es lícita, yo la llevo a cabo también en mi blog, pero es que hoy en día hay blogs que solo se dedican a este tipo de monetización, mira un ejemplo:

¿Y DESPUÉS DE ESTO QUÉ?

Ejemplo Web solo con contenido transaccional

Esta web por ejemplo solo tiene artículos tipo:

- Mejores impresoras 3D.
- ¿Cuál es la mejor impresora 3D?
- Impresoras 3D baratas.
- Comparativa filamentos impresora 3D.
- Comparativa Resinas impresora 3D.

Cuando un blog solo da información para que te compres una impresora o algo a través de ella, suele ser signo de que su contenido no es muy fiable y lo peor, es un coñazo.

Veamos otro ejemplo de alguien que sí que lo hace bien, bitfab.io:

CAPÍTULO 10

Bitfab.io: Una buena web de contenido

Bitfab es una web con un contenido en parte transaccional (como te digo, de algo hay que vivir), pero tiene un contenido informacional de mucha calidad y del que te puedes fiar 100%. Este es un tipo de blog al que te recomiendo seguir y tener como referencia.

También, por si no te has enterado todavía de cuál es mi blog: of3lia.com, también tengo artículos de este tipo, informativos. Están más orientados a un usuario "maker" por lo que, si buscas contenido más "industrial", quizás deberías buscar otro tipo de blog.

Un artículo que saqué para escanear en 3D con tu móvil

Suelo ir publicando cosillas nuevas en él y para enterarte, la única forma de hacerlo es a través de mi "newsletter", no me gustan las redes sociales. Para hacerlo, puedes hacerlo desde el siguiente link, y, como detalle de bienvenida, doy una guía de calibración de tu impresora de 50 páginas: https://of3lia.com/como-calibrar-tu-impresora-3d/.

CAPÍTULO 10

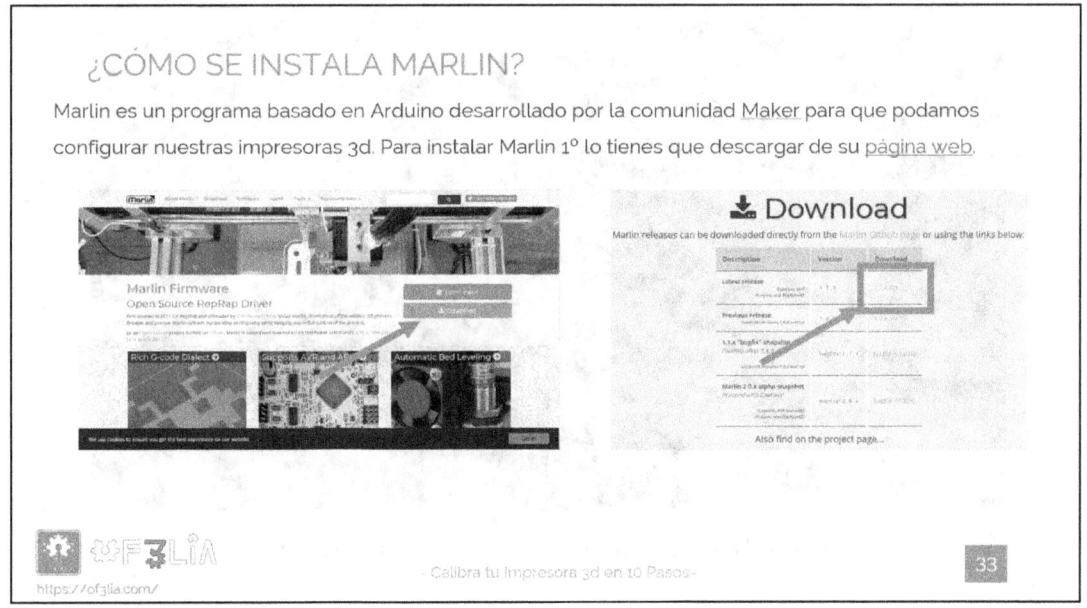

Ejemplo de una de las páginas de la guía de calibración

Por otro lado, tenemos Youtube. Youtube es una plataforma genial para aprender impresión 3D si encuentras el canal adecuado.

Dentro de los canales hispanohablantes, muchos han ido cambiando de contenidos hasta volverse unos escaparates de las marcas que les patrocinan, y, aunque sus contenidos originalmente eran buenos, ahora personalmente no los recomiendo.

Uno de los que más me gustan actualmente es Share Horizons, es un canal que lo está haciendo muy bien, haciendo alguna "review" de una impresora a la vez que hace contenido de mucha calidad. Para que te hagas una idea ha conseguido unos 40.000 suscriptores en un año y 60 videos después, una locura.

¿Y DESPUÉS DE ESTO QUÉ?

Enric de Share Horizons en su especial 10.000 suscriptores

Por otro lado, tenemos canales como Tu Rincon 3D, que a pesar de tener bastantes videos de "reviews", tiene contenido muy bueno. Además, y se lo curra mucho, realmente se nota que le apasiona lo que hace.

Asier de Tu Rincón 3D haciendo juguetes impresos en 3D

Finalmente hablar de GOVAJU 3D Printing, de mi amigo Juan. Es un canal que habla de reviews de filamentos e impresoras que le prestan, o componentes de mucha utilidad para nuestras impresoras 3D. Es un gran comunicador y si te gusta mejorar tus impresoras y desarmarlas hasta el fin, es un gran canal para ver. Además, tiene algún video de Fusion 360 que no tiene desperdicio.

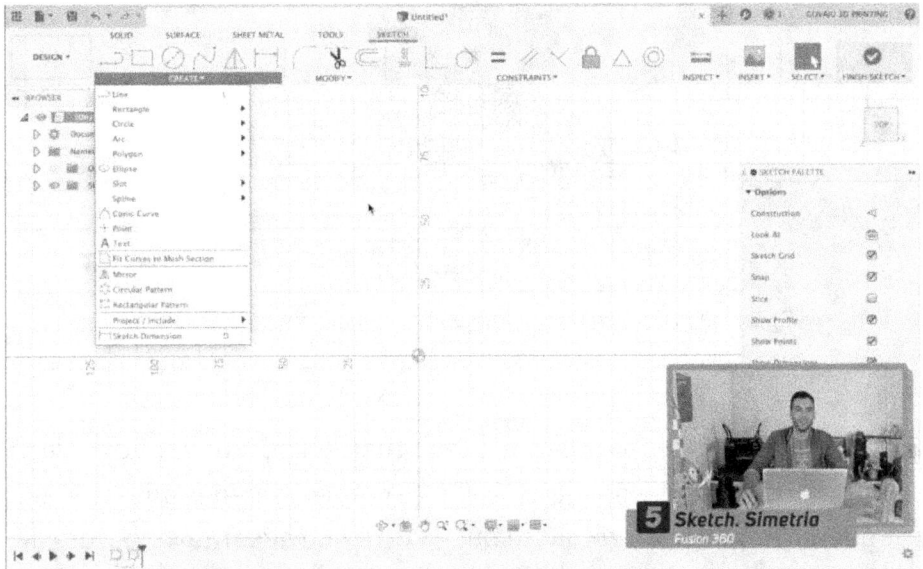

Juan de GOVAJU 3D Printing en un video de Fusion 360

10.2- Prueba muchos filamentos por muy poco precio

Las muestras de filamento por membresía han venido para quedarse.

El usuario común de impresión 3D le cuesta imprimir 1 kg de filamento casi medio año a lo sumo, y al final se acaba aburriendo del mismo color en todas sus piezas. Los makers necesitamos renovarnos y probar cosas nuevas.

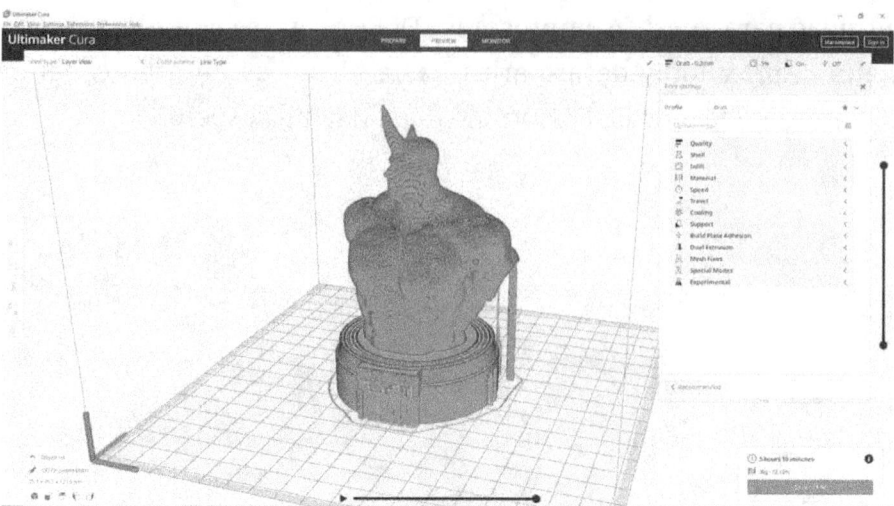
Figura de Rhino lista para imprimir con filamento Galaxy Black

Es como cuando ves en Youtube un nuevo filamento, o tu amigo de turno te ha enseñado una pieza con ese nuevo PLA efecto cobre. Inmediatamente te entra un ansia por querer probarlo, pero, no te queda otra que aguantarte porque no te vas a gastar la economía familiar en otra bobina de 25€.

Con este tipo de membresía podemos probar filamentos de todo tipo sin tener que comprar la bobina entera.

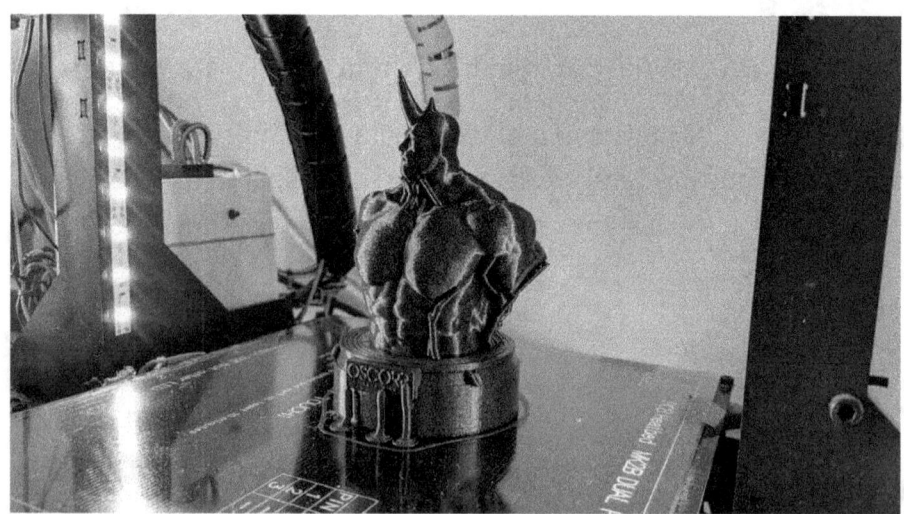
Rhino impreso con filamento Galaxy Black

Además, para las empresas es mejor. Les permite cobrar más por muestras de 50 gramos de filamento (aprox. 1/20 de bobina) en comparación con las bobinas enteras.

Al final, el beneficio es algo mayor y encima el cliente lo prefiere. Por ello, creo que este tipo de membresías va a proliferar y los pioneros en España han sido la gente de 3DVip Club y de momento los únicos que la llevan a cabo, por ello vamos a centrarnos en ella.

10.2-1.1. Qué tipos de membresía tienen y Cuánto cuesta

PLAN	PRECIO	Descuento Filamentos	Acceso Sorteo	Descuento Tiendas	Acceso STL premium	Descuento FilaVIP	Muestras filamentos	Descuentos adicionales
VIP BASIC	6.95€/mes	15%	SÍ	SÍ	NO	Sí, de 13.90€ a 10.90€	NO	-
VIP SILVER	11.95€/mes	20%	SÍ	SÍ	SÍ	Igual que el Basic	1	Extrudr, Bondtech, Fillamentum, E3d y 3Dlac (10%)
VIP GOLD	16.95€/mes	30%	SÍ	SÍ	SÍ	Igual que el Basic	1	Lo de Silver + Asistencia técnica
VIP BOX	9.95€/mes	10%	SÍ	SÍ	SÍ	Igual que el Basic	4	Recreus, Bondtech y E3D (10%)

Planes de la membresía de filamentos

Esta es la comparativa de todo lo que ofrecen en esta membresía en concreto, aunque me voy a centrar directamente en VIP BOX que es la que más interés puede tener para un usuario como nosotros.

El Vip Box incluye 4 muestras de filamentos interesantes de unos 30-50 gramos (más adelante te cuento cuales me llegaron), los descuentos en tiendas, 10% de descuento en marcas (Filoalfa, BQ, SmartMaterials, Sakata, Formfutura, Fiverlogy,

Fillamentum, ColorFabb, Recreus, Bondtech, E3D, Wanhao y Monocure), acceso al sorteo, filamento Filavip a 10,90€ y el STL exclusivo.

Bien, si lo comparamos con el Silver por el que pagas 2 € más:

- Te quitan un 10% de descuento en las marcas de filamento.
- Te añaden 3 muestras de filamento adicional.

O sea, en comparación con el Silver, cambias descuentos en bobinas por 3 muestras más de filamento y pagas 2 € menos.

Hay gente que le compense y gente que no, yo lo prefiero. Realmente a mí no me interesa tener acceso a bobinas más baratas, ya que uso filamento, pero no tanto como para gastarme una al mes. Hay meses que sí, pero los que menos.

Por otro lado, por 3 € más que VIP Basic tienes muestras de filamento (lo que me parece más interesante) y los STL, que, por cierto, están muy muy bien.

Además, el VIP Gold es demasiado para mi gusto y el VIP Silver, realmente te cambia descuentos en bobinas de 1[kg] que no voy a usar, por muestras de filamento que estoy deseoso por probar.

¿Y si necesitara en un momento puntual mucho filamento? Pues me puedo apañar con su descuento de FilaVIP (el filamento de la marca), que tiene un precio bajísimo en comparación con las marcas chinas que te puedes encontrar en Amazon, y mucha mejor calidad.

10.2-2. Mi experiencia con esta membresía tras 3 meses usándola

He de decir que el servicio de envíos es un poco variable en el día de llegada, no van a llegar los filamentos ni el 15 de cada mes, ni el 18, sino que puede ser cualquier día en torno a esas fechas.

Esto, no me hizo mucha gracia, ya que durante el mes siguiente esperaba con ansia la nueva muestra de filamento, y las fundo bastante rápido (puro Síndrome del Ansia Viva).

CAPÍTULO 10

Envío de un paquete de VipBox

En cuanto a la llegada, viene bien empaquetado, aunque no sé cuánto puede afectar estar esos filamentos el no estar al vacío, no obstante, menos gasto en plástico para embalar, lo cual, está bien para el planeta.

Contenido paquete VipBox

Por último, comentar que el servicio estándar no te lo lleva a casa, te deja la notita de correos en el buzón. Por el precio tan ajustado que tiene no me extraña que lo hagan así, pero que te llegue a casa siempre es algo que se agradece. Las muestras, como digo, van al aire en una caja de cartón normal.

La calidad es muy buena, vienen embridados para que no se enreden (aunque en cuanto quitas la brida se te puede enredar si no tienes cuidado). El peso que viene es correcto, de lo que he podido comprobar se pasará unos ±3 gramos como mucho.

Peso de una muestra de los filamentos

En cuanto a la información, dentro, incluyen una hojita con información de los filamentos:

- Material y peso.
- Color.
- Temperatura del hotend recomendada.
- Temperatura de la cama recomendada.
- Rango de potencia del ventilador de capa recomendado.
- Por qué han elegido este filamento (esta parte es la que más me gusta).

Para mi gusto, deberían poner la densidad del filamento y la longitud del filamento, ¿por qué? porque en Cura vas a trabajar con densidades estándar para el PLA, y si quieres clavar realmente cuánto filamento vas a gastar para poder optimizar la pieza, es la única forma de hacerlo bien.

Gramos de filamento de esta pieza, la mayoría soportes

Vaaaale, sé que esto es hilar muy fino, pero bueno ¿siempre se puede mejorar no?

En cuanto a imprimir, no puedes hacer ningún tipo de pruebas inicial por la escasez de gramos de cada muestra, por lo que yo siempre pongo la temperatura a ojo o un poco menos de la mitad del rango que ofrecen:

Ej.: Si te dicen 200-230°C, pues un poco menos de 210, 215 [°C].

A partir de ahí, tienes que configurar Cura para que los soportes y la pieza gasten más o menos los gramos de filamento (cosa que también enseño en mi curso de impresión 3D, si te interesa).

Yo lo pesaba antes por sea caso, para saber cuánto me podía desviar, ya que había muestras que pesaban 36 gramos en vez de los 40 esperados (y con estos rangos es bastante).

Peso de otra muestra de filamento

Después, tras un par de enredos procedía a desenredar la muestra manualmente, lo ponía en la impresora y esperar a que terminara. Y así poco a poco todas las piezas se iban haciendo.

10.2-3. Tips Antienredo para muestras pequeñas con este tipo de membresías

Debido a los enredos que tuve, probé a imprimir una masterspool [https://www.thingiverse.com/thing:2769823], que es un soporte de bobina de filamento reutilizable.

CAPÍTULO 10

Enredo muestra filamento

En un primer lugar, la idea que tenía era imprimir una "masterspool" pequeña por el tamaño de las muestras de filamento, pero debido a la curvatura de fabricación de los filamentos, vi que fue una cagada, realmente el filamento no se iba a adaptar al menor diámetro de esta "masterspool".

Después ya imprimí la normal, un poco más achatada, e inserté el filamento en ella (previamente desenredado) y cogido con un celo, por sea caso.

Poniendo filamento en una Masterspool

A continuación, ya tocaba ir enrollando poco a poco, desde cero.

Desenrollando toda la muestra para enrollarla en la masterspool

Lo metes en el hotend, y ya se imprime estupendamente a partir de ahí.

Imprimiendo PETG color burdeos

CAPÍTULO 10

Nota: Creo que en sus últimos paquetes ya añaden este TIP. Te animo encarecidamente a hacerlo, te evitas muchos líos y para 40 gramos que tenemos, no hay que desperdiciarlos.

10.2-4. Los tipos de filamentos

Los filamentos la verdad es que eran muy acertados y muy bonitos en esta membresía (repito, de momento y desgraciadamente, no hay ninguna más).

Te enseño las piezas que hice:

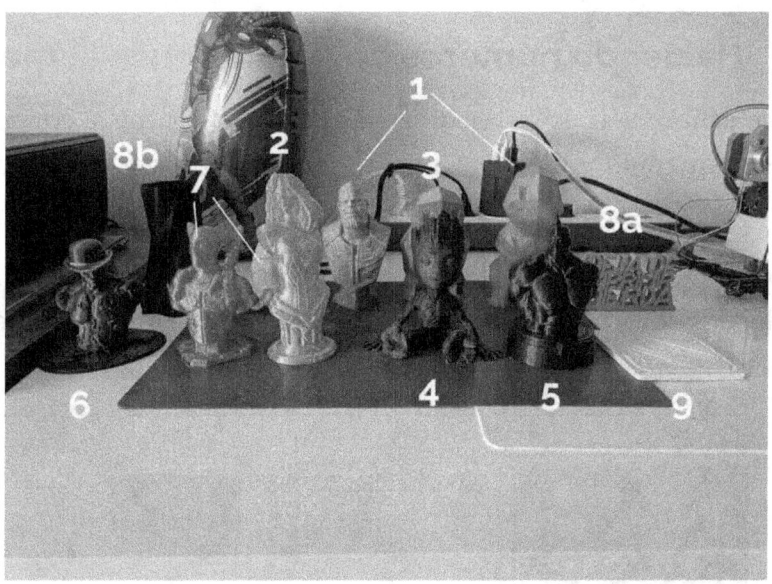

Piezas con filamentos especiales terminadas

1. He probado dos filamentos de su marca FilaVIP de colores bastante chulos (el rojo y el azul que tienen).
2. Un filamento de color oro que tras imprimir la pieza casi me caso con ella.
3. El PLA solidario de Sakata (colaboración con Ayudame3D).
4. Un filamento de madera con un tacto impresionante.
5. La posibilidad de probar un filamento tipo "vértigo" anti-capas. Realmente es tan bueno como cuentan.

6. Un filamento verde interferencia que me esperaba mejor, pero muy curioso también.
7. Un filamento ASA y un PETG de un color realmente bonito.
8. Filamentos PLA especiales con más dureza y resistencia y otro resistente a los rayos UV y a la temperatura.
9. Un PLA que se podía grabar en láser (no lo pude probar, pero hice la pieza).

Nota: Si ves que las piezas tienen tonos raros es por que hice experimentos con ellas que no vienen al cuento en este punto.

10.2-5. Haciendo números de si compensa la membresía

Ahora toca echar cuentas antes de pasar por caja. Vamos a coger los precios reales de los filamentos y hacer reglas de 3 con los gramos que te dan en cada muestra.

Ten en cuenta una cosa, los STL que regalan los venden también en las tiendas originales de dónde los sacan, por lo que contaré ese precio dentro de la comparativa:

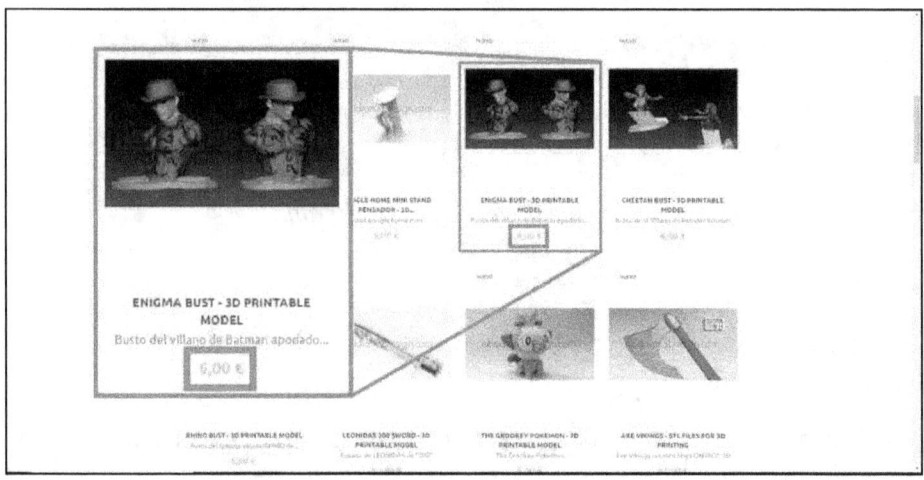

Modelo 3D independiente a la venta que regalavan un mes de membresía

CAPÍTULO 10

CAJA 1:

- 40 gramos de Winkle PLA Verde Interferencia: 80 cént.
- 50 gramos de Filavip Fire Red PLA: 55 cent.
- 40 gramos de PLA 850 Solidary: 80 cent
- 40 gramos Prusament PLA Galaxy Black: 1 euro
- STL de Nightwing: aprox 6 €.
- Envió estándar de correos: 2,40 €
- TOTAL: 11,55 €

CAJA 2:

- 30 gramos de Polyalchemy Gold Rush Elixir PLA: 1,1 €
- 50 gramos de Filavip Cobalt Blue PLA: 55 cent.
- 20 gramos de Colorfabb lasker marking PLA: 1,33 €
- 30 gramos Winkle PLA corcho: 1,16 euro
- STL de Avarice Green Lantern: 12,99 €
- Envió estándar de correos: 2,40 €
- TOTAL: 19,53 €

CAJA 3:

- 25 gramos de Filamentum ASA Natural: 0,76 €
- 50 gramos de Fiberlogy PETG Burgundy: 0,63 cent.
- 20 gramos de Colorfabb PLA/PHA: 1,2 €
- 30 gramos Filoalfa Alfapro Negro: 1,1 euro
- STL de Coronavirus: 8 €.
- Envió estándar de correos: 2,40 €
- TOTAL: 14,09 €

Siendo el precio de la membresía que he elegido, 9,95€/mes, está realmente bien.

Es verdad que no puedes elegir ni el archivo stl ni el filamento, pero a los que nos mola probar cosas nuevas, es realmente una ganga.

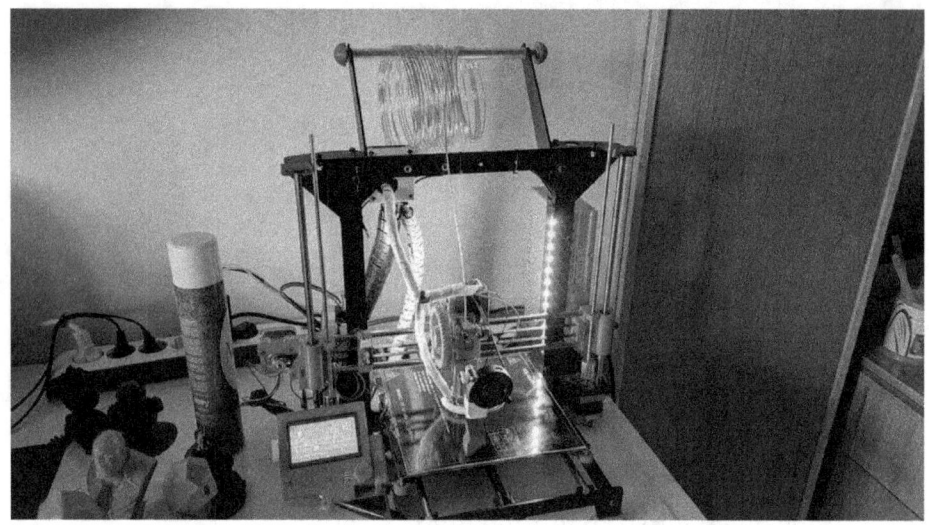

Imprimiendo uno de los filamentos más bonitos que he visto, efecto oro

10.2-6. Conclusiones y descuentos

Para mí el claro ganador si te animas a una membresía en la actualidad es VIP Box, te ofrece mucha variedad de filamentos para que no te aburras imprimiendo siempre del mismo color con la misma bobina de filamento que compraste hace 3 años.

Las muestras a veces se quedan escasas, pero he de decir que más gramos por muestra tampoco aportaría demasiado, solo a incrementar el precio.

Por otro lado, el poder acceder a su marca FilaVIP a un precio tan bajo, es un punto a favor si necesitamos recurrir a filamentos más "a granel" para proyectos más grandes.

Insisto en que den la longitud y la densidad de filamentos, con el filamento que se podía marcar con láser me quedé corto y se acabó antes de lo esperado. Este es el punto más en contra que tengo, y que creo que es clave.

Y nada más que decirte de este tipo de membresías, son una buena alternativa para probar cosas nuevas, que personalmente me compensa mucho.

CAPÍTULO 10

En esta en concreto, les pedí si me podían dar un código descuento para usuarios y me lo dieron sin problema. Con el siguiente código tienes un descuento en el primer mes de membresía y te das de baja cuándo te dé la gana.

CÓDIGO DESCUENTO: OF3DV

10.3- Médicos de la impresión 3D

Hay muchas formas de usar la impresión 3D tanto en beneficio propio como para los demás, y esta forma de hacerlo es una de las que más me gustan. Te voy a hablar dos proyectos de índole médica para que puedas dar un buen uso a tu impresora 3D que seguro que te van a encantar.

Por un lado, tenemos las prótesis en 3D, cuyos promotores pioneros (y la web dónde te recomiendo buscar información) es "Enabling the future" [http://enablingthefuture.org/]. Aquí encontrarás la forma en las que estas prótesis se llevan a cabo y como hacerlas tú mismo.

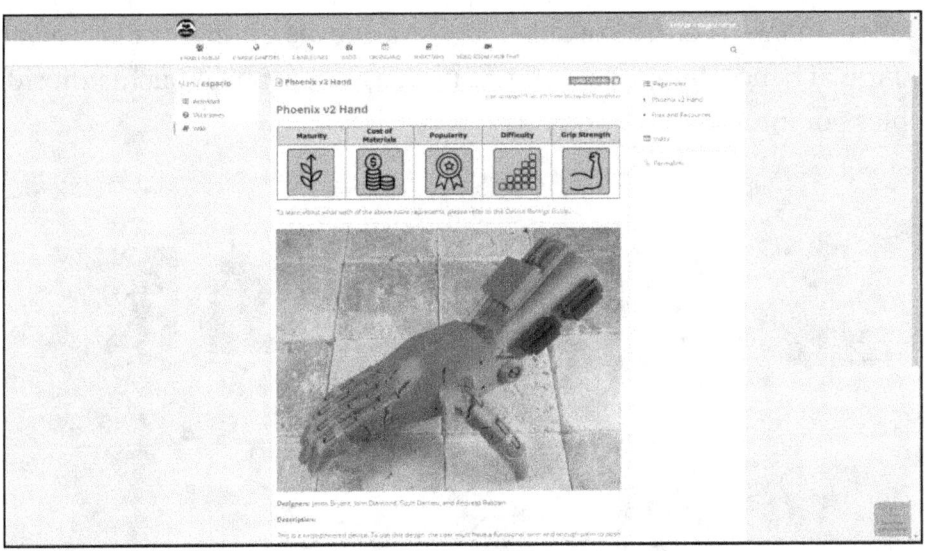

Prótesis Phoneix v2 Hand de Enabling the Future

Este proyecto en España está materializado en ayudame3d [http://ayudame3d.org/]

Por otro lado, tenemos Chemobox, una carcasa personalizable para las bolsas de quimioterapia de los niños hospitalizados.

Set de Chemobox de lifturity3d (Fuente: Twitter:@lizfuturity3d)

No tienen una web centralizada, en sí, si no que las Chemobox las va subiendo cada usuario al banco de piezas que más utiliza, aun así hay muchísimos diseños disponibles por internet.

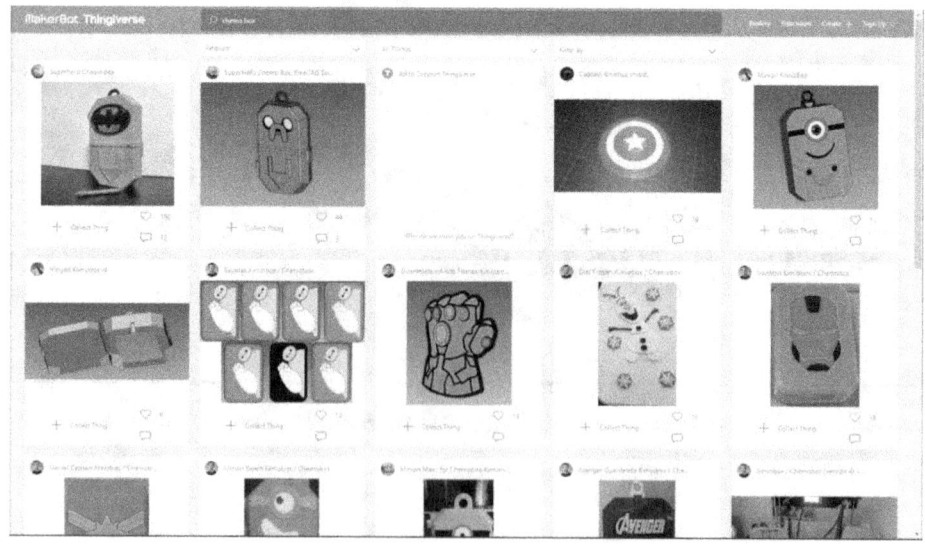

Chemobox disponibles en Thingiverse

Por ello, si te apetece participar en esta iniciativa, puedes crearla tú mismo para el hospital de tu ciudad e instar a la gente a que te dé cajas de este tipo (bien hechas por supuesto) o imprimir algunas y llevarlas tú mismo.

10.4- Si quieres seguir aprendiendo conmigo

Bueno y hasta aquí hemos llegado, espero que te haya sido de mucha utilidad este libro, como ves hay muchísimas cosas en la impresión 3D por descubrir, y muchas ideas para llevarla a un siguiente nivel.

Cuando me plantee hacer este libro, pensé en un usuario que quería iniciarse en la impresión 3D y que asentara un poco las bases de la misma de forma general y espero que haya conseguido mi objetivo.

Si te apetece seguir aprendiendo y caminando conmigo, tengo un curso más avanzado dónde hablo sobre impresión 3D más avanzada y amplio mucho más capítulos como los del filamento y me extiendo mucho más en la calibración, metiéndome en una guía de calibración mucho más avanzada.

Entre otras cosas te pongo ejemplos de lo que puedes ver en cada módulo (más otras cosas más):

- M1: Alternativas y mejoras a los 17 componentes principales de una impresora 3D y el porqué de los mismos
- M2: Los 8 filamentos más raros que he visto en el mercado y que te permitirán crear los proyectos maker más vistosos.
- M3: Las 20 herramientas que yo utilizo actualmente para utilizar mi impresora 3D, y que me ahorran un montón de tiempo y disgustos.
- M4: Cómo la lie yo al principio, preparando mis impresiones en 3D, y cómo te recomiendo que lo hagas tú ahora.
- M5: Qué programa utilizo yo para editar STL, y todos los trucos internos que tiene para sacarle el máximo potencial.
- M6: Llevar a cabo soportes que te ahorren hasta un 60% del material de la impresión y más de la mitad del tiempo que lleva imprimir la pieza de manera normal.

- M7: Los pasos exactos que debes dar para calibrar bien tu filamento que casi nadie hace y que te permitirá saber el límite del mismo en tus piezas (y mejorar los resultados de las mismas).
- M8: El montaje paso a paso que yo hago en mis hotends para que no se desmonten. Desde que lo hago así no se me han vuelto a desmontar nunca.
- M9: Mis 6 modelos 3D favoritos para imprimir en 3D que seguro que te encantan (y te acabarás imprimiendo).
- M10: Cómo hacer que tu impresora pueda funcionar hasta por la noche sin despertar a tu perro que duerme en la habitación de al lado.
- M11: Un sitio que casi nadie conoce dónde saco la mayoría de las ideas de mejora de las principales impresoras 3D comerciales.

Si lo buscas directamente en mi web, no lo vas a encontrar, solo lo dejo disponible para suscriptores. Si crees que te puede interesar, te recuerdo que te puedes suscribir aquí [https://of3lia.com/como-calibrar-tu-impresora-3d/]

Y bueno, eso es todo, espero que hayas disfrutado leyendo este libro tanto como lo he hecho yo escribiéndolo, que te sea de mucha utilidad y que todos tus proyectos acaben llevándose a cabo, cualquiera. No pongas límites a tus ideas.

Antes de irnos, te dejo un regalito final por aquí, "by the face" jeje.

Un grandísimo abrazo.

Jorge Lorenzo Núñez de Of3lia.com

BONUS: CÓMO CAMBIAR DE FILAMENTO SIN MORIR EN EL INTENTO

Una de las cosas que más me preguntan mis alumnos es cómo cambiar el filamento de forma correcta, ya que no hacerlo bien puede dar causa a muchos atascos dentro de nuestra impresora 3D.

No es lo mismo hacerlo con un mismo material, que con diferentes materiales, pero la forma de sacarlo es siempre la misma.

1. Subimos la temperatura del hotend.
2. Bajamos el filamento hasta que se produzca el cambio de filamento y salgan los restos del anterior.
3. Sacamos rápidamente el filamento de la impresora.

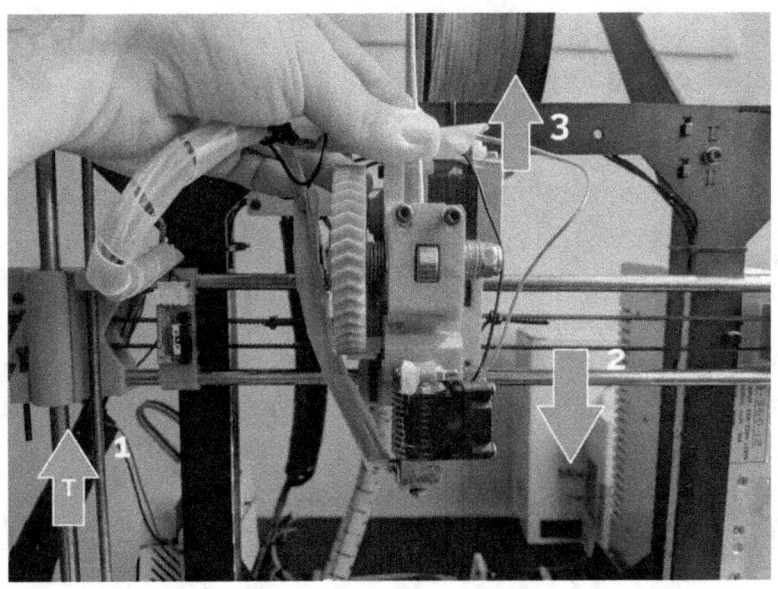

Como sacar los filamentos del extrusor

¿Dónde cambia la cosa entonces? En el punto de la temperatura.

Por ejemplo, si estamos cambiando un PLA por otro PLA, yo recomiendo subir la temperatura a un 80% del punto de fusión del fabricante y hacer lo que te he comentado anteriormente.

Lo más lógico y lo que hacía antes era subir el conjunto justo a la temperatura de fusión, pero si haces esto, aunque es efectivo, acaba dejando hilitos de filamento muy finos en todo el extrusor realmente molestos, casi como los de una telaraña.

Por otro lado, tenemos cuando el material que metemos, un PLA por ejemplo, tiene un punto de fusión menor al que está ya dentro, al ABS.

En este caso subiríamos el conjunto a un 80% de la temperatura de fusión del de más temperatura. Esto lo hacemos por que aun con riesgo de que el PLA se vuelva muy líquido en el interior del hotend, necesitamos que el ABS se funda lo justo para que el nuevo PLA lo pueda empujar y expulsar por la boquilla.

Subiríamos la temperatura, extraemos el ABS empujando previamente un poco hacia abajo para quitar la "pelota" que se haya podido formar en la boquilla, y metemos el PLA de la misma forma, todo a una temperatura constante.

¿Y si ocurre al revés? Si tenemos un PLA dentro y queremos meter un ABS, en este caso, usaríamos 2 temperaturas diferenetes:

- Primero extraeríamos el PLA a un 80% de su temperatura.
- Una vez extraído, aumentamos el extrusor a un 80% de la temperatura del ABS.
- Introducimos el ABS.

Si ponemos el PLA de primeras a un 80% de temperatura del ABS, surgirían los hilitos que te comento nada más sacarlo, por ello es mucho mejor subirlo a su temperatura idónea para la extracción (ya que no tenemos necesidad de ablandar ABS en ese momento) y una vez extraído, ponemos la temperatura de ablandamiento del ABS.

Por lo tanto (siendo F1 el filamento de dentro del extrusor y F2 el que queremos meter):

Cambio de filamento según las temperaturas de fusión

CASO	PASO 1	PASO 2	PASO 3
Temp(F1) = Temp(F2)	Subimos la temperatura a un 80% de F1/F2	Extraemos F1	Metemos F2
Temp(F1) > Temp(F2)	Subimos la temperatura a un 80% de F1	Extraemos F1	Metemos F2
Temp(F1) < Temp(F2)	Subimos la temperatura a un 80% de F1	Extraemos F1	Subimos la temperatura a un 80% de F2 y Metemos F2

Espero que este pequeño bonus te sea de mucha utilidad y nos vemos en of3lia con muchos, muchos más trucos e ideas de impresión 3D y diseño 3D.

....

....

....

¿Todavía por aquí?

Vete ya, por favor.

Odio las despedidas.

Nos vemos por Of3lia 😊

www.ingramcontent.com/pod-product-compliance
Lightning Source LLC
Chambersburg PA
CBHW060410220526
45465CB00008B/2825